Otto Sterns Veröffentlichungen – Band 3

Horst Schmidt-Böcking · Karin Reich ·
Alan Templeton · Wolfgang Trageser ·
Volkmar Vill
Herausgeber

Otto Sterns Veröffentlichungen – Band 3

Sterns Veröffentlichungen von 1926 bis 1933

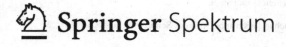

Springer Spektrum

Herausgeber

Horst Schmidt-Böcking
Institut für Kernphysik
Universität Frankfurt
Frankfurt, Deutschland

Karin Reich
FB Mathematik – Statistik
Universität Hamburg
Hamburg, Deutschland

Alan Templeton
Oakland, USA

Wolfgang Trageser
Institut für Kernphysik
Universität Frankfurt
Frankfurt, Deutschland

Volkmar Vill
Inst. Organische Chemie und Biochemie
Universität Hamburg
Hamburg, Deutschland

ISBN 978-3-662-46959-0   ISBN 978-3-662-46960-6 (eBook)
DOI 10.1007/978-3-662-46960-6

Die Deutsche Nationalbibliothek verzeichnet diese Publikation in der Deutschen Nationalbibliografie;
detaillierte bibliografische Daten sind im Internet über http://dnb.d-nb.de abrufbar.

Springer Spektrum
© Springer-Verlag Berlin Heidelberg 2016
Springer Berlin Heidelberg ist Teil der Fachverlagsgruppe Springer Science+Business Media
(www.springer.com)

Grußwort zu den Gesammelten Werken von Otto Stern (Präsident Kreuzer)

Als Präsident der Akademie der Wissenschaften in Hamburg freue ich mich sehr, dass es gelungen ist, die Werke Otto Sterns einschließlich seiner Dissertation und der von ihm betreuten Werke seiner Mitarbeiter mit dieser Publikation nunmehr einer breiten Öffentlichkeit zugänglich zu machen. Otto Sterns Arbeiten bilden die Grundlagen für bahnbrechende Entwicklungen in der Physik in den letzten Jahrzehnten wie zum Beispiel die Kernspintomographie, die Atomuhr oder den Laser. Sie haben ihm 1943 den Nobelpreis für Physik eingebracht. Viele seiner Werke sind in seiner Hamburger Zeit von 1923 bis 1933 entstanden. Ein Grund mehr für die Akademie der Wissenschaften in Hamburg, dieses Projekt als Schirmherrin zu unterstützen.

Wie lebendig und präsent die Erinnerung an Otto Stern und sein Wirken in Hamburg noch sind, zeigte auch das „Otto Stern Symposium", welches unsere Akademie in Kooperation mit der Universität Hamburg, dem Sonderforschungsbereich „Nanomagnetismus" und der ERC-Forschungsgruppe „FURORE" im Mai 2013 veranstaltete. Veranstaltungsort war die Jungiusstraße 9, Otto Sterns Hamburger Wirkungsstätte, Anlass die Verleihung des Nobelpreises an ihn. Gleich sieben Nobelpreisträger waren es denn auch, die auf diesem Symposium Vorträge über Arbeiten hielten, die auf den Grundlagenforschungen Sterns beruhen. Mehr als 800 interessierte Zuhörer zog es an den Veranstaltungsort. Der Andrang war so groß, dass die Vorträge des Festsymposiums live in zwei weitere Hörsäle übertragen werden mussten. Auch Mitglieder der Familie Otto Sterns, darunter sein Neffe Alan Templeton waren extra aus den USA zum Symposium angereist. Es ist sehr erfreulich, dass nun seine Publikationen aus den Archiven wieder an das Licht der Öffentlichkeit geholt wurden.

Möglich wurde dies alles durch das unermüdliche Engagement und die intensive Arbeit von Horst Schmidt-Böcking, emeritierter Professor für Kernphysik an der Goethe-Universität Frankfurt am Main und ausgewiesener Kenner Otto Sterns, dem ich dafür an dieser Stelle meine Anerkennung und meinen Dank ausspreche. Mein Dank gilt auch unserem Akademiemitglied Karin Reich, Sprecherin unserer Arbeitsgruppe Wissenschaftsgeschichte, die den Kontakt zwischen Herrn Schmidt-Böcking mit der Akademie der Wissenschaften in Hamburg hergestellt hat.

Möglich wurde dies aber auch durch das Engagement des Springer-Verlags in Heidelberg, der die Publikation entgegenkommend unterstützt hat, wofür wir dem Verlag sehr danken.

Ich wünsche dem Band eine breite Rezeption und hoffe, dass er die Forschungen zu Otto Stern weiter befruchten wird.

Hamburg, im Dezember 2014   Prof. Dr.-Ing. habil.
                                                  Prof. E.h. Edwin J. Kreuzer
                                         Präsident der Akademie der Wissenschaften
                                                             in Hamburg

Grußwort Festschriftausgabe
Gesammelte Werke von Otto Stern

Otto Stern ist eine herausragende Persönlichkeit der Experimentellen Physik. Seine zwischen 1914 und 1923 an der Goethe-Universität durchgeführten quantenphysikalischen Arbeiten haben Epoche gemacht. In Frankfurt entwickelte er die Grundlagen der Molekularstrahlmethode, dem wohl bedeutendsten Messverfahren der modernen Quantenphysik und Quantenchemie. Zusammen mit Walther Gerlach konnte er mit dieser Methode erstmals die von Debye und Sommerfeld vorausgesagte Richtungsquantelung von Atomen im Magnetfeld nachweisen. 1944 wurde ihm für das Jahr 1943 der Nobelpreis für Physik verliehen.

Doch die Wirkung seiner Arbeiten auf die Physik ist noch weitaus größer: Mehr als 20 Nobelpreise bauen auf seiner Forschung auf. Wichtige Erfindungen wie Kernspintomograhie, Maser und Laser sowie die Atomuhr wären ohne seine Vorarbeit nicht denkbar gewesen. Seine außerordentliche Stellung innerhalb der Scientific Community wird auch daran deutlich, dass er von seinen Kollegen, unter ihnen Max Planck, Albert Einstein und Max von Laue, 81 Mal für den Nobelpreis vorgeschlagen wurde – öfter als jeder andere Physiker. Seit 2014 trägt daher die ehemalige Wirkungsstätte Sterns in der Frankfurter Robert-Mayer-Str. 2 den Titel „Historic Site" (Weltkulturerbe der Wissenschaft), verliehen von der Europäischen und Deutschen Physikalischen Gesellschaft. Auch die Goethe-Universität ehrte Otto Stern: Das neue Hörsaalzentrum auf dem naturwissenschaftlichen Campus Riedberg trägt seit 2012 den Namen des Wissenschaftspioniers.

Otto Sterns Arbeiten sind Meilensteine in der Geschichte der Physik. Mit der vorliegenden Festschrift sollen alle seine wissenschaftlichen Werke wieder veröffentlicht und damit der heutigen Physikergeneration zugänglich gemacht werden. Zusammen mit der Universität Hamburg, an der Otto Stern von 1923 bis 1933 lehrte und forschte, übernimmt die Goethe-Universität Frankfurt die Schirmherrschaft für die Festschrift. Ich hoffe, dass diese einmaligen Dokumente eine Inspiration sind – für heutige und künftiger Physikerinnen und Physiker.

Frankfurt a. M., im März 2015   Prof. Dr. Birgitta Wolff
Präsidentin Goethe-Universität Frankfurt

Grußwort Alan Templeton

Otto Stern, my dear great uncle, was a remarkable man, though you might not have known it from his low-key manner. He never flaunted his accomplishments, scientific or otherwise. His attitude was quite simply this: the work can speak for itself, there is no need to brag. Many members of our family are of a similar mind. Very much a cultured gentleman with good manners and a wide knowledge of the world, he was nonetheless somewhat unconventional. He was the only adult I knew as a child who honestly did not care what his neighbors thought of him. Uncle Otto had no interest in gardening, therefore the backyard of his Berkeley home was allowed to grow wild, allowing me at times the pleasure of exploring it while the adults talked of less exciting things.

He also had a housekeeper who always addressed him as: "Dr. Stern" which seemed right out of a period movie. She was competent and able, but she was not allowed to truly clean up – let alone organize – the most important room in the house: Otto's study. This was clearly the most interesting place to be, and whenever I think of Otto, I see him in my mind's eye either enjoying a fine meal or thinking in his study while seated at the wonderful and massive desk designed expressly for him by his beloved and creative younger sister, Elise Stern. This wonderful hardwood desk, now visible and still in use at the Chemistry Library of U.C. Berkeley, was always covered with piles of papers, providing a profusion of ideas and equations, words and symbols. The whole room was filled with books, papers, correspondence, and notes whose order was unclear, perhaps even to Otto himself. Amid this colorful mess is where Otto did much of his insightful work and elegant writing.

But Otto was more than just a scientist with a clever mind who enjoyed proving conventional wisdom wrong. He was also a very kind, principled and caring human being who helped many people throughout his life in large and small ways. He had a fine sense of humor as well and loved a good conversation, often with a glass of wine in one hand and his trademark cigar in the other.

Oakland, California, 1 December 2014   Alan Templeton

Vorwort der Herausgeber

Otto Stern war einer der großen Pioniere der modernen Quantenwissenschaften. Es ist fast 100 Jahre her, dass er 1919 in Frankfurt die Grundlagen der Molekularstrahlmethode entwickelte, einem der bedeutendsten Messverfahren der modernen Quantenphysik und Quantenchemie. 1916 postulierten Pieter Debye und Arnold Sommerfeld die Hypothese der Richtungsquantelung, eine der fundamentalsten Eigenschaften der Quantenwelt schlechthin. 1922 gelang es Otto Stern zusammen mit Walther Gerlach diese vorausgesagte Richtungsquantelung und damit die Quantisierung des Drehimpulses erstmals direkt nachzuweisen. Stern und Gerlach hatten 1922 damit indirekt schon den Elektronenspin entdeckt sowie die dem gesunden Menschenverstand widersprechende „Verschränktheit" zwischen Quantenobjekt und der makroskopischen Apparatur bewiesen.

Ab 1923 als Ordinarius an der Universität Hamburg verbesserte Stern zusammen mit seinen Mitarbeitern (Immanuel Estermann (1900–1973), Isidor Rabi (1898–1988), Emilio Segrè (1905–1989), Robert Otto Frisch (1904–1979), u. a.) die Molekularstrahlmethode so weit, dass er sogar die innere Struktur von Elementarteilchen (Proton) und Kernen (Deuteron) vermessen konnte und damit zum Pionier der Kern- und Elementarteilchenstrukturphysik wurde. Außerdem gelang es ihm zusammen mit Mitarbeitern, die Richtigkeit der de Broglie-Impuls-Wellenlängenhypothese im Experiment mit 1 % Genauigkeit sowie den von Einstein vorausgesagten Recoil-Rückstoss bei der Photonabsorption von Atomen nachzuweisen. 1933 musste Stern wegen seiner mosaischen Abstammung aus Deutschland in die USA emigrieren. 1944 wurde er mit dem Physiknobelpreis 1943 ausgezeichnet. Er war bis 1950 vor Arnold Sommerfeld und Max Planck (1858–1947) der am häufigsten für den Nobelpreis nominierte Physiker. Kernspintomographie, Maser und damit Laser, sowie die Atomuhr basieren auf Verfahren, die Otto Stern entwickelt hat. Ziel dieser gesammelten Veröffentlichungen ist es, an diese bedeutende Frühzeit der Quantenphysik zu erinnern und vor allem der jetzigen Generation von Physikern Sterns geniale Experimentierverfahren wieder bekannt zu machen.

Wir möchten an dieser Stelle Frau Pia Seyler-Dielmann und Frau Viorica Zimmer für die große Hilfe bei der Besorgung und bei der Aufbereitung der alten Veröffentlichungen danken. Außerdem möchten wir den Verlagen: American Physical Society, American Association for the Advancement of Science, Birkhäuser Verlag, Deutsche Bunsen Gesellschaft, Hirzel Verlag, Nature Publishing Group, Nobel Archives, Preussische Akademie der Wissenschaften, Schweizerische Chemische Gesellschaft, Società Italiana di Fisica, Springer Verlag, Walter de Gruyter Verlag, und Wiley-Verlag unseren großen Dank aussprechen, dass wir die Original-Publikationen verwenden dürfen.

Frankfurt, den 31.3.2015   Horst Schmidt-Böcking, Alan Templeton,
                                         Wolfgang Trageser, Volkmar Vill und Karin Reich

Inhaltsverzeichnis

Band 3

Band 4

Band 5

Lebenslauf und wissenschaftliches Werk von Otto Stern

Abb. 1.1 Otto Stern. Geb. 17.2.1888 in Sohrau/Oberschlesien, gest. 17.8.1969 in Berkeley/CA. Nobelpreis für Physik 1943 (Bild Nachlass Otto Stern, Familie Alan Templeton)

© Springer-Verlag Berlin Heidelberg 2016
H. Schmidt-Böcking, K. Reich, A. Templeton, W. Trageser, V. Vill (Hrsg.), *Otto Sterns Veröffentlichungen – Band 3*, DOI 10.1007/978-3-662-46960-6_1

Mit der erfolgreichen Durchführung des sogenannten „STERN-GERLACH-Experimentes" 1922 in Frankfurt haben sich Otto Stern und Walther Gerlach weltweit unter den Physikern einen hohen Bekanntheitsgrad erworben [1]. In diesem Experiment konnten sie die von Arnold Sommerfeld und Pieter Debye vorausgesagte „RICHTUNGSQUANTELUNG" der Atome im Magnetfeld erstmals nachweisen [2]. Zu diesem Experiment hatte Otto Stern die Ideen des Experimentkonzeptes geliefert und Walther Gerlach gelang die erfolgreiche Durchführung. Dieses Experiment gilt als eines der wichtigsten Grundlagenexperimente der modernen Quantenphysik.

Die Entstehung der Quantenphysik wird jedoch meist mit Namen wie Planck, Einstein, Bohr, Sommerfeld, Heisenberg, Schrödinger, Dirac, Born, etc. in Verbindung gebracht. Welcher Nichtphysiker kennt schon Otto Stern und weiß, welche Beiträge er über das Stern-Gerlach-Experiment hinaus für die Entwicklung der Quantenphysik geleistet hat. Um seine große Bedeutung für den Fortschritt der Naturwissenschaften zu belegen und um ihn unter den „Giganten" der Physik richtig einordnen zu können, kann man die Archive der Nobelstiftung bemühen und nachschauen, welche Physiker von ihren Physikerkollegen am häufigsten für den Nobelpreis vorgeschlagen wurden. Es ist von 1901 bis 1950 Otto Stern, der 82 Nominierungen erhielt, 7 mehr als Max Planck und 22 mehr als Einstein [3].

Otto Stern waren wegen des 1. Weltkrieges und der 1933 durch die Nationalsozialisten erzwungenen Emigration in die USA nur 14 Jahre Zeit in Deutschland gegeben, um seine bahnbrechenden Experimente durchzuführen [4]. Zwei Jahre nach seiner Dissertation 1914 begann der 1. Weltkrieg und Otto Stern meldete sich freiwillig zum Militärdienst. Erst nach dem Ende des ersten Weltkrieges konnte er 1919 in Frankfurt mit seiner richtigen Forschungsarbeit beginnen. 1933 musste er wegen der Diktatur der Nationalsozialisten seine Forschung in Deutschland beenden und Deutschland verlassen. In diesen 14 Jahren publizierte er 47 von seinen insgesamt 71 Publikationen (mit Originaldoktorarbeit (S1), ohne die Doppelpublikation seines Nobelpreisvortrages S72), 8 vor 1919 und 17 nach 1933[1]. Darunter sind 8 Konferenzbeiträge, die als einseitige kurze Mitteilungen anzusehen sind. Hinzu kommen noch 22 Publikationen (M1 bis M22) seiner Mitarbeiter in Hamburg und eine Publikation von Walther Gerlach (M0) in Frankfurt, an denen er beteiligt war, aber wo er auf eine Mit-Autorenschaft verzichtete. Seine wichtigsten Arbeiten betreffen Experimente mit der von ihm entwickelten Molekularstrahlmethode MSM. In ca. 50 seiner Veröffentlichungen war die MSM Grundlage der Forschung. Die Publikationen seiner Mitarbeiter basierten alle auf der MSM. Stern hat zahlreiche bahnbrechende Pionierarbeiten durchgeführt, wie z. B. die 1913 mit Einstein publizierte Arbeit über die Nullpunktsenergie (S5), die Messung der mittleren Maxwell-Geschwindigkeit von Gasstrahlen in Abhängigkeit der Temperatur des Verdampfers (sein Urexperiment zur Entwicklung der MSM) (S14+S16+S17), zusammen mit Walther Gerlach der Nachweis, dass Atome ein magnetisches Moment haben (S19), der Nachweis der Richtungsquantelung (Stern-Gerlach-Experiment) (S20),

---

[1] In der kurzen Sternbiographie von Emilio Segrè [5] und in der Sonderausgabe von Zeit. F. Phys. D [6] zu Sterns 100. Geburtstag 1988 werden jeweils nur 60 Publikationen Sterns aufgeführt.

die erstmalige Bestimmung des Bohrschen magnetischen Momentes des Silberatoms (S21), der Nachweis, dass Atomstrahlen interferieren und die direkte Messung der de Broglie-Beziehung für Atomstrahlen (S37+S39+S40+S42), die Messung der magnetischen Momente des Protons und Deuterons (S47+S52+S54+S55) und der Nachweis von Einsteins Voraussage, dass Photonen einen Impuls haben und Rückstöße bei Atomen (M17) bewirken können. Die von Otto Stern entwickelte MSM wurde der Ausgangspunkt für viele nachfolgende Schlüsselentdeckungen der Quantenphysik, wie Maser und Laser, Kernspinresonanzmethode oder Atomuhr. 20 spätere Nobelpreisleistungen in Physik und Chemie wären ohne Otto Sterns MSM nicht möglich geworden.

Otto Stern begann seine beindruckende Experimentserie 1918 bei Nernst in Berlin (Zusammenarbeit von wenigen Monaten mit Max Volmer) [4] und dann ab Februar 1919 in Frankfurt. Dort in Frankfurt entwickelte er die Grundlagen der MSM (S14+S16+S17), eine Messmethode, mit der man erstmals die Quanteneigenschaften eines einzelnen Atoms untersuchen und messen konnte. Mit dieser MSM gelang ihm 1922 in Frankfurt zusammen mit Walther Gerlach das sogenannte Stern-Gerlach-Experiment (S20), das der eigentliche experimentelle Einstieg in die bis heute so schwer verständliche Verschränkheit von Quantenobjekten darstellt. Im Oktober 1921 nahm er eine a. o. Professor für theoretische Physik in Rostock an und wechselte am 1.1.1923 zur 1919 neu gegründeten Universität Hamburg. Hier in Hamburg gelangen ihm bis zu seiner Emigration am 1.10.1933 viele weitere bahnbrechende Entdeckungen zur neuen Quantenphysik. Zusammen mit seinen Mitarbeitern Otto Robert Frisch und Immanuel Estermann konnte er in Hamburg erstmals die magnetischen Momente des Protons und Deuterons bestimmen und damit wichtige Grundsteine für die Kern- und Elementarteilchenstrukturphysik legen.

Otto Stern wurde am 17. Februar 1888 als ältestes Kind der Eheleute Oskar Stern (1850–1919) und Eugenie geb. Rosenthal (1863–1907) in Sohrau/Oberschlesien geboren. Sein Vater war ein reicher Mühlenbesitzer. Otto Stern hatte vier Geschwister, den Bruder Kurt (1892–1938) und die drei Schwestern Berta (1889–1963), Lotte Hanna (1897–1912) und Elise (1899–1945) [4].

Nach dem Abitur 1906 am Johannes Gymnasium in Breslau studierte Otto Stern zwölf Semester physikalische Chemie, zuerst je ein Semester in Freiburg im Breisgau und München. Am 6. März 1908 bestand er in Breslau sein Verbandsexamen und am 6. März 1912 absolvierte er das Rigorosum und wurde am Sonnabend, dem 13. April 1912 um 16 Uhr mit einem Vortrag über „Neuere Anschauungen über die Affinität" zum Doktor promoviert. Vorlesungen hörte Otto Stern u. a. bei Richard Abegg (Breslau, Abegg führte die Elektronenaffinität und die Valenzregel ein), Adolph von Baeyer (München, Nobelpreis in Chemie 1905), Leo Graetz (München, Physik), Walter Herz (Breslau, Chemie), Richard Hönigswald (Breslau, Physik, Schwarzer Strahler), Jacob Rosanes (Breslau, Mathematik), Clemens Schaefer (Breslau, Theoretische Physik), Conrad Willgerodt (Freiburg, Chemie) und Otto Sackur (Breslau, Chemie) (siehe Dissertation, (S1)). In einigen Biographien über Otto Stern wird Arnold Sommerfeld als einer seiner Lehrer genannt. Im Interview mit Thomas S. Kuhn 1962 erwähnt Otto Stern jedoch, dass er während seines Münchener Semesters wohl einige Male in Sommerfelds Vorlesungen gegangen sei, jedoch nichts verstanden habe [7].

Für Otto Stern stand fest, dass er seine Doktorarbeit in physikalischer Chemie durchführen würde. Dieses Fach wurde damals in Breslau u. a. von Otto Sackur vertreten, der auf dem Grenzgebiet von Thermodynamik und Molekulartheorie arbeitete. Der eigentliche „Institutschef" in Breslau war Eduard Buchner, der 1907 den Nobelpreis für Chemie (Erklärung des Hefeprozesses) erhielt. Da Buchner 1911 nach Würzburg ging, hat Otto Stern die Promotion unter Heinrich Biltz als Referenten der Arbeit abgeschlossen. Die Dissertation hat er seinen Eltern gewidmet.

In seiner Dissertation (S1) über den osmotischen Druck des Kohlendioxyds in konzentrierten Lösungen konnte Otto Stern sowohl seine theoretischen als auch seine experimentellen Fähigkeiten unter Beweis stellen, ein Zeichen bereits für seine späteren Arbeiten, in denen er Experiment und Theorie in exzellenter Weise miteinander verband.

Sterns Doktorarbeit (S1) wurde in Zeit. Phys. Chem. 1912 (S2) als seine erste Zeitschriftenpublikation veröffentlicht. Diese Arbeit enthält sowohl einen theoretischen als auch einen längeren experimentellen Teil. Im theoretischen Teil hat Stern mit Hilfe der van der Waalschen Gleichungen den osmotischen Druck an der Grenzfläche einer Flüssigkeit (semipermeable Wand) berechnet. Die Arbeit enthält die vollständige theoretische Ableitung in hochkonzentrierter Lösung. Im experimentellen Teil beschreibt er im Detail seine sehr sorgfältigen Messungen. In dieser Arbeit hat er seine ersten Apparaturen entworfen und gebaut. Der junge a. o. Professor Otto Sackur betreute seine Dissertation. Sackur war zusammen mit Tetrode der erste, dem es gelang, die Entropie eines einatomigen idealen Gases auf der Basis der neuen Quantenphysik zu berechnen, in dem er zeigte, dass die minimale Phasenraumzelle pro Zustand und Freiheitsgrad der Bewegung genau gleich der Planckschen Konstante ist. Dem Einfluss Sackurs ist es zuzuschreiben, dass das Problem „Entropie" Otto Stern zeitlebens nicht mehr los lies. Die Größe der Entropie ist ein Maß für Ordnung oder Unordnung in physikalischen oder chemischen Systemen. Ihr Ursprung und Zusammenhang mit der Quantenphysik hat Stern stets beschäftigt. Otto Sackur hat damit Sterns Denken und Forschen tief geprägt.

Prag 1912

Nach der Promotion wechselte Otto Stern im Mai 1912 durch Vermittlung Fritz Habers zu Albert Einstein nach Prag. Sackur hatte ihm zugeredet, zu Einstein zu gehen, obwohl Stern selbst es als eine *„große Frechheit"* betrachtete, als Chemiker bei Einstein anzufangen. Im Züricher Interview schildert Otto Stern seine erste Begegnung so [8]: *Ich erwartete einen sehr gelehrten Herrn mit großem Bart zu treffen, fand jedoch niemand, der so aussah. Am Schreibtisch saß ein Mann ohne Krawatte, der aussah wie ein italienischer Straßenarbeiter. Das war Einstein, er war furchtbar nett. Am Nachmittag hatte er einen Anzug angezogen und war rasiert. Ich habe ihn kaum wiedererkannt.*

Abb. 1.2 Otto Stern und Albert Einstein (ca. 1925, Bild Nachlass Otto Stern, Familie Alan Templeton)

Stern betrachtete es als einen großen Glücksfall, dass er Diskussionspartner von Einstein werden konnte, denn Einstein war nach Aussage Sterns völlig vereinsamt, da er an der deutschen Karls Universität in Prag niemanden sonst hatte, mit dem er diskutieren konnte. Wie Stern sagte [8]: *"Nolens volens nur mit mir, die Zeit mit Einstein war für mich entscheidend, um in die richtigen Probleme eingeführt zu werden"*.

Die Diskussion zwischen Einstein und Stern ging meist über prinzipielle Probleme der Physik. Stern war wegen seiner Interessen an der physikalischen Chemie und speziell dem Phänomen der Entropie sehr an der Quantentheorie interessiert. Die Klärung der Ursachen der Entropie ist für Stern zeitlebens von großer Bedeutung gewesen. Die statistische Molekulartheorie Boltzmanns spielte folglich für Stern eine große Rolle. Bei den Arbeiten über Entropie, wie Stern in seinem Züricher Interview berichtet, konnte Einstein jedoch Stern wenig helfen.

Zürich 1912 -1914

Als Albert Einstein im Oktober 1912 an die Universität Zürich ging, folgte Otto Stern ihm. Einstein stellte ihn als wissenschaftlichen Mitarbeiter an. Drei Semester blieben Einstein und Stern in Zürich. Aus dieser Zeit entstand eine mit Einstein gemeinsame Veröffentlichung über die Nullpunktsenergie mit dem Titel: *Einige Argumente für die Annahme einer molekularen Agitation beim absoluten Nullpunkt.* Diese Arbeit wurde 1913 in den Annalen der Physik (S5) publiziert. In dieser Arbeit wird die spezifische Wärme in Abhängigkeit der absoluten Temperatur berechnet. Als Ausgangspunkt für die Energie und Besetzungswahrscheinlichkeit eines einzelnen Resonators wird die Plancksche Strahlungsformel benutzt, einmal ohne und zum andern mit Annahme einer Nullpunktsenergie. Wenn die Temperatur gegen Null geht, unterscheiden sich beide Kurven deutlich. Durch Vergleich mit Messdaten für Wasserstoff konnten Einstein und Stern zeigen, dass die Kurve mit Berücksichtigung einer Nullpunktsenergie sehr gut, ohne Nullpunkts-Energieterm jedoch sehr schlecht mit den Daten übereinstimmt. Kennzeichnend für Einstein und Stern ist noch eine Fußnote, die sie in der Publikation hinzugefügt haben; um die Art ihrer „querdenkenden" Arbeitsweise zu charakterisieren: *Es braucht kaum betont zu werden, dass diese Art des Vorgehens sich nur durch unsere Unkenntnis der tatsächlichen Resonatorgesetze rechtfertigen lässt.*

Am 26. Juni 1913 stellte Otto Stern einen Antrag auf Habilitation im Fach Physikalische Chemie und auf „Venia Legendi" mit dem Titel Privatdozent [8, 9]. Seine nur 8-seitige (Din A5) Habilitationsschrift hat den Titel (S4): *Zur kinetischen Theorie des Dampfdruckes einatomiger fester Stoffe und über die Entropiekonstante einatomiger Gase.* Wie Stern ausführt, konnte man damals wohl die relative Temperaturabhängigkeit des Dampfdruckes mit Hilfe der klassischen Thermodynamik berechnen, jedoch nicht dessen Absolutwert speziell bei niedrigen Temperaturen. Erst die neue Quantentheorie gestattet, die absoluten Entropiekonstanten und damit das Verdampfungs- und Absorbtionsgleichgewicht zwischen Gasen und Festkörpern zu berechnen. Stern beschreibt in seiner Habilitationsschrift noch einen zweiten Weg, um die absoluten Werte des Dampfdruckes zu erhalten, in dem man für hohe Temperaturen die klassische Molekularkinetik nach Boltzmann anwendet. Gutachter seiner Arbeit waren die Professoren Einstein, Weiss und Baur. Am 22. Juli 1913 stimmt der „Schulrat" dem Habilitationsantrag zu und beauftragt Stern, seine Antrittsvorlesung zu halten. Im WS 1913/14 hält Otto Stern eine 1-stündige Vorlesung über das Thema: *Theorie des chemischen Gleichgewichts unter besonderer Berücksichtigung der Quantentheorie.* Im SS hält er eine 2-stündige Vorlesung über Molekulartheorie.

Hier in Zürich traf Stern Max von Laue. Zwischen Laue und Stern begann eine tiefe, lebenslange Freundschaft, die auch den 2. Weltkrieg überdauerte. Der dritte in diesem Bunde war Albert Einstein, denn Laue und Einstein kannten sich seit 1907, als Laue den noch etwas unbekannten Einstein auf dem Patentamt in Bern besuchte. Seit dieser Zeit hat Laue wichtige Beiträge zur Relativitätstheorie publiziert. Laue war der einzige deutsche Wissenschaftler von Rang, der während der Nazizeit und nach dem Krieg zu Einstein und Stern stets sehr freundschaftliche Bindungen unterhielt.

Die Zeit von Otto Stern in Zürich war, wie er selbst sagt, was seine experimentellen Arbeiten in der Physikalischen Chemie und Physik betrifft, nicht besonders erfolgreich [8]. Auf Einsteins Wunsch hatte er experimentell gearbeitet. Neben der gemeinsamen theoretischen Arbeit mit Einstein über die Nullpunktsenergie sowie seine veröffentlichte Habilitationsschrift hat Stern nur eine weitere Zeitschriftenpublikation in Zürich eingereicht. Zu dieser Arbeit hat ihn Ehrenfest angeregt. Diese theoretische Arbeit mit dem Titel „Zur Theorie der Gasdissozation" wurde im Februar 1914 eingereicht und in den Annalen der Physik 1914 publiziert (S4). Darin wird die Reaktion zwischen zwei idealen Gasen betrachtet und die Entropie sowie die Gleichgewichtskonstante der Reaktion mit Hilfe von Thermodynamik und der Quantentheorie berechnet.

Da Stern während des Studiums nur wenig Gelegenheit hatte, theoretische Physik zu lernen, obwohl er sich auf diesem Gebiet habilitiert hatte, hat er in Prag und Zürich die Einsteinschen Vorlesungen besucht. Otto Stern sagt, dass er bei Einstein das **Querdenken** gelernt hat. Immanuel Estermann [10], einer seiner späteren, engsten Mitarbeiter schreibt zu Sterns Beziehung zu Albert Einstein: *Stern hat einmal erzählt, daß ihn an Einstein nicht so die spezielle Relativitätstheorie interessierte, sondern vielmehr die Molekulartheorie, und Einstein's Ansätze, die Konzepte der Quantenhypothese auf die Erklärung des zunächst noch unverständlichen Temperaturverhaltens der spezifischen Wärmen in kristallinen Körpern anzuwenden. Eine der ersten Veröffentlichungen Sterns zusammen mit Einstein war der Frage nach der Nullpunktsenergie gewidmet, d. h. der Frage, ob sich die Atome eines Körpers am absoluten Nullpunkt in Ruhe befinden, oder eine Schwingung um eine Gleichgewichtsposition mit einer Mindestenergie ausführen. Der eigentliche Gewinn, den Stern aus der Zusammenarbeit mit Einstein zog, lag in der Einsicht, unterscheiden zu können, welche bedeutenden und weniger bedeutenden physikalischen Probleme gegenwärtig die Physik beschäftigen; welche Fragen zu stellen sind und welche Experimente ausgeführt werden müssen, um zu einer Antwort zu gelangen. So entstand aus einer relativ kurzen wissenschaftlichen Verbindung mit Einstein eine lebenslange Freundschaft.* Als Anfang August 1914 der erste Weltkrieg ausbrach, ließ Otto Stern sich in Zürich zum WS 1914/15 beurlauben, um als Freiwilliger seinen Wehrdienst für Deutschland zu leisten. Einstein war schon am 1. April 1914 als Direktor des Kaiser-Wilhelm-Instituts für Physik in Berlin ernannt worden.

Frankfurt und 1. Weltkrieg

Otto Sterns Freund Max von Laue war am 14. August 1914 von Kaiser Wilhelm II. zum ersten Professor für Theoretische Physik an die 1914 neu gegründete königliche Stiftungsuniversität Frankfurt berufen worden [11]. Stern nahm Laues Angebot an, bei Laue als Privatdozent für theoretische Physik anzufangen. Obwohl er schon am 10.11.1914 seine Umhabilitierung an die Universität Frankfurt beantragt hat [11], ist Otto Stern formal erst Ende 1915 aus dem Dienst der Universität Zürich ausgeschieden.

Die ersten zwei Jahre des Krieges diente Otto Stern als Unteroffizier und wurde meist auf der Kommandatur beschäftigt. Er war in einem Schnellkurs in Berlin als Metereologe ausgebildet worden. Stern hat im Krieg auch Berlin besuchen können, um mit Nernst daran zu arbeiten, wie dünnflüssige Öle dickflüssig gemacht werden könnten. Bei diesen Besuchen hat er sich regelmäßig mit seinen Vater getroffen. Ab Ende 1915 tat Otto Stern Dienst auf der Feldwetterstation in Lomsha in Polen. Da er dort nicht voll ausgelastet war und [8] *„um seinen Verstand aufrechtzuerhalten"*, hat er sich nebenbei mit theoretischen Problemen der Entropie beschäftigt und zwei beachtenswerte, sehr ausführliche Arbeiten über Entropie verfasst. 1. „Die Entropie fester Lösungen" (eingereicht im Januar 1916 und erschienen in Ann. Phys. 49, 823 (1916)) (S7) und 2. „Über eine Methode zur Berechnung der Entropie von Systemen elastisch gekoppelter Massenpunkte" (S8) (eingereicht im Juli 1916). In der zweiten dieser Arbeiten ist ein Gleichungssystem für n gekoppelte Massenpunkte zu lösen, das auf eine Determinante n-ten Grades zurückgeführt wird. In Erinnerung an den Entstehungsort dieser Arbeit hat Wolfgang Pauli diese Determinante immer als die Lomsha-Determinante bezeichnet. Zwischen Einstein und Stern wurden in dieser Zeit oft Briefe gewechselt, in denen thermodynamische Probleme diskutiert wurden. Offensichtlich waren beide jedoch oft unterschiedlicher Meinung und Einstein wollte die Diskussion dann später lieber in Berlin fortsetzen. Wie entscheidend Einsteins Beiträge zu den beiden Lomsha-Publikationen waren, ist nicht klar. Da jedoch in beiden Veröffentlichungen Stern seinem Freund Einstein keinen Dank ausspricht, kann Stern Einsteins Beitrag als nicht so wichtig angesehen haben.

Berliner Zeit im Nernstschen Institut 1918–9

Viele Physiker und Physikochemiker waren gegen Ende des ersten Weltkrieges mit militärischen Aufgaben betraut, vorwiegend im Labor von Walther Nernst an der Berliner Universität. In diesem Labor arbeitete Otto Stern mit dem Physiker und späteren Nobelpreisträger James Franck und mit Max Volmer zusammen, die beide ausgezeichnete Experimentalphysiker waren. Dieser Kontakt und die dortige Zusammenarbeit mit Max Volmer haben sicher dazu beigetragen, dass sich Otto Stern ab Beginn 1919 fast völlig experimentellen Problemen zuwandte. Volmers Arbeitsgebiet war die experimentelle Physikalische Chemie. Bei diesen Arbeiten wurden beide durch die promovierte Chemikerin Lotte Pusch (spätere Ehefrau von Max Volmer) unterstützt.

Zusammen mit Max Volmer entstanden in der kurzen Zeit von Ende 1918 bis Mitte 1919 drei Zeitschriftenpublikationen, die mehr experimentelle als theoretische Forschungsziele hatten. Die erste Publikation (S10) (Januar 1919 eingereicht) befasste sich mit der Abklingzeit der Fluoreszenzstrahlung, oder heute würde man sagen: der Lebensdauer von durch Photonen angeregter Zustände in Atomen oder Molekülen. Schnelle elektronische Uhren waren damals noch nicht vorhanden, also brauchte man beobachtbare parallel ablaufende Prozesse als Uhren. Da bot sich die

Molekularbewegung an. Wenn die Moleküle sich mit typisch 500 m/sec (je nach Temperatur kann man die Geschwindigkeit beeinflussen) bewegen und wenn man ihre Leuchtbahnen unter dem Mikroskop mit 1 Mikrometer Auflösung beobachten kann (Moleküle brauchen dann für diese Flugstrecke zwei Milliardestel Sekunde), dann kann man indirekt eine zeitliche Auflösung von nahezu einer Milliardestel Sekunde erreichen, unglaublich gut für die damalige Zeit direkt nach dem 1. Weltkrieg.

Stern und Volmer diskutieren in ihrer Arbeit verschiedene Wege, wie man Atome anregen kann und dann die Fluoreszenzstrahlung der sich schnell bewegenden Atome in Gasen mit unterschiedlichen Drucken und Temperaturen beobachten muss, um unter Berücksichtigung der Molekularbewegung mit sekundären Stößen eine Lebensdauer zu bestimmen. In ihrem Experiment erreichen sie eine Auflösung von ca. 2. Milliardestel Sekunde. Fokussiert durch eine Linse tritt ein scharf kollimierter Lichtstrahl in eine Vakuumapparatur mit veränderbaren Gasdruck und Temperatur ein, der die Gasatome zur Fluoreszenzstrahlung anregt. In dieser Arbeit wurde der sogenannte Stern-Volmer-Plot entwickelt und die danach benannte Stern-Volmer-Gleichung abgeleitet, die die Abhängigkeit der Intensität der Fluoreszenz (Quantenausbeute) eines Farbstoffes gegen die Konzentration von beigemischten Stoffen beschreibt, die die Fluorenzenz zum Löschen bringen. Die Veröffentlichung enthält jedoch noch einen visionären Gedanken, der das Prinzip der modernen „Beam Foil Spectroscopy" schon anwendet, d. h. ein extrem scharf kollimierter Anregungsstrahl (damals Licht, heute oft eine sehr dünne Folie) wird mit einem schnellen Gasstrahl gekreuzt und dann strahlabwärts das Leuchten gemessen. Aus der Geometrie des Leuchtschweifs kann man direkt die Lebensdauer bestimmen.

In der 2. Berliner Veröffentlichung (S11) von Stern und Volmer wurden die Ursachen und Abweichungen der Atomgewichte von der *Ganzzahligkeit* durch mögliche Isotopenbeimischungen und Bindungsenergieeffekte untersucht. Sie argumentieren: Weicht das chemisch ermittelte Atomgewicht von der Ganzzahligkeit ab, so kann das einmal daran liegen, dass die Kerne aus unterschiedlichen Isotopen gebildet werden. Für Stern und Volmer bestand ein Isotop aus einer unterschiedlichen Anzahl von Wasserstoffkernen (hier positive Elektronen genannt), die im Kern von negativen Elektronen (Bohrmodell des Kernes) umkreist werden (Proutsche Hypothese). Zum andern können Kerne abhängig von ihrer inneren Struktur auch unterschiedlich stark gebunden sein und damit nach Einstein (Energie gleich Masse) unterschiedliche Masse haben können.

Stern und Volmer berechnen auf der Basis eines „Bohrmodells" für die Kerne deren mögliche Bindungsenergien. Dabei berücksichtigten sie aber nur die Coulombkraft, aber nicht die damals noch unbekannte „Starke Kernkraft". Die so berechneten Bindunsgsenergie-Effekte waren daher viel zu klein und Stern und Volmer konnten die gemessenen Massenunterschiede damit nicht erklären. Sie schlossen daher Bindungsenergieeffekte als mögliche Ursachen für die unterschiedlichen Atomgewichte aus.

Um den Einfluss der Isotopie zu bestimmen, haben Stern und Volmer dann Diffusionsexperimente durchgeführt, um evtl. einzelne Isotopenmassen anzureichern. Sie kamen dann aber zu dem Schluss, dass Isotopieeffekte die nicht-ganzzahligen

Atomgewichte nicht erklären können. Daraus schlossen sie, dass das verwendete Kernkraftmodell falsch sein muss und Bindungsenergieeffekte vermutlich doch die Ursache sein könnten.

In der 3. gemeinsamen Arbeit (S13) wird der Einfluss der Lichtabsorption auf die Stärke chemischer Reaktionen untersucht. Ausgehend von der Bohr-Einsteinschen Auffassung über den Einfluss der Lichtabsorption auf das photochemische Äquivalenzprinzip wird die Proportionalität von Lichtmenge und chemischer Umsetzung am Beispiel der Zersetzung von Bromhydrid erforscht. Diese Arbeit wurde November 1919 eingereicht und ist 1920 in der Zeitschrift für Wissenschaftliche Photographie erschienen.

Zurück nach Frankfurt (Februar 1919–Oktober 1921)

Ab Frühjahr 1919 musste Stern wieder in Frankfurt sein, da er in einem zusätzlich eingeführten Zwischensemester, beginnend am 3. Februar und endend am 16. April, für Kriegsteilnehmer eine zweistündige Vorlesung *„Einführung in die Thermodynamik"* halten musste. Max von Laue hatte am Ende des Wintersemesters Frankfurt schon verlassen und hatte am Kaiser-Wilhelm-Institut für Physik in Berlin seine Tätigkeit aufgenommen. Max Born als Laues Nachfolger (von Berlin kommend, wo er eine a. o. Professur inne hatte) hat in diesem Zwischensemester schon in Frankfurt Vorlesungen gehalten (Einführung in die theoretische Physik). Sterns erste Forschungsarbeit in Frankfurt, die zu einer Publikation führte, gelang ihm zusammen mit Max Born. Diese Arbeit war theoretischer Art *„Über die Oberflächenenergie der Kristalle und ihren Einfluß auf die Kristallgestalt"*. Sie erschien 1919 in den Sitzungsberichten der Preußischen Akademie der Wissenschaften (S9).

In der relativ kurzen Zeit (bis Oktober 1921), die Otto Stern in Frankfurt blieb, hat er dann Physikgeschichte geschrieben. Obwohl zwischen Krieg und Inflation die finanzielle Basis für Forschung extrem schwierig war, gelangen Otto Stern so bedeutende technologische Entwicklungen und bahnbrechende Experimente, dass sie ihm Weltruhm sowie 1943 den Nobelpreis einbrachten. Er war Privatdozent in einem Institut der theoretischen Physik. Max Born war der Institutsdirektor und Stern sein Mitarbeiter. Dieses theoretische Institut hatte noch eine wichtige erwähnenswerte Besonderheit zu bieten, die für Otto Stern, dem nun zur Experimentalphysik wechselnden Forscher, von größter Bedeutung war: zum Institut gehörte eine mechanische Werkstatt mit dem jungen, aber ausgezeichneten Institutsmechaniker Adolf Schmidt.

` Max Born berichtet in seinen Lebenserinnerungen [12] über diese Zeit: *Mein Stab bestand aus einem Privatdozenten, einer Assistentin und einem Mechaniker. Ich hatte das Glück, in Otto Stern einen Privatdozenten von höchster Qualität zu finden, einen gutmütigen, fröhlichen Mann, der bald ein guter Freund von uns wurde. Diese Zeit war die einzige in meiner wissenschaftlichen Laufbahn, in der ich eine Werkstatt und einen ausgezeichneten Mechaniker zu meiner Verfügung hatte; Stern und ich machten guten Gebrauch davon.*

Die Arbeit in meiner Abteilung wurde von einer Idee Sterns beherrscht. Er woll-te die Eigenschaften von Atomen und Molekülen in Gasen mit Hilfe molekularer Strahlen, die zuerst von Dunoyer [13] erzeugt worden, waren, nachweisen und mes-sen. Sterns erstes Gerät sollte experimentell das Geschwindigkeitsverteilungsgesetz von Maxwell beweisen und die mittlere Geschwindigkeit messen. Ich war von die-ser Idee so fasziniert, dass ich ihm alle Hilfsmittel meines Labors, meiner Werkstatt und die mechanischen Geräte zur Verfügung stellte.

Wie Born erzählt, Otto Stern entwarf die Apparaturen, aber der Mechaniker-meister der Werkstatt, Adolf Schmidt, setzte diese Entwürfe um und baute die Apparaturen. Sterns erste große Leistung war das Ausmessen der Geschwindig-keitsverteilung der Moleküle, die sich in einem Gas bei einer konstanten Tem-peratur T bewegen. Diese Arbeit wurde die Grundlage zur Entwicklung der so-genannten Atom- oder Molekularstrahlmethode, die zu einer der erfolgreichsten Untersuchungsmethoden in Physik und Chemie überhaupt werden sollte. Der Fran-zose Louis Dunoyer hatte 1911 gezeigt, dass, wenn man Gas durch ein kleines Loch in ein evakuiertes Gefäß strömen lässt, sich bei hinreichend niedrigem Druck (unter 1/1000 millibar) die Atome oder Moleküle geradlinig im Vakuum bewegen. Der Atomstrahl erzeugt an einem Hindernis wie bei einem Lichtstrahl einen scharfen Schatten auf einer Auffangplatte (Atome oder Moleküle können auf kalter Auffang-platte kondensieren). Der Molekularstrahl besteht aus unendlich vielen, einzelnen und separat fliegenden Atomen oder Molekülen. In diesem Strahl hat man also ein-zelne, isolierte Atome zur Verfügung, an denen man Messungen durchführen kann. Niemand konnte vor Stern einzelne Atome isolieren und daran Quanteneigenschaf-ten messen.

Um an den einzelnen Atomen des Molekularstrahls quantitative Messungen durchzuführen, musste Stern jedoch wissen, mit welcher Geschwindigkeit und in welche Richtung diese Atome bei einer festen Temperatur fliegen. Maxwell hatte diese Geschwindigkeit schon theoretisch berechnet, aber niemand vor Stern konnte Maxwells Rechnungen überprüfen. Otto Stern baute für diese Messung ein geni-al einfaches Experiment auf (S14+S16+S17). Als Quelle für seinen Atomstrahl verwendete er einen dünnen Platindraht, der mit Silberpaste bestrichen und dann erhitzt wurde. Bei ausreichend hoher Temperatur verdampfte das Silber und flog radial vom Draht weg nach außen. Der verdampfte, im Vakuum geradlinig fliegen-de Strahl wurde mit zwei sehr engen Schlitzen (wenige cm Abstand) ausgeblendet und auf einer Auffangplatte (wenige cm hinter dem zweiten Schlitz montiert) kon-densiert. Der Fleck des Silberkondensates konnte unter dem Mikroskop beobachtet und in seiner Größe und Verteilung sehr genau vermessen werden. Vom Labor ausgesehen fliegen die Atome im Vakuum immer auf einer exakt geraden Bahn, im rotierenden System gesehen scheinen die Atome sich jedoch auf einer gekrümmten Bahn zu bewegen. Um das Prinzip dieser Geschwindigkeitsmessung verständlicher zu machen, erklärt Stern dies Messverfahren mit nur einem Schlitz. Setzt man nun Schlitz und Auffangplatte in schnelle Rotation mit dem Draht als Drehpunkt, dann dreht sich die Auffangplatte während des Fluges der Atome vom Schlitz zur Auf-fangplatte um einen kleinen Winkelbereich weiter, so dass der Auftreffort auf der Auffangplatte des geradlinig fliegenden Strahles gegen die Rotationsrichtung leicht versetzt (im Vergleich zur nicht rotierenden Apparatur) ist. Durch zwei Messungen bei stehender und drehender Apparatur erhält man zwei strichartige Verteilungen. Aus dieser gemessenen Verschiebung, aus der Geometrie der Apparatur und der Drehgeschwindigkeit kann man nun die mittlere radiale Geschwindigkeit der Atome oder Moleküle bestimmen.

Stern reichte diese Arbeit mit dem Titel: „*Eine Messung der thermischen Molekulargeschwindigkeit*" im April 1920 bei der Zeitschrift für Physik ein (S16). Stern war mit dem gemessenen Ergebnis dieser Arbeit nicht ganz zufrieden. Die Messung lieferte für eine gemessene Temperatur von 961° eine mittlere Geschwindigkeit von ca. 600 m/sec, wohingegen die Maxwelltheorie nur 534 m/sec voraussagte. Stern versuchte in dieser Arbeit, die Diskrepanz zwischen Messung und Theorie durch kleine Messfehler bei der Temperatur etc. zu erklären. Albert Einstein hatte sofort erkannt, dass diese Diskrepanz ganz andere Gründe hatte. Er machte Stern darauf aufmerksam, dass bei der Strömung von Gasen von einem Raum (hoher Druck) durch ein winziges Loch in einen anderen Raum (Vakuum) die schnelleren Moleküle eine merklich größere Transmissionsrate haben als langsamere (S17). Nach Berücksichtigung dieses Effektes erniedrigte sich die gemessene mittlere Molekulargeschwindigkeit und stimmte auf einmal gut mit der Maxwell-Theorie überein. Noch eine scheinbar nebensächliche Aussage Sterns in dieser Publikation ist von großer visionärer Bedeutung und sie ist der eigentliche Grund, dass diese Arbeit so bedeutsam ist und Stern dafür der Nobelpreis zu Recht verliehen wurde: *Die hier verwendete Versuchsanordnung gestattet es zum ersten Male, Moleküle mit einheitlicher Geschwindigkeit herzustellen.* Für die Physik heißt das: Atome oder Moleküle konnten nun in einem bestimmten Impulszustand hergestellt werden, was quantitative Messungen der Impulsänderung ermöglichte. Dies war ein wichtiger Meilenstein für die Quantenphysik!

Otto Stern hatte damit die Grundlagen geschaffen, um mit Hilfe der Impulsspektroskopie von langsamen Atomen und Molekülen ein nur wenige 10 cm großes Mikroskop zu realisieren, mit dem man in Atome, Moleküle oder sogar Kerne hineinschauen konnte. Dank dessen exzellenten Winkelauflösung gelang es ihm später in Hamburg, sogar die Hyperfeinstruktur in Atomen und den Rückstoßimpuls bei Photonenstreuung nachzuweisen. Dies waren bedeutende Meilensteine auf dem Weg in die moderne Quantenphysik. In zahllosen nachfolgenden Arbeiten bis zur Gegenwart wird Otto Sterns Methode der Strahlpräparierung angewandt. Mehr als 20 spätere Nobelpreisarbeiten in Physik und Chemie verdanken letztlich dieser Pionierarbeit Otto Sterns ihren wissenschaftlichen Erfolg.

Otto Stern war genial im Planen von bahnbrechenden Apparaturen, aber im Experimentieren selbst fehlte ihm das erforderliche Geschick. In Walther Gerlach fand er dann den Experimentalphysiker, der auch schwierigste Experimente erfolgreich durchführen konnte. Gerlach kam am 1.10.1920 als erster Assistent und Privatdozent ins Institut für experimentelle Physik an die Universität Frankfurt. Das Duo Stern-Gerlach experimentierte dann so erfolgreich, dass es in den nur zwei verbleibenden Jahren der gemeinsamen Forschung in Frankfurt ganz große Physikgeschichte geschrieben hat.

Abb. 1.3 1920 in Berlin v. l.: Das sogenannte „Bonzenfreie Treffen" mit Otto Stern, Friedrich Paschen, James Franck, Rudolf Ladenburg, Paul Knipping, Niels Bohr, E. Wagner, Otto von Baeyer, Otto Hahn, Georg von Hevesy, Lise Meitner, Wilhelm Westphal, Hans Geiger, Gustav Hertz und Peter Pringsheim. (Bild im Besitz von Jost Lemmerich)

Obwohl Otto Stern zahlreiche bedeutende Pionierexperimente durchgeführt hat, überragt das sogenannte Stern-Gerlach Experiment zusammen mit Walther Gerlach alle anderen an Bedeutung. Aus diesem Grunde sollen hier die Hintergründe zu diesem Experiment ausführlicher dargestellt werden, auch deshalb, weil bis heute in vielen Lehrbüchern die Physik dieses Experimentes nicht korrekt dargestellt wird. Stern und Gerlach begannen schon Anfang 1921 mit der Planung und Ausführung des Experiments zum Nachweis der Richtungsquantelung magnetischer Momente von Atomen in äußeren Feldern (S18+S20). Richtungsquantelung heißt, die Ausrichtungswinkel von magnetischen Momenten von Atomen im Raum sind nicht isotrop über den Raum verteilt, sondern stellen sich nur unter diskreten Winkeln ein, d. h. sie sind in der Richtung gequantelt. Ausgehend vom Zeeman-Effekt, der 1896 von Pieter Zeeman in Leiden (Nobelpreis für Physik 1902) durch Untersuchung der im Magnetfeld emittierten Spektrallinien entdeckt wurde, hatten zuerst Peter Debye (1916, Nobelpreis für Chemie 1936) und dann Arnold Sommerfeld (1916) gefordert [2], dass sich die inneren magnetischen Momente von Atomen in einem äußeren magnetischen Feld nur unter diskreten Winkeln einstellen können.

Jeder Physiker würde von der Annahme ausgehen, dass die Atome (z. B. in Gasen) und damit auch deren innere magnetischen Momente beliebig im kraftfreien Raum orientiert sein müssen. Es sei denn, es gäbe äußere Kräfte, die solche Atome ausrichten können. Wenn ein makroskopisches äußeres Magnetfeld **B** angelegt wird, dann könnte eine solche ausrichtende Kraft zwischen Magnetfeld und Atomen nur dann auftreten, wenn die Atome entweder eine elektrische Ladung tragen oder aber ein inneres magnetisches Moment haben. Da neutrale Atome perfekt ungeladen sind, könnte daher nur ein inneres magnetisches Moment als Kraftquelle in Frage kommen. Nach den Gesetzen der damals und heute gültigen klassischen Physik sollten die magnetischen Momente der Atome jedoch in einem äußeren Magnetfeld **B** nur eine Lamorpräzession (Kreiselbewegung) um die Richtung **B** ausführen können, d. h. der Winkel zwischen magnetischem Moment und äußerem Feld **B** kann dadurch aber nicht verändert werden. Die isotrope Winkel-Ausrichtung der atomaren magnetischen Momente relativ zu **B** sollte daher unbedingt erhalten bleiben. Da nach der klassischen Physik die magnetischen Momente der Atome im Raum völlig isotrop vorkommen sollten, muss der Winkel α und damit auch die Energieaufspaltung der Spektrallinien im Magnetfeld (Zeeman-Effekt) kontinuierliche Verteilungen (Bänderstruktur) zeigen.

Um aber die in der Spektroskopie beobachtete scharfe Linienstruktur der sogenannten Feinstrukturaufspaltung in Atomen und die scharfen Spektrallinien des Zeeman-Effektes zu erklären, mussten Debye und Sommerfeld daher etwas postulieren, das dem gesunden Menschenverstand völlig widersprach. Das „Absurde" an der Richtungsquantelung ist, dass diese Ausrichtung abhängig von der B-Richtung ist, die der Experimentator durch seine Apparatur zufällig wählt. Woher sollen die Atome „wissen", aus welcher Richtung der Experimentator sie beobachtet? Nach allem, was die Physiker damals wussten, ja selbst was wir bis heute wissen, gibt es keinen uns bekannten physikalisch erklärbaren Prozess, der diese Momente nach dem Beobachter ausrichtet und eine Beobachter-abhängige Richtungsquantelung erzeugt. Selbst Debye sagte zu Gerlach: *Sie glauben doch nicht, dass die Einstellung der Atome etwas physikalisch Reelles ist, das ist eine Rechenvorschrift, das Kursbuch der Elektronen. Es hat keinen Sinn, dass Sie sich abquälen damit.* Max Born bekannte später: *Ich dachte immer, daß die Richtungsquantelung eine Art symbolischer Ausdruck war für etwas, was wir eigentlich nicht verstehen.* Im Interview mit Thomas Kuhn und Paul Ewald [14] erzählte Born: „*Ich habe versucht, Stern zu überzeugen, dass es keinen Sinn macht, ein solches Experiment durchzuführen. Aber er sagte mir, es ist es wert, es zu versuchen.*"

Wie Otto Stern im Züricher Interview erzählt [8], hat er überhaupt nicht an die Existenz einer solchen Richtungsquantelung geglaubt. In einem Seminarvortrag im Bornschen Institut wurde der Fall diskutiert und Otto Stern auf das Problem aufmerksam gemacht. Otto Stern überlegte: Wenn Debye und Sommerfeld recht haben, dann müssten die magnetischen Momente von gasförmigen Atomen in einem äußeren Magnetfeld sich ebenso ausrichten. Dies hat Otto Stern nicht in Ruhe gelassen. Er berichtete später: *Am nächsten Morgen, es war zu kalt aufzustehen, da habe ich mir überlegt, wie man das auf andere Weise experimentell klären könnte.* Mit seiner Atomstrahlmethode konnte er das machen.

Am 26. August 1921 reichte Otto Stern bei der Zeitschrift für Physik als alleiniger Autor eine Publikation (S18) ein, in der der experimentelle Weg zur experimentellen Überprüfung der Richtungsquantelung und die Machbarkeit, d. h. ob man die zu erwartenden kleinen Effekte auf die Bahn der Molekularstrahlen wirklich beobachten könne, diskutiert wurde. In dieser Arbeit bringt Otto Stern weitere Bedenken gegen das Debye-Sommerfeld-Postulat vor und führt aus: *Eine weitere Schwierigkeit für die Quantenauffassung besteht, wie schon von verschiedenen Seiten bemerkt wurde, darin, daß man sich gar nicht vorstellen kann, wie die Atome des Gases, deren Impulsmomente ohne Magnetfeld alle möglichen Richtungen haben, es fertig bringen, wenn sie in ein Magnetfeld gebracht werden, sich in die vorgeschriebenen Richtungen einzustellen. Nach der klassischen Theorie ist auch etwas* *ganz anderes zu erwarten. Die Wirkung des Magnetfeldes besteht nach Larmor nur darin, daß alle Atome eine zusätzliche gleichförmige Rotation um die Richtung der magnetischen Feldstärke als Achse ausführen, so daß der Winkel, den die Richtung des Impulsmomentes mit dem Feld B bildet, für die verschiedenen Atome weiterhin alle möglichen Werte hat. Die Theorie des normalen Zeeman-Effektes ergibt sich auch bei dieser Auffassung aus der Bedingung, daß sich die Komponente des Impulsmomentes in Richtung von B nur um den Betrag $h/2\pi$ oder Null ändern darf.*

Stern hatte sich zu dieser Vorveröffentlichung entschlossen, da Hartmut Kallmann und Fritz Reiche in Berlin ein ähnliches Experiment für die räumliche Ausrichtung von Dipolmolekülen in inhomogenen elektrischen Feldern (Starkeffekt, von Paul Epstein und Karl Schwarzschild theoretisch untersucht) gemacht hatten und kurz vor der Publikation standen. Otto Stern stand mit Kallmann und Reiche in Kontakt. Debye und Sommerfeld hatten für die auf der Bahn umlaufenden Elektronen eine Ausrichtung des magnetischen Momentes in drei Ausrichtungen vorausgesagt (analog der Triplettaufspaltung beim Zeeman-Effekt): parallel, antiparallel und senkrecht zum äußeren Magnetfeld, d. h. eine Triplettaufspaltung, und damit eine dreifach Ablenkung des Atomstrahles (parallel und antiparallel sowie keine Ablenkung zum Magnetfeld). Bohr hingegen erwartete nur eine Zweifachaufspaltung (Duplett) nach oben und unten, aber in der Mitte keine Intensität.

Otto Stern erhielt im Herbst 1921 einen Ruf auf eine a. o. Professur für theoretische Physik an der Universität Rostock. Schon im Wintersemester 1921/22 hielt er in Rostock Vorlesungen über theoretische Physik. Obwohl Otto Stern ab Herbst 1921 nicht mehr in Frankfurt war, gingen die gemeinsamen Arbeiten zur Messung der magnetischen Momente von Atomen mit Walter Gerlach in Frankfurt weiter. Wie Gerlach in seinem Interview mit Thomas Kuhn 1963 [15] berichtet, war die Apparatur erst im Herbst 1921 durch den Mechaniker Adolf Schmidt fertig gestellt worden. Schon bald danach konnte Gerlach in der Nacht vom 4. auf den 5. November 1921 den ersten großen Erfolg verbuchen. Ein Silberstrahl von 0,05 mm Durchmesser wurde in einem Vakuum von einigen 10^{-5} milli bar entlang eines Schneiden-förmigen Polschuhs geleitet und auf einem wenige cm entfernten Glasplättchen aufgefangen. Aus der Form des Fleckes des dort niedergeschlagenen Silbers wurde die Verbreiterung des Strahles bei eingeschaltetem Magnetfeld gemessen. Dies war der Beweis, dass Silberatome ein magnetisches Moment haben. Aus der Verbreiterung konnte eine erste Abschätzung für die Größe des magnetischen Momentes des Silberatoms gewonnen werden. Über eine mögliche Aufspaltung konnte wegen der schlechten Winkelauflösung noch keine verlässliche Aussage gemacht werden.

Gerlach hat in den folgenden Monaten versucht, die Apparatur weiter zu verbessern, ohne jedoch eine Aufspaltung zu sehen. In den ersten Februartagen 1922 (Wochenende 3.–5.2.1922) trafen sich Stern und Gerlach in Göttingen [15]. Nach diesem Treffen wurde eine entscheidende Änderung an der Ausblendung vorgenommen. In der bisher benutzten Apparatur wurde der Strahl durch zwei sehr kleine Rundblenden (wenige Mikrometer Durchmesser) begrenzt. Da der Strahl aus einer kleinen runden Öfchenöffnung emittiert wurde, mussten diese drei Punkte auf eine Linie gebracht werden, was offensichtlich nicht hinreichend präzise gelang.

Wie Gerlach in seinem Interview mit Thomas Kuhn berichtet (er bezieht sich auf den Brief von James Franck vom 15.2.1922) wurde eine der Strahlblenden durch einen Spalt ersetzt. Diese Änderung brachte umgehend den entscheidenden Fortschritt und die Richtungsquantelung wurde in der Nacht vom 7. auf 8.2.1922 in den Räumen des Instituts für theoretische Physik im Gebäude des Physikalischen Vereins Frankfurt zum ersten Male experimentell nachgewiesen. Das Stern-Gerlach-Experiment hatte damit eindeutig bewiesen: Die Richtungsquantelung der inneren magnetischen Momente von Atomen existierte wirklich. Das Postulat der Richtungsquantelung von Peter Debye und Arnold Sommerfeld entsprach einer reellen, physikalisch nachweisbaren Eigenschaft der Quantenwelt, obwohl es dem „gesunden Menschenverstand" völlig widersprach. Es gibt also die Fernwirkung zwischen Apparatur/Beobachter und Quantenobjekt. Egal in welcher Richtung der Experimentator zufällig sein Magnetfeld anlegt, die Atome „kennen" diese Richtung. Der Aufbau der Apparatur wurde später in zwei Publikationen im Detail beschrieben: W. Gerlach und O. Stern Ann. Phys. 74, 673 (1924) (S26) und Walther Gerlach, Über die Richtungsquantelung im Magnetfeld II, Annalen der Phys., 76, 163–197 (1925) (M0).

Viele der Physiker waren überrascht, dass es die Richtungsquantelung wirklich gab. Stern selbst hatte überhaupt nicht an sie geglaubt. Wolfgang Pauli schrieb in einer Postkarte an Gerlach: *Jetzt wird wohl auch der ungläubige Stern von der Richtungsquantelung überzeugt sein.* Arnold Sommerfeld bemerkte dazu: *Durch ihr wohldurchdachtes Experiment haben Stern und Gerlach nicht nur die Richtungsquantelung im Magnetfeld bewiesen, sondern auch die Quantennatur der Elektrizität und ihre Beziehung zur Struktur der Atome.* Albert Einstein schrieb: *Das wirklich interessante Experiment in der Quantenphysik ist das Experiment von Stern und Gerlach. Die Ausrichtung der Atome ohne Stöße durch Strahlung kann nicht durch die bestehenden Theorien erklärt werden. Es sollte mehr als 100 Jahre dauern, die Atome auszurichten.* Doch Stern war auch nach dem Experiment keineswegs von der Richtungsquantelung überzeugt. In seinem Züricher Interview 1961 [8] sagt er über das Frankfurter Stern-Gerlach-Experiment: *Das wirklich Interessante kam ja dann mit dem Experiment, das ich mit Gerlach zusammen gemacht habe, über die Richtungsquantelung. Ich hatte mir immer überlegt, dass das doch nicht richtig sein kann, wie gesagt, ich war immer noch sehr skeptisch über die Quantentheorie. Ich habe mir überlegt, es muss ein Wasserstoffatom oder ein Alkaliatom im Magnetfeld Doppelbrechung zeigen. Man hatte ja damals nur das Elektron in einer Ebene laufend und da kommt es ja darauf an, ob die elektrische Kraft, das Feld in der Ebene oder senkrecht steht. Das war ein völlig sicheres Argument meiner Ansicht nach, da man es auch anwenden konnte auf ganz langsame Änderungen der elektrischen Kraft, ganz adiabatisch. Also das konnte ich absolut nicht verstehen. Damals hab ich mir überlegt, man kann doch das experimentell prüfen. Ich war durch die Messung der Molekulargeschwindigkeit auf Molekularstrahlen eingestellt und so hab ich das Experiment versucht. Da hab ich das mit Gerlach zusammengemacht, denn das war ja doch eine schwierige Sache. Ich wollte doch einen richtigen Experimentalphysiker mit dabei haben. Das ging sehr schön, wir haben das immer so gemacht: Ich habe z. B. zum Ausmessen des magnetischen Feldes eine kleine Drehwaage gebaut, die zwar funktionierte, aber nicht sehr gut war. Dann hat Gerlach eine sehr feine gebaut, die sehr viel besser war. Übrigens eine Sache, die ich bei der Gelegenheit hier betonen möchte, wir haben damals nicht genügend zitiert die Hilfe, die der Madelung uns gegeben hat. Damals war der Born schon weg, und sein Nachfolger war der Madelung. Madelung hat uns im wesentlichen das magnetische Feld mit der Schneide und ja ... (inhomogen) suggeriert. Aber wie nun das Experiment ausfiel, da hab ich erst recht nichts verstanden, denn wir fanden ja dann die diskreten Strahlen und trotzdem war keine Doppelbrechung da. Wir haben extra noch einmal Versuche gemacht, ob doch noch etwas Doppelbrechung da war. Aber wirklich nicht. Das war absolut nicht zu verstehen. Das ist auch ganz klar, dazu braucht man nicht nur die neue Quantentheorie, sondern gleichzeitig auch das magnetische Elektron. Diese zwei Sachen, die damals noch nicht da waren. Ich war völlig verwirrt und wusste gar nicht, was man damit anfangen sollte. Ich habe jetzt noch Einwände gegen die Schönheit der Quantenmechanik. Sie ist aber richtig.*

Damals glaubten alle, dass die Beobachtung einer Dublettaufspaltung Niels Bohr recht gäbe und Sommerfelds Voraussage falsch sei. In der Tat hatten Gerlach und Stern aber die Richtungsquantelung des damals noch unbekannten Elektronenspins und nicht die eines auf einer Bahn umlaufenden Elektrons beobachtet. Somit hatten weder Bohr noch Sommerfeld recht! Warum es aber noch einige Jahre brauchte, bis Uhlenbeck und Goudsmit den Elektronenspin postulierten, ist aus heutiger Sicht sehr schwer zu verstehen. Einmal hatte Arthur Compton schon 1921 [16] auf die magnetischen Eigenschaften des Elektrons und damit indirekt auf seinen Eigenspin hingewiesen und zum andern hatte Alfred Landé (zu dieser Zeit ebenfalls in Frankfurt tätig) schon defacto die Grundlagen für seine g-Faktorformel auf semiempirischem Wege entwickelt [17]. Mit dieser Formel wird die komplette Drehimpulsdynamik der Elektronen in Atomen und ihre Kopplung zum Gesamtspin korrekt vorausgesagt. Sie enthält außerdem Sommerfelds innere Quantenzahl k = 1/2 (d. h. den Elektronenspin) und die richtigen „Spreizfaktoren" g (d. h. den korrekten g-Faktor g = 2) für das Elektron. In den Publikationen [18] analysiert dann Landé schon 1923 das Stern-Gerlach-Experiment als Richtungsquantelung einer um sich selbst drehenden Ladung und stellt klar, dass es sich beim Ag-Atom nicht um ein auf einer Bahn umlaufendes Elektron handeln kann.

Landé schreibt [18]: *Dass hier zwei abgelenkte Atomstrahlen im Abstand +/ − 1 Magneton, aber kein unabgelenkter Strahl auftritt, deuteten Stern und Gerlach ursprünglich so, es besitze das untersuchte Silberatom (Dublett-s-Termzustand) 1 Magneton als magnetisches Moment und stelle seine Achse parallel (m = +1) bzw. antiparallel (m = −1), nicht aber quer zum Feld (m = 0) ein, entsprechend dem bekannten Querstellungsverbot von Bohr. Die spektroskopischen Erfahrungstatsachen führen aber zu folgender anderer Deutung. Mit seinem J = 1 stellt sich das Silberatom nicht mit den Projektionen m = +/ − 1 unter Ausschluss von m = 0 ein, sondern nach Gleichung 4^2 mit m = +/ − 1/2. Das Fehlen des unabge-*

---

^{2} m = J − 1/2, J − 3/2, . . . , −J + 1/2

*lenkten Strahles ist also nicht durch ein Ausnahmeverbot ... zu erklären ... Zu
m = +/ − 1/2 beim Silberatom würde nun normaler Weise eine Strahlablenkung
von +/ − 1/2 Magneton gehören. Wegen des „g-Faktors" ist aber für die magnetischen Eigenschaften nicht m, sondern mg maßgebend, und g ist, wie erwähnt, bei
den s-Termen gleich 2, daher m · g = (+/ − 1/2) · 2 = +/ − 1 im Einklang mit
Stern-Gerlach.*[3]

Alfred Landé hätte nur ein wenig weiter denken müssen. Es konnte doch nur
für das Entstehen des Drehimpulsvektors k das um sich selbst drehende Elektron in
Frage kommen. Seinen Spin k = 1/2 mit g = 2 hat er schon richtig erkannt. Leider
wurden seine wichtigen Arbeiten zur Interpretation des Stern-Gerlach-Ergebnisses
fast nie zitiert und fast tot geschwiegen. Für den Nobelpreis für Physik wurde er nie
vorgeschlagen, was er aus Sicht dieser Buchautoren sicher verdient gehabt hätte.

Wie wird eigentlich diese Verschränkheit zwischen Atom und Apparatur ver-
mittelt? Für jedes durch die Apparatur fliegende, einzelne Atom gilt diese Verschränkheit und es gilt dabei eine strikte Drehimpulserhaltung (Verschränkheit) zu
jeder Zeit mit der Stern-Gerlach-Apparatur (entlang des Weges durch die Apparatur). Der Kollaps der Atomwellenfunktion mit Ausrichtung des Drehimpulses
auf eine Raumrichtung muss am Eingang zur Apparatur im inhomogenen Magnetfeld mit 100 % Effizienz erfolgen. Dann muss entlang der Bahn (homogenes
Feld) diese Richtung strikt erhalten bleiben, sonst gäbe es keine so eindeutigen
Atomstrahlbahnen mit klar trennbaren Strahlkondensaten auf der Auffangplatte.
Die Drehimpulskopplung zwischen Atom und Apparatur muss also für das Zustandekommen dieser Verschränkheit eine wesentliche Rolle spielen.

Um die Experimente zu dem magnetischen Moment von Silber in Frankfurt zu
einem erfolgreichen Ende zu bringen, kam Otto Stern in den Osterferien 1922 von
Rostock nach Frankfurt. Es gelang ihnen, das magnetische Moment des Silberatoms mit guter Genauigkeit zu bestimmen. Am 1. April konnten Walther Gerlach
und Otto Stern dazu eine Veröffentlichung bei der Zeitschrift für Physik einreichen
(S21). Innerhalb einer Fehlergrenze von 10 % stimmte das gemessene magnetische
Moment mit einem Bohrschen Magneton überein.

Otto Sterns kurze Rostocker Episode (Oktober 1921 bis 31.12.1923)

Die Universität Rostock hatte Otto Stern im Oktober 1921 als theoretischen Physiker auf ein Extraordinariat berufen. Diese Stelle war 1920 als erste Theorieprofessur
in Rostock geschaffen worden. Wilhelm Lenz (später Hamburg) war für ca. 1 Jahr
Sterns Vorgänger. Als theoretischer Physiker verfügte Stern über keine Ausstattung.
Stern hatte in Rostock kaum Geld und Apparaturen für Experimente, daher sind
Otto Sterns experimentelle Erfolge für die 15 Monate in Rostock (Oktober 1921
bis zum 31.12.1922) schnell erzählt. Denn in dieser Zeit gab es fast nur die schon

---

[3] Abraham [19] hatte schon 1903 gezeigt, dass um sich selbst rotierende Ladungen (Elektronenspin) je nach Ladungsverteilung (Flächen- oder Volumenverteilung) unterschiedliche elektroma-
gnetische Trägheitsmomente haben.

besprochenen Experimente mit Gerlach und die fanden alle in Frankfurt statt. Während der Rostocker Zeit hat Otto Stern nur eine rein Rostocker Publikation „Über den experimentellen Nachweis der räumlichen Quantelung im elektrischen Feld" in Phys. Z. 23, 476–481 (1922) veröffentlicht (S22), die eine rein theoretische Arbeit darstellt. In dieser Arbeit wurde das Verhalten der elektrischen atomaren Dipolmomente im inhomogenen Feld (inhomogener Starkeffekt) und seine Analogie zum Zeeman-Effekt untersucht.

Rostock war für Stern nur eine Durchgangsstation. Erwähnenswert ist, dass Stern mit Immanuel Estermann seinen wichtigsten Mitarbeiter fand. Der in Berlin geborene Estermann, der kurz zuvor seine Dissertation bei Max Volmer in Hamburg beendet hatte, kam in Rostock in Sterns Gruppe und arbeitete mit Stern bis zu dessen Emeritierung 1946 in Pittsburgh zusammen. In der Rostocker Zeit untersuchten Estermann und Stern mit einer einfachen Molekularstrahlapparatur Methoden der Sichtbarmachung dünner Silberschichten. Dabei wurden Nassverfahren als auch Verfahren von Metalldampfabscheidung auf den sehr dünnen Schichten angewandt. Es konnten noch Schichtdicken von nur 10 atomaren Lagen sichtbar gemacht werden. Diese Arbeit wurde dann 1923 von Hamburg aus mit Estermann und Stern als Autoren in Z. Phys. Chem. 106, 399 (1923) (S23) publiziert.

Otto Sterns erfolgreiche Hamburger Zeit (1.1.1923 bis 31.10.1933)

Die 1919 neugegründete Hamburger Universität hatte am 31.3.1919 ein Extraordinariat für Physikalische Chemie geschaffen, auf das am 30.6.1920 der 1885 geborene Max Volmer berufen worden war. Volmer nutzte seit 1922 Räume im Physikalischen Staatsinstitut, wo die räumlichen und apparativen sowie personellen Bedingungen als auch die finanziellen Mittel unbefriedigend bis ungenügend waren. Die Geräte waren größtenteils aus dem chemischen Institut ausgeliehen oder wurden selbst hergestellt. Volmer erhielt 1922 einen Ruf auf ein Ordinariat für Physikalische und Elektrochemie an die TU-Berlin. Zum 1.10.1922 verließ er Hamburg und trat seine Stelle in Berlin an.

Auf Bemühen Volmers war aber diese Stelle 1923 in ein Ordinariat umgewandelt worden. Auf Betreiben des Hamburger theoretischen Physikers Lenz wurde Otto Stern dann diese Stelle angeboten. Die Hamburger Berufungsverhandlungen 1922 verschafften Otto Stern keine sehr günstige Startposition [20]. Da er von einem Extraordinariat kam, gab es in Rostock keine Bleibeverhandlungen und Stern war gezwungen, „jedes" Angebot aus Hamburg anzunehmen.

In Hamburg hat Stern nicht nur an seine Frankfurter Erfolge anknüpfen, sondern diese noch übertreffen können. In Hamburg konnte er bis 1933 zusammen mit seinen Mitarbeitern 40 weitere auf der Molekularstrahltechnik aufbauende Arbeiten publizieren. In den 1926 veröffentlichten Arbeiten a. Zur Methode der Molekularstrahlen I. (S28) und b. Zur Methode der Molekularstrahlen II. (S29) (letztere zusammen mit Friedrich Knauer) wurden die Ziele der kommenden Forschungsarbeiten in Hamburg unter Verwendung der MSM visionär beschrieben. Otto Stern schreibt dazu: *Die Molekularstrahlmethode muss so empfindlich gemacht werden, dass sie in vielen Fällen Effekte zu messen und Probleme angreifen erlaubt, die den bisher bekannten experimentellen Methoden unzugänglich sind.* Die von Stern für realistisch betrachteten Experimente konnte Otto Stern in seiner Hamburger Zeit in der Tat alle mit einer beeindruckenden Erfolgsbilanz durchführen.

Um dies zu erreichen, musste jedoch einmal die Messgeschwindigkeit und zum andern auch die Messgenauigkeit der MSM wesentlich verbessert werden. Stern war sich bewusst, dass er mit der optischen Spektroskopie konkurrieren musste. Dabei konnte seine MSM Eigenschaften eines Zustandes direkt messen, wohingegen die optische Spektroskopie immer nur Energiedifferenzen von zwei Zuständen und niemals den Zustand direkt beobachten konnte.

Um die Messgeschwindigkeit zu verbessern, musste der Molekularstrahl viel intensiver gemacht werden. Das konnte man mit einem sehr dünnen Platindraht als Verdampfer nicht mehr erreichen, da dessen Oberfläche als Quelle einfach zu klein war. Daher musste man Öfchen als Verdampfer entwickeln, die einen hohen Verdampfungsdruck erreichen konnten und deren Tiefe so erhöht werden konnte, dass man in Sekundenschnelle Schichten auf der Auffangplatte auftragen konnte. Die Begrenzung des Druckes im Ofen wurde durch die freie Weglänge der Gasmoleküle gegeben, die nur vergleichbar oder größer als die Ofenspaltbreite sein musste. Das heißt, man konnte die Ofenspaltbreite beliebig klein machen und konnte den dadurch bedingten Intensitätsverlust durch Druckerhöhung im Ofen ausgleichen, ohne dass die Messzeit vergrößert wurde. Die dann in Hamburg durchgeführten experimentellen Untersuchungen und Verbesserungen der Strahlstärke ergaben, dass man schon nach drei bis 4 Sekunden Messzeit den Strahlfleck mit Hilfe von chemischen Entwicklungsmethoden erkennen konnte.

Otto Stern beschreibt dann in (S28 + S29) eine Reihe von Untersuchungen, die für die Quantenphysik (Atome und Kerne) wegweisend wurden. Als erstes ging es um die Frage, hat der Atomkern (z. B. das Proton) ein magnetisches Moment und wie groß ist das. Nach Sterns damaliger Vorstellung des Kernaufbaus (umlaufende Protonen) sollte das magnetische Moment des Protons der 1/1836-te Teil des magnetischen Momentes des Elektrons sein. Wie Stern ausführt, war die Auflösung in der optischen Spektroskopie damals jedoch noch nicht ausreichend, um im Zeeman-Effekt diese Aufspaltung (Hyperfeinaufspaltung) durch das Kernmoment nachzuweisen. Otto Sterns MSM sollte jedoch auch dieses kleine magnetische Moment noch messen können. 1933 konnte dann Otto Stern zusammen mit Otto Robert Frisch in Hamburg die Messung des magnetischen Momentes des Protonkerns zum ersten Male erfolgreich durchführen. Die im Labor durchführbare Wechselwirkung mit den Kernmomenten ist später die Grundlage geworden, um eine Kernspinresonanzmethode zu realisieren und moderne Kernspintomographen zu entwickeln. Neben Dipolmomenten gibt es, wie wir heute wissen, auch höhere Multipolmomente, wie Quadrupolmoment. Otto Stern hat schon 1926 darauf hingewiesen, dass man mit der MSM diese Momente vor allem im Grundzustand messen könne.

Die kleinen Ablenkungen der Molekularstrahlteilchen in äußeren Feldern und durch Stoß mit anderen Molekularstrahlen, die mit der MSM gemessen werden können, ermöglichen auch die Untersuchung der langreichweitigen Molekülkräfte (z. B. van der Waals-Kraft). Auch diese extrem wichtige Anwendung der Molekularstrahltechnik spielt bis auf den heutigen Tag in der Physik und der Chemie eine fundamental wichtige Rolle. Otto Stern hat bereits 1926 visionär diese Möglichkeiten erkannt und beschrieben. Seine Publikation von 1926 schließt mit der Aufzählung von drei wichtigen Anwendungen der MSM: a. Messung des Einsteinschen Strahlungsrückstoßes, das heißt, den direkten Beweis erbringen, dass das Photon einen Impuls besitzt, das diesen durch Streuung an einem Atom auf dieses übertragen kann. Das Atom wird dann entgegen des reflektierten Photons mit einem sehr kleinen aber durch die MSM messbaren Rückstoßimpuls abgelenkt werden. Dieser Strahlungsrückstoß wird heute benutzt, um mit Hilfe der Laserkühlung sehr kalte Gase (Bose-Einstein-Kondensat) zu erzeugen und damit makroskopische Quantensysteme im Labor herzustellen. b. Messung der de Broglie-Wellenlänge von langsamen Atomstrahlen. Stern war vollkommen klar, falls sich das de Broglie-Bild als richtig erweisen sollte, dass dann auch allen bewegten Teilchen (Atome) eine Wellenlänge zugeordnet werden muss. Werden diese Atome an regelmäßigen Strukturen eines Kristalls an der Oberfläche gestreut, dann sollten diese „Streuwellen" analog der Lichtstreuung Beugungs- und Interferenzbilder zeigen. Schon drei Jahre später hat Stern dieses für Quantenphysik so fundamental wichtige Experiment durchführen können. c. Seine Molekularstrahlen können dazu benutzt werden, um die Lebensdauer eines angeregten Zustandes zu messen. Der bewegte Strahl wird an einem sehr eng kollimierten Ort angeregt und dann das Fluoreszenzleuchten strahlabwärts örtlich genau vermessen. Den Ort kann man dann über die Molekulargeschwindigkeit in eine Zeitskala transformieren.

Wenn man die Publikationen Otto Sterns und seiner Mitarbeiter ab 1926 in Hamburg bewertet, dann stellt man fest, dass erst ab 1929 die wirklich großen Meilenstein-Ergebnisse veröffentlicht wurden. Dies hängt sicher auch mit einem Ruf an die Universität-Frankfurt zusammen. Otto Stern hatte im April 1929 einen Ruf auf ein Ordinariat für Physikalische Chemie an die Universität Frankfurt erhalten [4, 20]. Die darauf erfolgten Bleibeverhandlungen in Hamburg gaben Otto Stern die Chance, sein Institut völlig neu einzurichten. Die Universität Hamburg war bereit, alles zu tun, um Otto Stern in Hamburg zu halten.

Otto Sterns Arbeitsgruppe bestand aus seinen Assistenten, ausländischen Wissenschaftlern und seinen Doktoranden. Seine Assistenten waren Immanuel Estermann, der mit Stern aus Rostock zurück nach Hamburg gekommen war, Friedrich Knauer, Robert Schnurmann und ab 1930 Otto Robert Frisch. Mit Immanuel Estermann hat Stern über 20 Jahre eng zusammengearbeitet und zusammen 17 Publikationen veröffentlicht. Außerordentlich erfolgreich war die dreijährige Zusammenarbeit von 1930 bis 1933 mit Otto Robert Frisch, dem Neffen Lise Meitners. In diesen drei Jahren haben beide 9 Arbeiten zusammen publiziert, die fast alle für die Physik von fundamentaler Bedeutung wurden. Der vierte Assistent in Sterns Gruppe war Robert Schnurmann.

Einer der ausländischen Wissenschaftler (Fellows) war Isidor I. Rabi (1927–28). Er war für die Weiterentwicklung der Molekularstrahlmethode und damit für die Physik schlechthin der wichtigste „Schüler" Sterns, obwohl er die Schülerbezeichnung selbst nie benutzte. Aufbauend auf seinen Erfahrungen im Sternschen Labor hat er in den Vereinigten Staaten eine Physikschule aufgebaut, die an Bedeutung

weltweit in der Atom- und Kernphysik ihres Gleichen sucht und viele Nobelpreisträger hervorgebracht hat. Rabi erklärt in einem Interview mit John Rigden kurz vor
seinem Tode im Jahre 1988, warum Otto Stern und seine Experimente seine weiteren wissenschaftlichen Arbeiten entscheidend prägten. Er sagte zu Rigden [21]:
*When I was at Hamburg University, it was one of the leading centers of physics in
the world. There was a close collaboration between Stern and Pauli, between experiment and theory. For example, Stern's question were important in Pauli's theory
of magnetism of free electrons in metals. Conversely, Pauli's theoretical researches
were important influences in Stern's thinking. Further, Stern's and Pauli's presence
attracted man illustrious visitors to Hamburg. Bohr and Ehrenfest were frequent
visitors.*

*From Stern and from Pauli I learned what physics should be. For me it was not
a matter of more knowledge. . . . Rather it was the development of taste and insight;
it was the development of standards to guide research, a feeling for what is good
and what is not good. Stern had this quality of taste in physics and he had it to the
highest degree. As far as I know, Stern never devoted himself to a minor problem.*

Rabi hatte sich in Hamburg eine neue Separationsmethode von Molekularstrahlen im Magnetfeld ausgedacht (M7), die für die späteren Anwendungen von Molekularstrahlen von großer Bedeutung werden sollte. Da die Inhomogenität des
Magnetfeldes auf kleinstem Raum schwierig zu vermessen war und man außerdem
nicht genau wusste, wo der Molekularstrahl im Magnetfeld verlief, musste eine
homogene Magnetfeldanordnung zu viel genaueren Messergebnissen führen. Nach
Rabis Idee tritt der Molekularstrahl unter einem Winkel ins homogene Magnetfeld ein. Ähnlich wie der Lichtstrahl bei schrägem Einfall an der Wasseroberfläche
gebrochen wird, wird auch der Molekularstrahl beim Eintritt ins Magnetfeld „gebrochen", d. h. seine Bahn erfährt einen kleinen „Knick". Wie im inhomogenen Magnetfeld erfährt der Strahl eine Aufspaltung je nach Größe und Richtung des inneren
magnetischen Momentes. Die Trennung der verschiedenen Bahnen der Atome in
der neuen Rabi-Anordnung kann sogar wesentlich größer sein als im inhomogenen Magnetfeld. Rabi konnte in seinem Hamburger Experiment das magnetische
Moment des Kaliums bestimmen und konnte innerhalb 5 % Fehler zeigen, dass es
einem Bohrschen Magneton entspricht (M7).

Es waren nicht nur Sterns Mitarbeiter sondern auch seine Professorenkollegen
die in Sterns Hamburger Zeit in seinem Leben und wissenschaftlichen Wirken eine
Rolle spielten. An erster Stelle ist hier Wolfgang Pauli zu nennen, einer der bedeutendsten Theoretiker der neuen Quantenphysik. Wie vorab schon erwähnt, war er
1923 fast zeitgleich mit Stern nach Hamburg gekommen. Wie Stern im Züricher
Interview erzählt, sind sie fast immer zusammen zum Essen gegangen und meist
wurde dabei über „Was ist Entropie?", über die Symmetrie im Wasserstoff oder das
Problem der Nullpunktsenergie diskutiert.

Stern selbst betrachtet seine Messung der Beugung von Molekularstrahlen an
einer Oberfläche (Gitter) als seinen wichtigsten Beitrag zur damaligen Quantenphysik. Stern bemerkt dazu im Züricher Interview [8]: *Dies Experiment lieb ich
besonders, es wird aber nicht richtig anerkannt. Es geht um die Bestimmung der
De Broglie-Wellenlänge. Alle Experimenteinheiten sind klassisch außer der Gitter-*

konstanten. Alle Teile kommen aus der Werkstatt. Die Atomgeschwindigkeit wurde mittels gepulster Zahnräder bestimmt. Hitler ist schuld, dass dieses Experiment nicht in Hamburg beendet wurde. Es war dort auf dem Programm.

Die ersten Experimente dazu hat Otto Stern ab 1928 mit Friedrich Knauer durchgeführt (S33). Dazu wurde das Reflexionsverhalten von Atomstrahlen (vor allem He-Strahlen) an optischen Gittern und Kristallgitteroberflächen untersucht. Dazu wurden die Atomstrahlen unter sehr kleinen Einfallswinkeln relativ zur Oberfläche gestreut und die Streuverteilung in Abhängigkeit vom Streuwinkel und der Orientierung der Gitterebenen relativ zum Strahl vermessen. Da im Experiment das Vakuum nicht unter 10^{-5} Torr gesenkt werden konnte, ergab sich ein grundlegendes Problem bei diesen Experimenten: Auf den Kristalloberflächen lagerten sich in Sekundenschnelle die Gasatome des Restgases ab, so dass die Streuung an den abgelagerten Atomschichten stattfand. Dabei fand mit diesen ein nicht genau kontrollierter Impulsaustausch statt, der die Winkelverteilung der reflektierten Gasstrahlen stark beeinflusste. Trotzdem konnten Stern und Knauer schon 1928 klar nachweisen, dass die He-Strahlen spiegelnd an der Oberfläche reflektiert wurden. Beugungseffekte konnten noch nicht nachgewiesen werden. Die erste Veröffentlichung darüber war ein Vortrag Sterns im September 1927 auf den Internationalen Physikerkongress in Como.

1929 berichtete Otto Stern in den Naturwissenschaften (S37) erstmals über den erfolgreichen Nachweis von Beugung der Atomstrahlen an Kristalloberflächen. Stern hatte die Apparatur so verbessert, dass er bei Festhaltung des Einfallswinkels des Atomstrahles auf die Kristalloberfläche die Kristallgitterorientierungen verändern konnte. Er beobachtete eine starke Winkelabhängigkeit der reflektierten Atomstrahlen von der Kristallorientierung. Diese Effekte konnten nur durch Beugungseffekte erklärt werden.

Da Knauers wissenschaftliche Interessen in andere Richtungen gingen, musste Otto Stern vorerst alleine an diesen Beugungsexperimenten weiter arbeiten. Otto Stern fand jedoch in Immanuel Estermann sehr schnell einen kompetenten Mitarbeiter. Beide konnten dann in (S40) erste quantitative Ergebnisse zur Beugung von Molekularstrahlen publizieren und durch ihre Daten de Broglies Wellenlängenbeziehung verifizieren.

Zusammen mit Immanuel Estermann und Otto Robert Frisch wurde die Apparatur nochmals verbessert und monoenergetische Heliumstrahlen erzeugt. Der Heliumstrahl wurde durch zwei auf derselben Achse sitzende sich sehr schnell drehende Zahnräder geschickt. In diesem Fall kann nur eine bestimmte Geschwindigkeitskomponente aus der Maxwellverteilung durch das Zahnradsystem hindurchgehen und man hat auf diese Weise einen monoenergetischen oder monochromatischen He-Strahl erzeugt. Estermann, Frisch und Stern konnten dann 1931 in (S43) über eine erfolgreiche Messung der De Broglie-Wellenlänge von Heliumatomstrahlen berichten. Um ganz sicher zu gehen, hatten sie auf zwei Wegen einen monoenergetischen He-Strahl erzeugt: einmal durch Streuung der Gesamt-Maxwellverteilung an einer LiF-Spaltfläche und Auswahl einer bestimmten Richtung des gestreuten Beugungsspektrums und zum andern durch Durchgang des Strahles durch eine rotierendes Zahnradsystem. Dass der unter einem festen Winkel gebeugte Strahl monoenergetisch ist, haben sie durch hintereinander angeordnete Doppelstreuung überprüft. Als die gemessene de Brogliewellenlänge 3 % von der berechneten abwich, war Stern klar, da hatte man im Experiment irgendeinen Fehler gemacht oder etwas übersehen. Stern hatte vorher alle apparativen Zahlen in typisch Sternscher Art bis auf besser als 1 % berechnet. Bei der Auswertung (siehe Seite 213 der Originalpublikation) stellten die Autoren fest: Die Beugungsmaxima zeigen Abweichungen alle nach derselben Seite, vielleicht ist uns noch ein kleiner systematischer Fehler entgangen? In der Tat, da gab es noch einen kleinen systematischen Fehler. Stern berichtet: *Die Abweichung fand ihre Erklärung, als wir nach Abschluß der Versuche den Apparat auseinandernahmen. Die Zahnräder waren auf einer Präzisions-Drehbank (Auerbach-Dresden) geteilt worden, mit Hilfe einer Teilscheibe, die laut Aufschrift den Kreisumfang in 400 Teile teilen sollte. Wir rechneten daher mit einer Zähnezahl von 400. Die leider erst nach Abschluß der Versuche vorgenommene Nachzählung ergab jedoch eine Zähnezahl von 408 (die Teilscheibe war tatsächlich falsch bezeichnet), wodurch die erwähnte Abweichung von 3 % auf 1 % vermindert wurde.*

Diese Beugungsexperimente von Atomstrahlen lieferten nicht nur den eindeutigen Beweis, dass auch Atom- und Molekülstrahlen Welleneigenschaften haben, sondern Stern konnte auch erstmals die de Broglie-Wellenlänge absolut bestimmen und damit das Welle-Teilchen-Konzept der Quantenphysik in brillanter Weise bestätigen.

Eine andere Reihe fundamental wichtiger Experimente Otto Sterns Hamburger Zeit befasste sich mit der Messung von magnetischen Momenten von Kernen, hier vor allem das des Protons und das des Deuterons. Otto Stern hatte schon 1926 in seiner Veröffentlichung, wo er visionär die zukünftigen Anwendungsmöglichkeiten der MSM beschreibt, vorgerechnet, dass man auch die sehr kleinen magnetischen Momente der Kerne mit der MSM messen kann. Damit bot sich mit Hilfe der MSM zum ersten Mal die Möglichkeit, experimentell zu überprüfen, ob die positive Elementarladung im Proton identische magnetische Eigenschaften wie die negative Elementarladung im Elektron hat. Stern ging davon aus, dass das mechanische Drehimpulsmoment des Protons identisch zu dem des Elektrons sein muss. Nach der damals schon allgemein anerkannten Dirac-Theorie musste das magnetische Moment des Protons wegen des Verhältnisses der Massen 1836 mal kleiner als das des Elektrons sein. Die von Dirac berechnete Größe wird ein Kernmagneton genannt. Otto Stern sagt dazu in seinem Züricher Interview [8]: *Während der Messung des magnetischen Momentes des Protons wurde ich stark von theoretischer Seite beschimpft, da man glaubte zu wissen, was rauskam. Obwohl die ersten Versuche einen Fehler von 20 % hatten, betrug die Abweichung vom erwarteten theoretischen Wert mindestens Faktor 2.*

Die Hamburger Apparatur war für die Untersuchung von Wasserstoffmolekülen gut vorbereitet. Der Nachweis von Wasserstoffmolekülen war seit langem optimiert worden und außerdem konnte Wasserstoff gekühlt werden, so dass wegen der langsameren Molekülstrahlen eine größere Ablenkung erreicht wurde. Stern hatte erkannt, dass seine Methode Information über den Grundzustand und über die Hyperfeinwechselwirkung (Kopplung zwischen magnetischen Kernmomenten mit denen der Elektronenhülle) lieferte, was die hochauflösende Spektroskopie damals nicht leisten konnte.

Frisch und Stern konnten 1933 in Hamburg den Strahl noch nicht monochromatisieren und erreichten daher nur eine Auflösung von ca. 10 %. Das inhomogene Magnetfeld betrug ca. $2 \cdot 10^5$ Gauß/cm. Ähnlich wie bei der Apparatur zur Messung der de Broglie-Wellenlänge beschrieben Frisch und Stern auch in dieser Publikation (S47) alle Einzelheiten der Apparatur und die Durchführung der Messung in größtem Detail.

Da in diesem Experiment der Wasserstoffstrahl auf flüssige Lufttemperatur gekühlt war, waren zu 99 % die Moleküle im Rotationsquantenzustand Null. Diese Annahme konnte auch im Experiment bestätigt werden. Beim Orthowasserstoff stehen beide Kernspins parallel, d. h. das Molekül hat de facto 2 Protonenmomente. Für das magnetische Moment des Protons erhielten Frisch und Stern einen Wert von 2–3 Kernmagnetons mit ca. 10 % Fehlerbereich, was in klarem Widerspruch zu den damals gültigen Theorien, vor allem zur Dirac Theorie stand. Fast parallel zur Publikation in Z. Phys. (Mai 1933) wurde im Juni 1993 als Beitrag zur Solvay-Conference 1933 in Nature (S51) von den Autoren Estermann, Frisch und Stern und dann von Estermann und Stern im Juli 1933 in (S52) ein genauerer Wert publiziert mit 2,5 Kermagneton +/ − 10 % Fehler. Estermann und Stern haben wegen der großen Bedeutung dieses Ergebnisses in kürzester Zeit noch einmal alle Parameter des Experimentes sehr sorgfältig überprüft und auch bisher noch unberücksichtigte Einflüsse diskutiert. Auf der Basis dieser sorgfältigen Fehlerabschätzungen kommen sie zu dem eindeutigen Schluss, dass das Proton ein magnetisches Moment von 2,5 Kernmagneton haben muss und die Fehlergrenze 10 % nicht überschreitet. Dieser Wert stimmt innerhalb der Fehlergrenze mit dem heute gültigen Wert von 2,79 Kermagnetonen überein und belegt klar, dass die damals in der Physik anerkannten Theorien über die innere Struktur des Protons falsch waren.

1937 haben Estermann und Stern nach ihrer erzwungenen Emigration in die USA zusammen mit O. C. Simpson am Carnegie Institute of Technology in Pittsburgh diese Messungen mit fast identischer Apparatur wie in Hamburg wiederholt und sehr präzise alle Fehlerquellen ermittelt (S62). Sie erhalten dort einen Wert von 2,46 Kernmagneton mit einer Fehlerangabe von 3 %. Rabi und Mitarbeiter [22] hatten 1934 mit einem monoatomaren H-Strahl das magnetische Moment des Protons zu 3,25 Kernmagneton mit 10 % Fehlerangabe ermittelt.

Obwohl Stern und Estermann im Sommer 1933 schon de-facto aus dem Dienst der Universität Hamburg ausgeschieden waren, haben beide noch ihre kurze verbleibende Zeit in Hamburg genutzt, um auch das magnetische Moment des Deutons (später Deuteron) zu messen. G. N. Lewis/Berkeley hatte Stern 0,1 g Schweres Wasser zur Verfügung gestellt, das zu 82 % aus dem schweren Isotop des Wasserstoffs Deuterium (Deuteron ist der Kern des Deuteriumatoms und setzt sich aus einem Proton und Neutron zusammen) bestand. Da ihnen die Zeit fehlte, in typisch Sternscher Weise alle wichtigen Zahlen im Experiment (z. B. die angegebenen 82 %) sehr sorgfältig zu überprüfen, konnten sie in Ihrer Publikation „Über die magnetische Ablenkung von isotopen Wasserstoff-molekülen und das magnetische Moment des ‚Deutons'" in (S54) nur einen ungefähren Wert angeben. Sie stellten fest, dass der Deuteronkern einen kleineren Wert hat als das Proton. Dies ist nur möglich, wenn das neutrale Neutron ebenfalls ein magnetisches Moment hat, das dem des Protons entgegengerichtet ist. Heute wissen wir, dass das magnetische Moment des Neutrons (−)1,913 Kernmagneton beträgt und damit intern auch eine elektrische Ladungsverteilung haben muss, die sich im größeren Abstand perfekt zu Null addiert.

Nicht unerwähnt bleiben darf hier das in Hamburg von Otto Robert Frisch durchgeführte Experiment zum Nachweis des Einsteinschen Strahlungsrückstoßes. Einstein hatte 1905 vorausgesagt, dass jedes Photon einen Impuls hat und dieser bei der Emission oder Absorption eines Photons durch ein Atom sich als Rückstoß beim Atom bemerkbar macht. Otto Robert Frisch bestrahlte einen Na-MS mit Na-Resonanzlicht (D1 und D2 Linien einer Na-Lampe) und bestimmte die durch den Photonenimpulsübertrag bewirkte Ablenkung der Na-Atome. Der Ablenkungswinkel betrug $3 \cdot 10^{-5}$ rad, d. h. ca. 6 Winkelsekunden. Da die Experimente wegen der unerwarteten Entlassung der jüdischen Mitarbeiter Sterns in Hamburg abrupt abgebrochen werden mussten, konnte Frisch nur den Effekt qualitativ bestätigen. Otto Robert Frisch hat dies als alleiniger Autor (M17) publiziert.

Durch die 1933 erfolgte Machtübernahme der Nationalsozialisten wurde Otto Sterns Arbeitsgruppe ohne Rücksicht auf deren große Erfolge praktisch von einem auf den andern Tag zerschlagen. Wie oben bereits erwähnt, waren alle Assistenten Sterns (außer Knauer) jüdischer Abstammung. Auf Grund des Nazi-Gesetzes zur Wiederherstellung des Berufsbeamtentums vom 7. April 1933 erhielten Estermann, Frisch und Schnurmann am 23. Juni 1933 per Einschreiben von der Landesunterichtsbehörde der Stadt Hamburg ihr Entlassungsschreiben [20].

Nach seinem Ausscheiden aus dem Dienst der Universität Hamburg stellte Otto Stern den Antrag, einen Teil seiner Apparaturen mitnehmen zu können. Mit der Prüfung des Antrages wurde sein Kollege Professor Peter Paul Koch beauftragt. Der umgehend zu dem Schluss kam, dass diese Apparaturen für Hamburg keinen Verlust bedeuten und nur in den Händen von Otto Stern wertvoll sind. Otto Stern konnte somit einen Teil seiner wertvollen Apparaturen mit in die Emigration nehmen.

Damit war das äußerst erfolgreiche Wirken Otto Sterns und seiner Gruppe in Hamburg zu Ende. Wie in dem Brief Knauers an Otto Stern [23] vom 11. Oktober 1933 zu lesen ist, verfügte Koch (der jetzt in Hamburg das Sagen hatte) unmittelbar nach Sterns Weggang in diktatorischer Weise die Zerschlagung des alten Sternschen Instituts. Selbst der dem Nationalsozialismus nahestehende Knauer beklagte sich darüber.

1933 Emigration in die USA

Es war nicht leicht für die zahlreichen deutschen, von Hitler vertriebenen Wissenschaftler in den USA in der Forschung eine Stelle zu finden, geschweige denn eine gute Stelle. Es hätte nahe gelegen wegen Sterns früherer Besuche in Berkeley, dass er dort eine neue wissenschaftliche Heimat findet. Aber dem war nicht so. Stern hatte dennoch Glück. Ihm wurde eine Forschungsprofessur am Carnegie Institute of Technology in Pittsburgh/Pennsylvania angeboten. Stern nahm dieses Angebot an und zusammen mit seinem langjährigen Mitarbeiter Estermann baute er dort eine neue Arbeitsgruppe auf.

Wie Immanuel Estermann in seiner Kurzbiographie [10] über Otto Stern schreibt: *Die Mittel, die Stern in Pittsburgh während der Depression zur Verfügung standen, waren relativ gering. Den Schwung seines Hamburger Laboratoriums konnte Stern nie wieder beleben, obwohl auch im Carnegie-Institut eine Reihe wichtiger Publikationen entstanden.*

Im neuen Labor in Pittsburgh wurde weiter mit Erfolg an der Verbesserung der Molekularstrahlmethode gearbeitet. Doch gelangen Stern, Estermann und Mitarbeitern auf dem Gebiet der Molekularstrahltechnik keine weiteren Aufsehen erregenden Ergebnisse mehr. Von Pittsburgh aus publizierte Stern zehn weitere Arbeiten zur MSM. Vier davon befassten sich mit der Größe des magnetischen Momentes des Protons und Deuterons. Dabei konnten aber keine wirklichen Verbesserungen in der Messgenauigkeit erreicht werden. Ab 1939 hatte auch hier Rabi die Führung übernommen. Er konnte mit seiner Resonanzmethode den Fehler bei der Messung des Kernmomentes des Protons auf weit unter 1 % senken. Das weltweite Zentrum der Molekularstrahltechnik war von nun an Rabis Labor an der Columbia-University in New York und ab 1940 am MIT in Boston.

Eine Publikation Otto Sterns mit seinen Mitarbeitern J. Halpern, I. Estermann, und O. C. Simpson ist noch erwähnenswert: „The scattering of slow neutrons by liquid ortho- and parahydrogen" publiziert in (S61). Sie konnten zeigen, dass Parawasserstoff eine wesentlich größere Tansmission für langsame Neutronen hat als Orthowasserstoff. Mit dieser Arbeit konnten sie die Multiplettstruktur und das Vorzeichen der Neutron-Proton-Wechselwirkung bestimmen.

Otto Stern und der Nobelpreis

Otto Stern wurde zwischen 1925 und 1945 insgesamt 82mal für den Nobelpreis nominiert. Im Fach Physik war er von 1901 bis 1950 der am häufigsten Nominierte. Max Planck erhielt 74 und Albert Einstein 62 Nominierungen. Nur Arnold Sommerfeld kam Otto Stern an Nominierungen sehr nahe: er wurde 80mal vorgeschlagen, aber nie mit dem Nobelpreis ausgezeichnet [3].

1944 endlich, aber rückwirkend für 1943, wurde Otto Stern der Nobelpreis verliehen. 1943 als auch 1944 erhielt Stern nur jeweils zwei Nominierungen, doch diese waren in Schweden von großem Gewicht: Hannes Alfven hatte ihn 1943 und Manne Siegbahn hatte ihn 1944 nominiert. Manne Siegbahn schlug 1944 außerdem Isidor I. Rabi und Walther Gerlach vor. Siegbahns Nominierung war extrem kurz und ohne jede Begründung und am letzten Tag der Einreichungsfrist geschrieben [3]. Hulthèn war wiederum der Gutachter und er schlug Stern und Rabi vor. Stern erhielt den Nobelpreis für das Jahr 1943 (Bekanntgabe am 9.11.1944). Isidor Rabi bekam den Physikpreis für 1944. Die offizielle Begründung für Sterns Nobelpreis lautet:

„Für seinen Beitrag zur Entwicklung der Molekularstrahlmethode und die Entdeckung des magnetischen Momentes des Protons".

Die Rede im schwedischen Radio, die E. Hulthèn am 10. Dezember 1944 zum Nobelpreis an Otto Stern hielt, würdigte dann überraschend vor allem die Entdeckung der Richtungsquantelung und weniger die in der Nobelauszeichnung angegebenen Leistungen.

Nicht lange nach dem Erhalt des Nobelpreises ließ sich Otto Stern im Alter von 57 Jahren emeritieren. Er hatte sich in Berkeley, wo seine Schwestern wohnten, in der 759 Cragmont Ave. ein Haus gekauft, um dort seinen Lebensabend zu verbringen. Zusammen mit seiner jüngsten unverheirateten Schwester Elise wollte er dort leben. Doch seine jüngste Schwester starb unerwartet im Jahre 1945.

Nachdem Otto Stern sich 1945/6 in Berkeley zur Ruhe gesetzt hatte, hat er sich aus der aktuellen Wissenschaft weitgehend zurückgezogen. Nur zwei wissenschaftliche Publikationen sind in der Berkeleyzeit entstanden, eine 1949 über die Entropie (S70) und die andere 1962 über das Nernstsche Theorem (S71).

Am 17. August 1969 beendete ein Herzinfarkt während eines Kinobesuchs in Berkeley Otto Sterns Leben.

Literatur

1. W. Gerlach und O. Stern, Der experimentelle Nachweis der Richtungsquantelung im Magnetfeld. Z. Physik, 9, 349–352 (1922)

2. P. Debey, Göttinger Nachrichten 1916 und A. Sommerfeld, Physikalische Zeitschrift, Bd. 17, 491–507, (1916)

3. Center for History of Science, The Royal Swedish Academy of Sciences, Box 50005, SE-104 05 Stockholm, Sweden, http://www.center.kva.se/English/Center.htm

4. H. Schmidt-Böcking und K. Reich, Otto Stern-Physiker, Querdenker, Nobelpreisträger, Herausgeber: Goethe-Universität Frankfurt, Reihe: Gründer, Gönner und Gelehrte. Societätsverlag, ISBN 978-3-942921-23-7 (2011)

5. E. Segrè, A Mind Always in Motion, Autobiography of Emilio Segrè, University of California Press, Berkeley, 1993 ISBN 0-520-07627-3

6. Sonderband zu O. Sterns Geburtstag, Z. Phys. D, 10 (1988)

7. Interview with Dr. O. Stern, By T. S. Kuhn at Stern's Berkeley home, May 29&30,1962, Niels Bohr Library & Archives, American Institute of Physics, College park, MD USA, www.aip.org/history/ohilist/LINK

8. ETH-Bibliothek Zürich, Archive, http://www.sr.ethbib.ethz.ch/, O. Stern tape-recording Folder "ST-Misc.", 1961 at E.T.H. Zürich by Res Jost

9. ETH-Bibliothek Zürich, Archive, http://www.sr.ethbib.ethz.ch/, Stern Personalakte

10. I. Estermann, Biographie Otto Stern in Physiker und Astronomen in Frankfurt ed. Von K. Bethge und H. Klein, Neuwied: Metzner 1989 ISBN 3-472-00031-7 Seite 46–52

11. Archiv der Universität Frankfurt, Johann Wolfgang Goethe-Universität Frankfurt am Main, Senckenberganlage 31–33, 60325 Frankfurt, Maaser@em.uni-frankfurt.de

12. M. Born, Mein Leben, Die Erinnerungen des Nobelpreisträgers, Nymphenburgerverlagshandlung GmbH, München 1975, ISBN 3-485-000204-6

13. L. Dunoyer, Le Radium 8, 142

14. 14. Interview with M. Born by P. P. Ewald at Born's home (Bad Pyrmont, West Germany) June, 1960, Niels Bohr Library & Archives, American Institute of Physics, College Park, MD USA, www.aip.org/history/ohilist/LINK

15. Oral Transcript AIP Interview W. Gerlach durch T. S. Kuhn Februar 1963 in Gerlachs Wohnung in Berlin

16. A. H. Compton, The magnetic electron, Journal of the Franklin Institute, Vol. 192, August 1921, No. 2, page 14

17. A. Landé, Zeitschrift für Physik 5, 231–241 (1921) und 7, 398–405 (1921)

18. A. Landé, Schwierigkeiten in der Quantentheorie des Atombaus, besonders magnetischer Art, Phys. Z.24, 441–444 (1923)

19. M. Abraham, Prinzipien der Dynamik des Elektrons, Annalen der Physik. 10, 1903, S. 105–179

20. Senatsarchiv Hamburg, Kattunbleiche 19, 22041 Hamburg; Personalakte Otto Stern, http://www.hamburg.de/staatsarchiv/

21. I.I. Rabi as told to J. S. Rigden, Otto Stern and the discovery of Space quantization, Z. Phys. D, 10, 119–1920 (1988)

22. I.I. Rabi et al. Phys. Rev. 46, 157 (1934)

23. The Bancroft Library, University of California, Berkeley, Berkeley, CA und D. Templeton-Killen, Stanford, A. Templeton, Oakland

Publikationsliste von Otto Stern

Ann. Physik   = Annalen der Physik
Phys. Rev.   = Physical Review
Physik. Z.   = Physikalische Zeitschrift
Z. Electrochem. = Zeitschrift für Elektrochemie
Z. Physik   = Zeitschrift für Physik
Z. Physik. Chem. = Zeitschrift für physikalische Chemie

Publikationsliste aller Publikationen von Otto Stern als Autor (S..)

S1. Otto Stern, Zur kinetischen Theorie des osmotischen Druckes konzentrierter Lösungen und über die Gültigkeit des Henryschen Gesetzes für konzentrierte Lösungen von Kohlendioxyd in organischen Lösungsmitteln bei tiefen Temperaturen. Dissertation Universität Breslau (+3) 1–35 (+2) (1912) Verlag: Grass, Barth, Breslau.

S1a. Otto Stern, Zur kinetischen Theorie des osmotischen Druckes konzentrierter Lösungen und über die Gültigkeit des Henry'schen Gesetzes für dieselben AU Stern, Otto SO Jahresbericht der Schlesischen Gesellschaft für vaterländische Cultur VO 90 I (II. Abteilung: Naturwissenschaften. a. Sitzungen der naturwissenschaftlichen Sektion) PA 1-36 PY 1913 DT B URL. Die Publikationen S1 und S1a sind vollkommen identisch.

S2. Otto Stern, Zur kinetischen Theorie des osmotischen Druckes konzentrierter Lösungen und über die Gültigkeit des Henryschen Gesetzes für konzentrierte Lösungen von Kohlendioxyd in organischen Lösungsmitteln bei tiefen Temperaturen. Z. Physik. Chem., 81, 441–474 (1913)

S3. Otto Stern, Bemerkungen zu Herrn Dolezaleks Theorie der Gaslöslichkeit, Z. Physik. Chem., 81, 474–476 (1913)

© Springer-Verlag Berlin Heidelberg 2016
H. Schmidt-Böcking, K. Reich, A. Templeton, W. Trageser, V. Vill (Hrsg.), *Otto Sterns Veröffentlichungen – Band 3*, DOI 10.1007/978-3-662-46960-6_2

S4. Otto Stern, Zur kinetischen Theorie des Dampfdrucks einatomiger fester Stoffe und über die Entropiekonstante einatomiger Gase, Habilitationsschrift Zürich Mai 1913, Druck von J. Leemann, Zürich I, oberer Mühlsteg 2. und Physik. Z., 14, 629–632 (1913)

S5. Albert Einstein und Otto Stern, Einige Argumente für die Annahme einer Molekularen Agitation beim absoluten Nullpunkt. Ann. Physik, 40, 551–560 (1913) 345 statt 40

S6. Otto Stern, Zur Theorie der Gasdissoziation. Ann. Physik, 44, 497–524 (1914) 349 statt 44

S7. Otto Stern, Die Entropie fester Lösungen. Ann. Physik, 49, 823–841 (1916) 354 statt 49

S8. Otto Stern, Über eine Methode zur Berechnung der Entropie von Systemen elastische gekoppelter Massenpunkte. Ann. Physik, 51, 237–260 (1916) 356 statt 51

S9. Max Born und Otto Stern, Über die Oberflächenenergie der Kristalle und ihren Einfluss auf die Kristallgestalt. Sitzungsberichte, Preußische Akademie der Wissenschaften, 48, 901–913 (1919)

S10. Otto Stern und Max Volmer, Über die Abklingungszeit der Fluoreszenz. Physik. Z., 20, 183–188 (1919)

S11. Otto Stern und Max Volmer. Sind die Abweichungen der Atomgewichte von der Ganzzahligkeit durch Isotopie erklärbar. Ann. Physik, 59, 225–238 (1919)

S12. Otto Stern, Zusammenfassender Bericht über die Molekulartheorie des Dampfdrucks fester Stoffe und Berechnung chemischer Konstanten. Z. Elektrochem., 25, 66–80 (1920)

S13. Otto Stern und Max Volmer. Bemerkungen zum photochemischen Äquivalentgesetz vom Standpunkt der Bohr-Einsteinschen Auffassung der Lichtabsorption. Zeitschrift für wissenschaftliche Photographie, Photophysik und Photochemie, 19, 275–287 (1920)

S14. Otto Stern, Eine direkte Messung der thermischen Molekulargeschwindigkeit, Physik. Z., 21, 582–582 (1920)

S15. Otto Stern, Zur Molekulartheorie des Paramagnetismus fester Salze. Z. Physik, 1, 147–153 (1920)

S16. Otto Stern, Eine direkte Messung der thermischen Molekulargeschwindigkeit. Z. Physik, 2, 49–56 (1920)

S17. Otto Stern, Nachtrag zu meiner Arbeit: „Eine direkte Messung der thermischen Molekulargeschwindigkeit", Z. Physik, 3, 417–421 (1920)

S18. Otto Stern, Ein Weg zur experimentellen Prüfung der Richtungsquantelung im Magnetfeld. Z. Physik, 7, 249–253 (1921)

S19. Walther Gerlach und Otto Stern, Der experimentelle Nachweis des magnetischen Moments des Silberatoms. Z. Physik, 8, 110–111 (1921)

S20. Walther Gerlach und Otto Stern, Der experimentelle Nachweis der Richtungsquantelung im Magnetfeld. Z. Physik, 9, 349–352 (1922)

S21. Walther Gerlach und Otto Stern, Das magnetische Moment des Silberatoms. Z. Physik, 9, 353–355 (1922)

S22. Otto Stern, Über den experimentellen Nachweis der räumlichen Quantelung im elektrischen Feld. Physik. Z., 23, 476–481 (1922)

S23. Immanuel Estermann und Otto Stern, Über die Sichtbarmachung dünner Silberschichten auf Glas. Z. Physik. Chem., 106, 399–402 (1923)

S24. Otto Stern, Über das Gleichgewicht zwischen Materie und Strahlung. Z. Elektrochem., 31, 448–449 (1925)

S25. Otto Stern, Zur Theorie der elektrolytischen Doppelschicht. Z. Elektrochem., 30, 508–516 (1924)

S26. Walther Gerlach und Otto Stern, Über die Richtungsquantelung im Magnetfeld. Ann. Physik, 74, 673–699 (1924)

S27. Otto Stern, Transformation of atoms into radiation. Transactions of the Faraday Society, 21, 477–478 (1926)

S28. Otto Stern, Zur Methode der Molekularstrahlen I. Z. Physik, 39, 751–763 (1926)

S29. Friedrich Knauer und Otto Stern, Zur Methode der Molekularstrahlen II. Z. Physik, 39, 764–779 (1926)

S30. Friedrich Knauer und Otto Stern, Der Nachweis kleiner magnetischer Momente von Molekülen. Z. Physik, 39, 780–786 (1926)

S31. Otto Stern, Bemerkungen über die Auswertung der Aufspaltungsbilder bei der magnetischen Ablenkung von Molekularstrahlen. Z. Physik, 41, 563–568 (1927)

S32. Otto Stern, Über die Umwandlung von Atomen in Strahlung. Z. Physik. Chem., 120, 60–62 (1926)

S33. Friedrich Knauer und Otto Stern, Über die Reflexion von Molekularstrahlen. Z. Physik, 53, 779–791 (1929)

S34. Georg von Hevesy und Otto Stern, Fritz Haber's Arbeiten auf dem Gebiet der Physikalischen Chemie und Elektrochemie. Naturwissenschaften, 16, 1062–1068 (1928)

S35 Otto Stern, Erwiderung auf die Bemerkung von D. A. Jackson zu John B. Taylors Arbeit: „Das magnetische Moment des Lithiumatoms", Z. Physik, 54, 158–158 (1929)

S36. Friedrich Knauer und Otto Stern, Intensitätsmessungen an Molekularstrahlen von Gasen. Z. Physik, 53, 766–778 (1929)

S37. Otto Stern, Beugung von Molekularstrahlen am Gitter einer Kristallspaltfläche. Naturwissenschaften, 17, 391–391 (1929)

S38. Friedrich Knauer und Otto Stern, Bemerkung zu der Arbeit von H. Mayer „Über die Gültigkeit des Kosinusgesetzes der Molekularstrahlen." Z. Physik, 60, 414–416 (1930)

S39. Otto Stern, Beugungserscheinungen an Molekularstrahlen. Physik. Z., 31, 953–955 (1930)

S40. Immanuel Estermann und Otto Stern, Beugung von Molekularstrahlen. Z. Physik, 61, 95–125 (1930)

S41 Thomas Erwin Phipps und Otto Stern, Über die Einstellung der Richtungsquantelung, Z. Physik, 73, 185–191 (1932)

S42. Immanuel Estermann, Otto Robert Frisch und Otto Stern, Monochromasierung der de Broglie-Wellen von Molekularstrahlen. Z. Physik, 73, 348–365 (1932)

S43. Immanuel Estermann, Otto Robert Frisch und Otto Stern, Versuche mit monochromatischen de Broglie-Wellen von Molekularstrahlen. Physik. Z., 32, 670–674 (1931)

S44. Otto Robert Frisch, Thomas Erwin Phipps, Emilio Segrè und Otto Stern, Process of space quantisation. Nature, 130, 892–893 (1932)

S45. Otto Robert Frisch und Otto Stern, Die spiegelnde Reflexion von Molekularstrahlen. Naturwissenschaften, 20, 721–721 (1932)

S46. Robert Otto Frisch und Otto Stern, Anomalien bei der spiegelnden Reflektion und Beugung von Molekularstrahlen an Kristallspaltflächen I. Z. Physik, 84, 430–442 (1933)

S47. Otto Robert Frisch und Otto Stern, Über die magnetische Ablenkung von Wasserstoffmolekülen und das magnetische Moment des Protons I. Z. Physik, 85, 4–16 (1933)

S48. Otto Stern, Helv. Phys. Acta 6, 426–427 (1933)

S49. Otto Robert Frisch und Otto Stern, Über die magnetische Ablenkung von Wasserstoffmolekülen und das magnetische Moment des Protons. Leipziger Vorträge 5, p. 36–42 (1933), Verlag: S. Hirzel, Leipzig

S50. Otto Robert Frisch und Otto Stern, Beugung von Materiestrahlen. *Handbuch der Physik* XXII. II. Teil. Berlin, Verlag Julius Springer. 313–354 (1933)

S51. Immanuel Estermann, Otto Robert Frisch und Otto Stern, Magnetic moment of the proton. Nature, 132, 169–169 (1933)

S52. Immanuel Estermann und Otto Stern, Über die magnetische Ablenkung von Wasserstoffmolekülen und das magnetische Moment des Protons II. Z. Physik, 85, 17–24 (1933)

S53. Immanuel Estermann und Otto Stern, Eine neue Methode zur Intensitätsmessung von Molekularstrahlen. Z. Physik, 85, 135–143 (1933)

S54. Immanuel Estermann und Otto Stern,. Über die magnetische Ablenkung von isotopen Wasserstoffmolekülen und das magnetische Moment des „Deutons". Z. Physik, 86, 132–134 (1933)

S55. Immanuel Estermann und Otto Stern,. Magnetic moment of the deuton. Nature, 133, 911–911 (1934)

S56. Otto Stern, Bemerkung zur Arbeit von Herrn Schüler: Über die Darstellung der Kernmomente der Atome durch Vektoren. Z. Physik, 89, 665–665 (1934)

S57. Otto Stern, Remarks on the measurement of the magnetic moment of the proton. Science, 81, 465–465 (1935)

S58. Immanuel Estermann, Oliver C. Simpson und Otto Stern, Magnetic deflection of HD molecules (Minutes of the Chicago Meeting, November 27–28, 1936), Phys. Rev. 51, 64–64 (1937)

S59. Otto Stern, A new method for the measurement of the Bohr magneton. Phys. Rev., 51, 852–854 (1937)

S60. Otto Stern, A molecular-ray method for the separation of isotopes (Minutes of the Washington Meeting, April 29, 30 and May 1, 1937), Phys. Rev. 51, 1028–1028 (1937)

S61. J. Halpern, Immanuel Estermann, Oliver C. Simpson und Otto Stern, The scattering of slow neutrons by liquid ortho- and parahydrogen. Phys. Rev., 52, 142–142 (1937)

S62. Immanuel Estermann, Oliver C. Simpson und Otto Stern, The magnetic moment of the proton. Phys. Rev., 52, 535–545 (1937)

S63. Immanuel Estermann, Oliver C. Simpson und Otto Stern, The free fall of molecules (Minutes of the Washington, D. C. Meeting, April 28–30, 1938), Phys. Rev. 53, 947–948 (1938)

S64. Immanuel Estermann, Oliver C. Simpson und Otto Stern, Deflection of a beam of Cs atoms by gravity (Meeting at Pittsburgh, Pennsylvania, April 28 and 29, 1944), Phys. Rev. 65, 346–346 (1944)

S65. Immanuel Estermann, Oliver C. Simpson und Otto Stern, The free fall of atoms and the measurement of the velocity distribution in a molecular beam of cesium atoms. Phys. Rev., 71, 238–249 (1947)

S66. Otto Stern, Die Methode der Molekularstrahlen, Chimia 1, 91–91 (1947)

S67. Immanuel Estermann, Samuel N.Foner und Otto Stern, The mean free paths of cesium atoms in helium, nitrogen, and cesium vapor. Phys. Rev., 71, 250–257 (1947)

S68. Otto Stern, Nobelvortrag: The method of molecular rays. In: *Les Prix Nobel en 1946,* ed. by M. P. A. L. Hallstrom *et al.,* pp. 123–30. Stockholm, Imprimerie Royale. P. A. Norstedt & Soner. (1948)

S69. Immanuel Estermann, W.J. Leivo und Otto Stern, Change in density of potassium chloride crystals upon irradiation with X-rays. Phys. Rev., 75, 627–633 (1949)

S70. Otto Stern, On the term $k \ln n$ in the entropy. Rev. of Mod. Phys., 21, 534–535 (1949)

S71. Otto Stern, On a proposal to base wave mechanics on Nernst's theorem. Helv. Phys. Acta, 35, 367–368 (1962)

S72. Otto Stern, The method of molecular rays. Nobel lectures Dec. 12, 1946 / Physics 8–16 (1964), Verlag: World Scientific, Singapore **identisch mit S68**

Publikationsliste der Mitarbeiter ohne Stern als Koautor (M..)

M0. Walther Gerlach, Über die Richtungsquantelung im Magnetfeld II, Annalen der Phys., 76, 163–197 (1925)

M1. Immanuel Estermann, Über die Bildung von Niederschlägen durch Molekularstrahlen, Z. f. Elektrochem. u. angewandte Phys. Chem., 8, 441–447 (1925)

M2. Alfred Leu, Versuche über die Ablenkung von Molekularstrahlen im Magnetfeld, Z. Phys. 41, 551–562 (1927)

M3. Erwin Wrede, Über die magnetische Ablenkung von Wasserstoffatomstrahlen, Z. Phys. 41, 569–575 (1927)

M4. Erwin Wrede, Über die Ablenkung von Molekularstrahlen elektrischer Dipolmoleküle im inhomogenen elektrischen Feld, Z. Phys. 44, 261–268 (1927)

M5. Alfred Leu, Untersuchungen an Wismut nach der magnetischen Molekularstrahlmethode, Z. Phys. 49, 498–506 (1928)

M6. John B. Taylor, Das magnetische Moment des Lithiumatoms, Z. Phys. 52, 846–852 (1929)

M7. Isidor I. Rabi, Zur Methode der Ablenkung von Molekularstrahlen, Z. Phys. 54, 190–197 (1929)

M8. Berthold Lammert, Herstellung von Molekularstrahlen einheitlicher Geschwindigkeit, Z. Phys. 56, 244–253 (1929)

M9. John B. Taylor, Eine Methode zur direkten Messung der Intensitätsverteilung in Molekularstrahlen, Z. Phys. 57, 242–248 (1929)

M10. Lester Clark Lewis, Die Bestimmung des Gleichgewichts zwischen den Atomen und den Molekülen eines Alkalidampfes mit einer Molekularstrahlmethode, Z. Phys. 69, 786–809 (1931)

M11. Max Wohlwill, Messung von elektrischen Dipolmomenten mit einer Molekularstrahlmethode, Z. Phys. 80, 67–79 (1933)

M12. Friedrich Knauer, Über die Streuung von Molekularstrahlen in Gasen I, Z. Phys. 80, 80–99 (1933)

M13. Otto Robert Frisch und Emilio Segrè, Über die Einstellung der Richtungsquantelung. II, Z. Phys. 80, 610–616 (1933)

M14. Bernhard Josephy, Die Reflexion von Quecksilber-Molekularstrahlen an Kristallspaltflächen, Z. Phys. 80, 755–762 (1933)

M15. Robert Otto Frisch, Anomalien bei der Reflexion und Beugung von Molekularstrahlen an Kristallspaltflächen II, Z. Phys. 84, 443–447 (1933)

M16. Robert Schnurmann, Die magnetische Ablenkung von Sauerstoffmolekülen, Z. Phys. 85, 212–230 (1933)

M17. Robert Otto Frisch, Experimenteller Nachweis des Einsteinschen Strahlungsrückstoßes, Z. Phys. 86, 42–48 (1933)

M18. Otto Robert Frisch und Emilio Segrè, Ricerche Sulla Quantizzazione Spaziale (Investigations on spatial quantization), Nuovo Cimento 10, 78–91 (1933)

M19. Friedrich Knauer, Der Nachweis der Wellennatur von Molekularstrahlen bei der Streuung in Quecksilberdampf, Naturwissenschaften 21, 366–367 (1933)

M20. Friedrich Knauer, Über die Streuung von Molekularstrahlen in Gasen. II (The scattering of molecular rays in gases. II), Z. Phys. 90, 559–566 (1934)

M21. Carl Zickermann, Adsorption von Gasen an festen Oberflächen bei niedrigen Drucken, Z. Phys. 88, 43–54 (1934)

M22. Marius Kratzenstein, Untersuchungen über die „Wolke" bei Molekularstrahlversuchen, Z. Phys. 93, 279–291 (1935)

S30. Friedrich Knauer und Otto Stern, Der Nachweis kleiner magnetischer Momente von Molekülen. Z. Physik, 39, 780–786 (1926)

(Untersuchungen zur Molekularstrahlmethode aus dem Institut für physikalische Chemie der Hamburgischen Universität [1]). Nr. 3.)

Der Nachweis kleiner magnetischer Momente von Molekülen.

Von **F. Knauer** und **O. Stern** in Hamburg.

© Springer-Verlag Berlin Heidelberg 2016
H. Schmidt-Böcking, K. Reich, A. Templeton, W. Trageser, V. Vill (Hrsg.), *Otto Sterns Veröffentlichungen – Band 3*, DOI 10.1007/978-3-662-46960-6_3

780

(Untersuchungen zur Molekularstrahlmethode aus dem Institut für physikalische Chemie der Hamburgischen Universität [1]). Nr. 3.)

Der Nachweis kleiner magnetischer Momente von Molekülen.

Von **F. Knauer** und **O. Stern** in Hamburg.

Mit 5 Abbildungen. (Eingegangen am 8. September 1926.)

Es wird eine Apparatur beschrieben, mit der magnetische Momente von der
Größenordnung eines Kernmagnetons gemessen werden können. Beim H_2O-Molekül
ergab sich ein Moment von dieser Größenordnung, während beim Hg-Atom noch
kein abschließendes Resultat erzielt werden konnte.

In der ersten Arbeit [2]) wurde darauf hingewiesen, daß es mit der
Molekularstrahlmethode möglich sein sollte, das magnetische Moment
der Atomkerne, falls es existiert, nachzuweisen. Da es uns [s. vorige
Arbeit] [3]) gelungen war, sehr feine Strahlen mit hoher Intensität zu
erzeugen, schien uns die Möglichkeit gegeben, den Nachweis zu versuchen. Die ersten Versuche wurden im Herbst und Winter 1923/24
von dem einen von uns (Stern) gemeinsam mit Herrn K. Riggert ausgeführt. Von Ostern 1924 ab wurden die Versuche von uns weiter-
geführt. Über unsere vorläufigen Ergebnisse soll hier berichtet werden.

Von der Größenordnung des zu erwartenden Momentes (Kernmagneton, U. z. M. Nr. 1, l. c., S. 759) kann man sich ein Bild machen,
wenn man annimmt, daß man auch für den Kern das magnetische Moment
nach der Formel

$$\mu = \frac{1}{2} \cdot \frac{e}{mc} \cdot \frac{h}{2\pi}$$

berechnen kann. Denkt man sich, daß das Moment von umlaufenden
Wasserstoff- oder Heliumkernen verursacht wird, so ergibt sich ein
Moment von $1/_{1860}$ oder $1/_{3721}$ des Bohrschen Magnetons. Bei Elementen,
die ein Elektronenmoment besitzen, ist das Kernmoment neben dem
großen Elektronenmoment natürlich nicht meßbar. Es besteht daher nur
bei den Elementen Aussicht, es nachzuweisen, bei denen sich die Elektronenmomente im Grundzustand gerade kompensieren, also bei Zn, Cd,

---

[1]) Abgekürzt U. z. M.
[2]) U. z. M. Nr. 1, ZS. f. Phys. **39**, 751, 1926.
[3]) U. z. M. Nr. 2, ZS. f. Phys. **39**, 764, 1926.

F. Knauer und O. Stern, Der Nachweis kleiner magnetischer Momente usw.   781

Hg usw.   Wir haben in erster Linie Quecksilber untersucht, mit dem
sich Molekularstrahlen besonders bequem herstellen lassen.

Aus technischen Gründen konnten wir die Spalte zuerst nicht
schmaler als 0,01 mm machen.   Wir mußten also auch eine Ablenkung
von dieser Größe haben.   Eine Ablenkung von 0,01 mm entsteht bei
einer brauchbaren Strahllänge (höchstens 20 cm), wenn die Inhomogenität
etwa 10^6 Gauß/cm beträgt.   Man erhält sie mit einer Furchenbreite von
etwa 0,1 mm, wenn man Furche und Schneide, wie G e r l a c h und S t e r n [1]),
anwendet.   Da eine so große Inhomogenität nur in einem kleinen
Raume zwischen Furche und Schneide herrscht, dürfen die Abmessungen
des Strahles höchstens 0,1 . 0,1 mm erreichen.   Dabei war aber die Intensität bei den erwähnten Vorversuchen zu klein, um brauchbare Niederschläge zu bekommen.

Eine Steigerung der Intensität ist mit dem in der ersten Arbeit [2])
angegebenen Multiplikator möglich. Das Prinzip des Multiplikators besteht

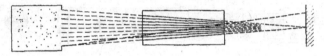

Fig. 1.

in der Anwendung einer großen Zahl von Furchen, welche in einer Ebene
liegen und auf denselben Punkt der Auffangfläche hinzielen (Fig. 1).   In
derselben Ebene muß der Ofenspalt liegen.   Er ist nur so lang, daß seine
Enden auf den Verlängerungen der äußersten Furchen liegen.   Alle Moleküle, welche über einer Furche entlang geflogen sind und daher eine
Ablenkung erfahren haben, werden in demselben Punkte vereinigt.   Dadurch wird die Intensität proportional der Anzahl der Furchen vergrößert.
Moleküle, welche nicht im Brennpunkt des Multiplikators auf die Auffangfläche treffen, haben die Furchen gekreuzt und sind teils über die
Furchen und teils über die Zwischenräume geflogen, wo die Inhomogenität entgegengesetzt gerichtet ist.   Auf ihrer Bahn wechselt infolgedessen auch die Kraft immer ihre Richtung, so daß sie bald nach oben,
bald nach unten und im Mittel so gut wie gar nicht abgelenkt werden.
Der auf der Auffangfläche entstehende Strich wird also an der Stelle, wo
der Brennpunkt des Multiplikators liegt, abgelenkte Moleküle zeigen, an
den anderen Stellen aber nicht.

---

[1]) ZS. f. Phys. **9**, 349, 1922; Ann. d. Phys. **74**, 673, 1924.
[2]) U. z. M. Nr. 1, l. c., S. 757.

F. Knauer und O. Stern,

Die Multiplikatorfurchen befanden sich auf der eben geschliffenen
Innenfläche (Abweichungen weniger als 0,001 mm) eines eisernen Halbzylinders M (Fig. 2) von 58 mm Länge. Es waren 150 Furchen von
0,01 mm Breite und etwa derselben Tiefe. Der Abstand von Furchen-
mitte bis Furchenmitte betrug am Ende A 0,04 mm, am Ende B 0,02 mm.
Ihr Schnittpunkt lag also 58 mm hinter B. Hier befand sich die Auffangfläche. Der Multiplikatorfläche gegenüber befand sich in einem
Abstand von 4 bis 13 μ, je nach dem Versuch, die Fläche des zweiten
Halbzylinders aus Eisen, welcher mit dem ersten durch zwei Konusringe
aus Messing verbunden war. Der Abstand wurde durch zwei an den
Längskanten eingelegte schmale Streifen aus Platinblech Pt innegehalten.
Auf diese Weise entstand ein zylindrischer Körper von 15 mm Durchmesser und 58 mm Länge, der sich leicht in ein Glasrohr einpassen und
zwischen die Pole eines Elektromagnets bringen ließ. Da sich zeigte,
daß das Vakuum in dem engen Kanal (0,001 . 0,6 . 5,8 cm) zwischen den

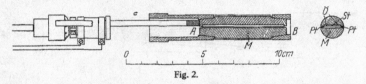

Fig. 2.

Halbzylindern schlecht war, wurde der Hohlzylinder, der nicht den Multiplikator trug, zum Teil ausgehöhlt, so daß nur noch die Längskanten in
2 mm Breite und zwei schmale Querstege St an den Enden von 0,1 mm
Breite in der ursprünglichen Ebene lagen. Der Steg bei B läßt seitlich
von den Multiplikatorfurchen zwei Öffnungen O frei, die ein besseres
Evakuieren des Hohlraumes ermöglichen. An dem der Auffangfläche
abgewendeten Ende dieses Halbzylinders waren die Konstantanstangen
angelötet, die den Ofen trugen. Der Ofen war zuerst, wie in der zweiten
Arbeit[1]) beschrieben, aus zwei Teilen zusammengesetzt und wurde auf der
Glasplatte gegen den einen Halbzylinder justiert. Später sind wir zu
der Ausführung mit festem Ofenspalt und in Schwalbenschwanz geführten
Spaltbacken übergegangen[2]), die sich auch hier bewährt hat. Der Ofenspalt war drehbar angeordnet, um ihn der Multiplikatorfläche parallel
stellen zu können. Die Justierung erfolgte ebenfalls mit Molekularstrahlen. Im übrigen waren die Apparate genau wie in der vorigen
Arbeit beschrieben ausgeführt, und die Striche wurden in derselben Weise

---

[1]) U. z. M. Nr. 2, 1. c.; S. 766.
[2]) U. z. M. Nr. 2, 1. c., S. 769.

mit Prisma und Mikroskop von außen beobachtet und photographiert. Die Auffangfläche ist in Fig. 3 dargestellt. Das untere Ende des Dewargefäßes, das sonst die metallene Auffangfläche trug, war durch Flachdrücken und Verblasen selbst als Auffangfläche ausgebildet. Sie wurde chemisch versilbert.

Den Abschluß der Streustrahlung von dem Abbilderaum besorgte der Eisenzylinder, über den noch ein versilbertes dünnwandiges Messingrohr geschoben war, da Quecksilber an Eisen nicht gut kleben bleibt.

Die beiden eisernen Halbzylinder befanden sich zwischen den Polschuhen eines Elektromagneten von Hartmann und Braun, der uns freundlicherweise vom Institut für physikalische Chemie der Technischen Hochschule in Charlottenburg zur Verfügung gestellt war. Wir sind dessen Direktor, Herrn M. Volmer, dafür zu größtem Danke verpflichtet.

Der Multiplikator wurde von den Askania-Werken in Berlin hergestellt. Die Furchen wurden auf einer Kreisteilmaschine mit einem Diamantstichel gezogen. Die eigentliche Schwierigkeit bestand darin, Furchen von genügender Tiefe zu bekommen. Trotz vieler Vorversuche konnte keine größere Tiefe als 8 bis 9 μ erzielt werden. Der Furchenquerschnitt hatte nach der mikroskopischen Untersuchung etwa die Form eines gleichseitigen Dreiecks.

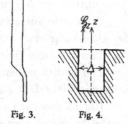

Fig. 3.   Fig. 4.

Zur Bestimmung der Inhomogenität waren wir auf die Berechnung angewiesen, da uns eine Messung bei den kleinen Dimensionen nicht möglich war. Bei einer einzigen sehr tiefen Furche ergibt die Berechnung für die Mitte der Furche den Wert

$$\frac{d\mathfrak{H}_z}{dz} = -\frac{2\sigma}{\varDelta} \cdot \frac{1}{\left(\frac{Z}{\varDelta}\right)^2 + \frac{1}{4}}$$

(σ = Flächendichte der magnetischen Belegung, im übrigen siehe die Fig. 4).

Die Berechnung stimmt mit Messungen an einzelnen größeren Furchen (mehrere Millimeter breit) gut überein. Beim Multiplikator bewirken die benachbarten Furchen eine Verkleinerung dieses Wertes, in unserem Falle in 5 μ Entfernung von der Multiplikatorfläche über der Mitte der Furche um etwa 30 Proz. Infolge der flachen Form unserer Furchen entsteht eine weitere Verkleinerung um etwa 50 Proz. Über den als Schneide wirkenden Zwischenräumen hat die Inhomogenität das entgegengesetzte Vorzeichen und wegen der größeren Breite des Zwischenraumes einen kleineren Absolutwert. Etwa über der Grenze der Furche ist sie Null. Im ganzen ist also die Inhomogenität, wenn man quer über den Multiplikator geht, periodisch ziemlich stark veränderlich. Nach überschläglichen Rechnungen ist die mittlere wirksame Inhomogenität etwa mit 10^6 Gauß/cm anzusetzen.

Für die Ablenkung ergibt sich unter Berücksichtigung der Spaltanordnung:

$$s_\alpha = \frac{M}{4\,R} \cdot \frac{1}{T} \cdot \frac{d\mathfrak{H}_z}{d\,z} \cdot 2\,l^2,$$

$s_\alpha =$ Ablenkung in Zentimetern der wahrscheinlichsten Geschwindigkeit, $M =$ Kernmagneton auf 1 Mol bezogen, $R =$ universelle Gaskonstante, $T =$ absolute Temperatur, $l =$ Weglänge im Felde, gleich der Weglänge zwischen Feld und Auffangfläche ($M = 3$ CGS, $R = 8,3 . 10^7$, $T = 400^0$, $l = 5,8$ cm).

Unter Voraussetzung einer Inhomogenität von 10^6 Gauß/cm sollte die Ablenkung etwa 0,015 mm betragen, hätte also bei einer Strichbreite von etwa 0,02 mm, wie wir sie hatten, noch bemerkbar sein sollen.

Tatsächlich haben wir bei den Versuchen mit Quecksilber in keinem Falle mit Sicherheit eine Beeinflussung erkennen können.

Um zu prüfen, ob der Apparat wirklich imstande war, Momente von der Größenordnung eines Bohrschen Kernmagnetons nachzuweisen, haben wir ihn mit einer Substanz untersucht, bei der sicher ein Moment von der Größenordnung des gesuchten anzunehmen ist. Hierzu wählten wir Wasser.

Das Wassermolekül besteht aus dem Sauerstoffion, um das die beiden Wasserstoffkerne rotieren. Der Schwerpunkt des Systems wird in der Nähe des Sauerstoffkernes liegen.

Für ein Modell, bei dem der elektrische Schwerpunkt der negativen Ladungen mit dem mechanischen Schwerpunkt (Kern des O-Atoms) zusammenfällt, würde das magnetische Moment streng $\dfrac{e}{2\,m\,c}\,n\,\dfrac{h}{2\,\pi}$ sein.

Die Unsymmetrie der Elektronenwolke gibt stets eine Verkleinerung dieses Wertes. Man kann diese Verkleinerung aus dem elektrischen Dipolmoment abschätzen, falls man ein bestimmtes Modell zugrunde legt. Beim Heisenbergschen Modell[1]) (alle Atome auf einer Geraden) beträgt diese Verkleinerung etwa 4 bis 5 Proz. Bei dem Hundschen Modell[2]) (Dreieck) ist sie für die drei Hauptträgheitsachsen verschieden und be-

---

[1]) ZS. f. Phys. **26**, 196, 1924.
[2]) ZS. f. Phys. **31**, 81, 1925; **32**, 1, 1925.

Der Nachweis kleiner magnetischer Momente von Molekülen.   785

trägt für die Rotation um die beiden Achsen mit großem Trägheitsmoment etwa 50 Proz. Die Zahl der Rotationsquanten, die das Wassermolekül bei der von uns angewendeten Temperatur von 250 bis 260° besitzt, haben wir aus dem Trägheitsmoment berechnet, wobei wir zwei Trägheitsmomente gleich und das dritte Null gesetzt haben. Das Resultat hängt noch davon ab, ob man die alte oder die neue Quantentheorie zugrunde legt, doch ergibt sich stets, daß das dritte Rotationsquantum schon eine sehr kleine Wahrscheinlichkeit hat, so daß das mittlere magnetische Moment, das sich unter Berücksichtigung der Richtungsquantelung ergibt, etwa ein Bohrsches Kernmagneton beträgt, jedenfalls nicht beträchtlich größer sein kann.

Fig. 5.

Bei Wasser haben wir tatsächlich eine Beeinflussung des Striches gefunden, die einer Ablenkung von 0,01 bis 0,02 mm, also einem Kernmagneton, entspricht[1]). Diese Beeinflussung bestand in der Hauptsache in einer Intensitätsschwächung an der Stelle, die im Brennpunkt des Multiplikators lag (Fig. 5). Die Intensität der abgelenkten Moleküle war sehr klein, aber bei mehreren Versuchen, besonders bei Verstärkung, zu sehen. Bei Kontrollversuchen ohne Magnetfeld blieb diese Beeinflussung aus. Dieses Resultat bedeutet, daß ein großer Teil der Moleküle im Magnetfeld nur wenig abgelenkt wurde, und daß die abgelenkten Moleküle Ablenkungen von verschiedener Größe erfuhren. Das war durchaus zu erwarten. Selbst wenn alle Moleküle durch die gleiche Inhomogenität laufen würden, könnte infolge der verschiedenen Quantenzustände und der Maxwellschen Geschwindigkeitsverteilung nur ein sehr verwaschenes Bild entstehen. Nun ist aber außerdem, wie bereits bemerkt, beim Multiplikator die Inhomogenität für die einzelnen Strahlen sehr verschieden, so daß z. B. die über der Grenze einer Furche fliegenden Moleküle gar nicht und die in der Nähe davon fliegenden nur sehr wenig abgelenkt werden.

Eine genauere Berechnung der Intensitätskurve ist vorläufig nicht möglich, doch zeigt der vorliegende Befund, daß Momente von der

---

[1]) Nach der neuen Quantentheorie ist bei zweiatomigen Molekülen das Moment des untersten Quantenzustandes null, was aber für das Wassermolekül nach unseren Messungen nicht zuzutreffen scheint. Dies könnte entweder daher rühren, daß bei dreiatomigen Molekülen der unterste Quantenzustand nicht das Moment null hat, oder daß die Wasserstoffkerne selbst ein Moment analog dem Elektron haben. Vgl. U. z. M. Nr. 1, l. c., S. 9.

786   F. Knauer und O. Stern, Der Nachweis kleiner magnetischer Momente usw.

Größenordnung eines Bohrschen Kernmagnetons sich bei unserer Anordnung deutlich bemerkbar machen.

Es besteht nun die Frage, wie das negative Resultat beim Quecksilber zu deuten ist. Wir möchten trotz des negativen Ausfalls des Versuches nicht mit Bestimmtheit sagen, daß das Quecksilber kein Moment von dieser Größe hat, und zwar aus folgenden Gründen:

1. Die Ablenkung beträgt bei Quecksilber wegen der höheren Temperatur nur etwa 0,6 von der Ablenkung bei Wasser. Wenn alle Moleküle diese Ablenkung gehabt hätten, wäre sie uns allerdings nicht entgangen.

2. Es wäre möglich, daß das magnetische Moment nicht von rotierenden Wasserstoffkernen, sondern von Heliumkernen herrührt, also nur $1/2$ Kernmagneton beträgt. Unter Berücksichtigung der höheren Temperatur wäre die Ablenkung dann nur 0,3 von der des Wassers. Wir können nicht mit Sicherheit sagen, daß wir eine solche Ablenkung noch hätten bemerken müssen.

3. Es ist vor allen Dingen zu berücksichtigen, daß das Quecksilber nach den Versuchen von Aston[1]) aus einer großen Anzahl von Isotopen besteht. Es ist sehr wahrscheinlich, daß nicht alle Isotope dasselbe Kernmoment haben. Z. B. könnte man nach Analogie der Elektronenmomente vermuten, daß nur die ungeradzahligen Isotopen ein magnetisches Moment haben, die geradzahligen aber nicht. Die Menge der ungeradzahligen Isotopen macht aber nach den Schätzungen von Aston höchstens 30 Proz. der gesamten Menge aus. Es würden also nur 30 Proz. aller Moleküle ein Moment haben. Da nun bei unserem Apparat nur ein Teil der Atome mit Moment abgelenkt wird, so würden die abgelenkten unter Umständen nur wenige Prozent ausmachen und könnten uns dann entgangen sein.

Wir fassen das Ergebnis unserer Arbeit dahin zusammen: Es ist möglich, Momente von der Größe des Bohrschen Kernmagnetons nachzuweisen, wie das Beispiel des Wassers zeigt. Ob Quecksilber ein solches Moment besitzt, konnte aus den genannten Gründen noch nicht mit Sicherheit festgestellt werden. Unsere Erfahrungen haben aber gezeigt, daß die Apparatur noch wesentlich zu verfeinern ist, und wir hoffen, mit einer verbesserten Apparatur die Frage eindeutig entscheiden zu können.

Die Untersuchungen wurden mit Unterstützung der Notgemeinschaft der deutschen Wissenschaft und des Elektrophysik-Ausschusses ausgeführt, denen wir unseren besten Dank aussprechen.

---

[1]) Nature **116**, 208, 1926.

S31. Otto Stern, Bemerkungen über die Auswertung der Aufspaltungsbilder bei der magnetischen Ablenkung von Molekularstrahlen. Z. Physik, 41, 563–568 (1927)

(Untersuchungen zur Molekularstrahlmethode aus dem Institut für physikalische Chemie der Hamburgischen Universität. Nr. 5.)

Bemerkungen über die Auswertung der Aufspaltungsbilder bei der magnetischen Ablenkung von Molekularstrahlen.

Von Otto Stern in Hamburg.

© Springer-Verlag Berlin Heidelberg 2016
H. Schmidt-Böcking, K. Reich, A. Templeton, W. Trageser, V. Vill (Hrsg.), *Otto Sterns Veröffentlichungen – Band 3*, DOI 10.1007/978-3-662-46960-6_4

(Untersuchungen zur Molekularstrahlmethode aus dem Institut für physikalische Chemie der Hamburgischen Universität. Nr. 5.)

Bemerkungen über die Auswertung der Aufspaltungsbilder bei der magnetischen Ablenkung von Molekularstrahlen.

Von **Otto Stern** in Hamburg.

Mit 1 Abbildung. (Eingegangen am 22. Dezember 1926.)

Es wird gezeigt, wie die Aufspaltungsbilder bei Berücksichtigung der Intensitäts-verteilung praktisch auszuwerten sind. Ferner wird die Genauigkeit der Messungen diskutiert.

1. **Die Formel für die Intensitätsverteilung.** Die Ab-lenkung s, die ein Molekül beim Durchlaufen des inhomogenen Magnet-feldes erleidet, ist umgekehrt proportional dem Quadrat seiner Geschwindigkeit v $\left(s \sim \dfrac{1}{v^2}\right)$. Infolge der Geschwindigkeitsverteilung der Moleküle wird also der ohne Feld erscheinende schmale Strich (unab-gelenkter Streifen) in ein breites verwaschenes Band auseinander gezogen (abgelenkter Streifen). Wir bezeichnen als Intensität J die pro Längen-einheit auftreffende (bzw. kon-densierte) Zahl von Molekülen

$$\left(J = \frac{dn}{ds} \text{ bzw. } J_0 = \frac{dn_0}{ds_0}\right),$$

wobei J_0, n_0, s_0 sich auf den unabgelenkten, J, n, s auf den abgelenkten Streifen beziehen, und s sowie s_0 von der Mitte des unabgelenkten Streifens aus

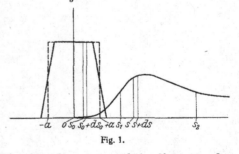

Fig. 1.

gemessen sind (s. Fig. 1). Wir berechnen zunächst die von dem Stück ds_0 des unabgelenkten Streifens herrührende Intensität dJ im ab-gelenkten Streifen an der Stelle s. Auf die Strecke ds_0 würden ohne Feld $dn_0 = J_0 ds_0$ Moleküle fallen. Von diesen dn_0 Molekülen fallen im Feld auf die Strecke ds des abgelenkten Streifens diejenigen dn Moleküle, deren Geschwindigkeit zwischen v und $v + dv$ liegt, wobei v und dv durch s (bzw. $s' = s - s_0$) und ds ($ds = ds'$) bestimmt sind. Bezeichnen wir mit α die wahrscheinlichste Geschwindigkeit, mit s_α die

564   Otto Stern,

α entsprechende Ablenkung (symmetrische Aufspaltung in zwei Strahlen angenommen), so ist $s' = s_\alpha \dfrac{\alpha^2}{v^2}$ und $ds = ds' = -2s_\alpha \dfrac{\alpha^2}{v^3} dv$. Nun ist

$$dn = \frac{1}{2} dn_0 \frac{2}{\alpha^4} e^{-\frac{v^2}{\alpha^2}} v^3 dv = \frac{1}{2} dn_0 e^{-\frac{s_\alpha}{s'}} \frac{s_\alpha^2}{s'^3} ds. \qquad (1)$$

Also ist wegen $dn_0 = J_0 ds_0$

$$dJ = \frac{dn}{ds} = \frac{1}{2} J_0 ds_0 e^{-\frac{s_\alpha}{s'}} \frac{s_\alpha^2}{s'^3}, \text{ wobei } s' = s - s_0. \qquad (2)$$

Um die gesamte Intensität an der Stelle s zu erhalten, muß man über J_0 als Funktion von s_0 integrieren, d. h. man muß die Intensitätsverteilung im unabgelenkten Streifen kennen. Die theoretisch zu erwartende Intensitätsverteilung ist ohne weiteres geometrisch aus den Dimensionen der Anordnung zu berechnen (Fig. 1 gibt J_0 für den Fall, daß der Abbildespalt doppelt so breit als der Ofenspalt und ihre Entfernung gleich der von Abbildespalt und Auffangeplatte ist). Da aber das wirkliche J_0 von dem theoretischen meist abweicht (wegen unvollkommener Strahlbildung, Wiederverdampfung der Moleküle usw.), soll die Integration nur für den einfachen Fall des konstanten J_0 (gestrichelt in Fig. 1) durchgeführt werden. Dann wird für einen Strich von der Breite $2a$ (s. Fig. 1)

$$J = \frac{1}{2} J_0 [e^{-y}(y+1)]_{\frac{s_\alpha}{s-a}}^{\frac{s_\alpha}{s+a}} \qquad \text{für } s > a, \qquad (3a)$$

$$J = \frac{1}{2} J_0 [e^{-y}(y+1)]_{\infty}^{\frac{s_\alpha}{a-s}} + \frac{1}{2} J_0 [e^{-y}(y+1)]_{\infty}^{\frac{s_\alpha}{a+s}} \text{ für } s < a. \qquad (3b)$$

Zum Vergleich sei noch der früher behandelte Fall der bei der Geschwindigkeitsmessung der Moleküle resultierenden Intensitätsverteilung angegeben. Hier ist die ablenkende Kraft (Corioliskraft) selbst $\sim v$, also $s \sim \dfrac{1}{v}$ und $s' = s_\alpha \dfrac{a}{v}$, $ds = -s_\alpha \dfrac{\alpha}{v^2} dv$; also wird

$$dJ = J_0 ds_0 2 e^{-\frac{s_\alpha^2}{s^2}} \frac{s_\alpha^4}{s^5},$$

und

$$J = J_0 [e^{-y}(y+1)]_{\left(\frac{s_\alpha}{s+a}\right)^2}^{\left(\frac{s_\alpha}{s-a}\right)^2}. \qquad (4)$$

Bemerkungen über die Auswertung der Aufspaltungsbilder usw.   565

Formel (3a) ist zuerst von Semenoff[1]) veröffentlicht worden, Formel (4) einige Jahre vorher vom Verfasser[2]).

2. **Bemerkungen zur Kritik von Semenoff**[3]). Während die Messungen der Molekulargeschwindigkeit von mir unter Berücksichtigung der theoretischen Intensitätsverteilung [Formel (4)] ausgewertet wurden, haben wir (Gerlach und Verfasser) bei der Auswertung unserer Versuche über die magnetische Ablenkung der Silberatome[4]) uns mit einer sich auf die Geschwindigkeitsmessungen stützenden Näherungsformel begnügt. Semenoff hat nun, offenbar ohne meine früheren Rechnungen [Formel (4)] zu kennen, die analoge Rechnung für den magnetischen Fall durchgeführt und darauf hingewiesen, daß die Versuche korrekterweise nach Formel (3a) ausgewertet werden müßten.   Darin ist Semenoff beizustimmen (unter gewissen Vorbehalten, s. w. u.).   Es muß aber dagegen Widerspruch erhoben werden, daß Semenoff durch die Zusammenfassung an der Spitze seiner Arbeit den Anschein erweckt, als könnte der Fehler bei unserer Berechnung des Magnetons fast 100 Proz. betragen, während er am Schlusse der Arbeit selbst zu dem Resultat kommt, daß unsere Ungenauigkeit etwa den von uns geschätzten Betrag (etwa 10 Proz.) haben dürfte.   Der Grund, weshalb wir nicht mit der theoretischen Intensitätsverteilung [Formel (3a)] gerechnet haben, ist der, daß wir nicht wußten, wie weit die theoretische Intensität bei unseren Versuchen realisiert war, da wir den Einfluß zahlreicher Faktoren (Wiederverdampfen und Wegrutschen der Moleküle, Streustrahlung, optische Effekte usw.) damals nicht übersehen konnten. Wir haben uns daher möglichst eng an die bereits vorliegenden Messungen (Geschwindigkeitsmessung) gehalten und die dadurch bedingte Ungenauigkeit mit in Kauf genommen, nachdem wir uns natürlich durch Kontrollrechnungen vergewissert hatten, daß der mögliche Fehler dabei in der Größenordnung unserer Versuchsgenauigkeit (etwa 10 Proz.) lag.

3. **Anwendung der exakten Formel.**   Bei größerer Versuchsgenauigkeit, wie sie wohl zum erstenmal in den vorstehenden Versuchen von Leu[5]) realisiert ist, muß natürlich zur Auswertung der Versuche die exakte Formel (3) verwendet werden.   Es sieht zunächst so aus, als ob dazu Messungen der Intensität J im abgelenkten Streifen erforderlich wären.   Das ist aber glücklicherweise nicht der Fall.

---

[1]) ZS. f. Phys. **30**, 151, 1924.
[2]) Ebenda **2**, 49, 1920; **3**, 417, 1920.
[3]) Absatz 2 ist in Übereinstimmung mit Herrn Gerlach verfaßt.
[4]) ZS. f. Phys. **9**, 353, 1922.
[5]) Ebenda **41**, 551, 1927. U. z. M. Nr. 4.

Allerdings ist es nicht möglich, woran man zunächst denken könnte, den Ort des Intensitätsmaximums dadurch festzustellen, daß man den Streifen ausmißt, wenn er eben sichtbar wird. Denn erstens besitzt der Streifen dann immer schon eine beträchtliche Breite, was mit der äußerst flachen Form der theoretischen Kurve in der Nähe des Maximums in Übereinstimmung steht, und zweitens ist der Streifen, solange er noch ganz schwach ist, natürlich nur sehr ungenau auszumessen. Würde man aber durch Intensitätsmessungen den Ort s_m der maximalen Intensität J_m bestimmen können, so könnte man daraus leicht s_α berechnen, denn aus

$$\frac{dJ}{ds} = 0 \text{ ergibt sich } s_\alpha = \frac{s_m^2 - a^2}{2\,a}\,3\ln\frac{s_m + a}{s_m - a}(\simeq 3\,s_m \text{ für } a \ll s_m).$$

Eher wäre es schon möglich, eine einfache Intensitätsmessung dadurch auszuführen, daß man die Zeiten vergleicht, nach denen der Strich mit Feld und ohne Feld zuerst sichtbar wird. Nimmt man an, daß das Verhältnis dieser Zeiten gleich J_m/J_0 ist, so kann man aus der Gleichung (3 a):

$$\frac{J_m}{J_0} = \frac{1}{2}\left[e^{-\frac{s_\alpha}{s_m + a}}\left(\frac{s_\alpha}{s_m + a} + 1\right) - e^{-\frac{s_\alpha}{s_m - a}}\left(\frac{s_\alpha}{s_m - a} + 1\right)\right]$$

zusammen mit der obigen Gleichung zwischen s_α und s_m beide Größen bestimmen. Für $s_\alpha \gg a$ wird $s_\alpha = a\,27\,e^{-3}\,\dfrac{J_0}{J_m}$. Voraussetzung dabei ist jedoch, daß erstens die Versuchsbedingungen bei dem Vergleich ganz konstant bleiben (schwer realisierbar, weil die Oberfläche der verdampfenden Substanz und vor allem der Auffangfläche mit der Zeit verunreinigt werden), und daß zweitens merklich alle auftreffenden Moleküle kondensiert werden (vgl. U. z. M. 2).

Die bequemste und zurzeit sicherste Methode ist wohl die folgende. Recht genau auszumessen sind stets die Grenzen des abgelenkten Streifens, deren Orte wir mit s_1 und s_2 bezeichnen wollen ($s_1 < s_2$). Man kann annehmen[1]), daß die Intensitäten J_1 und J_2 an diesen beiden Stellen gleich sind. Aus der Gleichung $J_1 = J_2$, d. h.

$$\left[e^{-\frac{s_\alpha}{s_1 + a}}\left(\frac{s_\alpha}{s_1 + a} + 1\right) - e^{-\frac{s_\alpha}{s_1 - a}}\left(\frac{s_\alpha}{s_1 - a} + 1\right)\right]$$
$$= \left[e^{-\frac{s_\alpha}{s_2 + a}}\left(\frac{s_\alpha}{s_2 + a} + 1\right) - e^{-\frac{s_\alpha}{s_2 - a}}\left(\frac{s_\alpha}{s_2 - a} + 1\right)\right],$$

---

[1]) Einen Fehler könnte ein Abrutschen der Moleküle deswegen verursachen, weil $\dfrac{dJ}{ds}$ an beiden Stellen verschieden ist. Ob dieser Effekt merklich ist, kann durch Anwendung verschieden starker Aufspaltung kontrolliert werden.

Bemerkungen über die Auswertung der Aufspaltungsbilder usw. 567

ergibt sich s_α. Der Zahlenwert ist leicht durch Probieren zu finden. Man geht etwa von dem theoretisch zu erwartenden Wert von s_α aus und berechnet die zu den gemessenen Werten von s_1 und s_2 gehörigen Zahlenwerte von J_1 und J_2. Ist $J_1 > J_2$, so war s_α zu klein, ist $J_2 > J_1$, zu groß. Meist genügen zwei bis drei Schritte, um s_α genauer als auf 1 Proz. zu erhalten. Ist $\dfrac{a}{s_1} \ll 1 \left(\text{praktisch} < \dfrac{1}{2}\right)$, so kann man nach a/s entwickeln, und aus $J_1 = J_2$ ergibt sich:

$$s_\alpha = \frac{3\,s_1 s_2}{s_2 - s_1}\left(\ln\frac{s_2}{s_1} + \varepsilon\right), \quad \varepsilon = \frac{1}{3}\frac{a^2}{s_1^2}\left(2 - \frac{4}{3}\frac{s_\alpha}{s_1} + \frac{1}{6}\frac{s_\alpha^2}{s_1^2}\right),$$

falls man in a/s_1 bis zur zweiten, in a/s_2 bis zur ersten Potenz entwickelt.

Den Fehler, der daher rührt, daß J_0 konstant gesetzt wurde, kann man leicht dadurch kontrollieren, daß man für die Strichbreite $2\,a$ verschiedene Werte einsetzt, z. B. die Breite des Kernschattens und die von Kernschatten $+$ vollem Halbschatten. Dieser Fehler wird natürlich um so kleiner, je größer s_α/a ist.

Schließlich möchte ich noch auf eine merkwürdige Folgerung aus Formel (3b) hinweisen. Für kleine Aufspaltungen, nämlich für alle $s_\alpha < 3\,a$, ergibt sich ein Intensitätsmaximum an der Stelle 0 (Mitte des unabgelenkten Streifens). Erst für $s_\alpha > 3\,a$ ergibt sich hier ein Minimum.

4. Genauigkeit der Messungen. Die Genauigkeit der bisherigen Messungen dürfte oft überschätzt worden sein. Ich möchte kurz auf die Messungen an K und Na eingehen. Diese Metalle wurden zuerst von K. Riggert und mir untersucht. Da unsere Messungen nur die Größenordnung gaben, haben wir sie nicht publiziert und unsere Resultate nur Herrn Sommerfeld mitgeteilt, der sie in seinem Buche veröffentlichte. Vor kurzem hat Taylor[1]) Messungen mitgeteilt, in denen er den Wert des Magnetons auf 4 Proz. bestätigt findet. Es ist leicht zu sehen, daß dieses Resultat reiner Zufall ist. Taylor rechnet mit der Näherungsformel, die den Versuchsbedingungen von Gerlach und mir angepaßt ist (kleine Ablenkung, breite Striche). Da Taylors Striche schmäler sind, hätte er, wie man aus seinen Photographien abschätzen kann, mit der Näherungsformel einen mindestens um 20 Proz. zu kleinen Wert für das Magneton finden müssen. Dieser Fehler muß also bei ihm durch eine andere Fehlerquelle (oder mehrere) kompensiert worden sein. Wahrscheinlich ist der von ihm benutzte Wert der Inhomogenität falsch,

---

[1]) Phys. Rev. **28**, 576 ff., Sept. 1926.

568   Otto Stern, Bemerkungen über die Auswertung der Aufspaltungsbilder usw.

die er nicht gemessen hat, sondern für die er die von Gerlach und mir bestimmten Werte übernommen hat. Er begründete dies damit, daß die Dimensionen seiner Polschuhe die gleichen waren wie bei uns, doch können geringe Abweichungen hierbei schon beträchtliche Änderungen ergeben. Natürlich kann aber der kompensierende Fehler auch an anderen Stellen stecken (z. B. in der Bestimmuug der Entfernung des Strahles von der Schneide).

Zum Schlusse mögen noch kurz die Aussichten einer Präzisionsmessung des Magnetons nach der Molekularstrahlenmethode besprochen werden. Die vorstehende Arbeit von Leu zeigt, daß die zurzeit erreichte Genauigkeit etwa 2 Proz. beträgt. Sie zeigt gleichzeitig, wo man angreifen muß, um diese Genauigkeit zu erhöhen. Die Hauptsache ist eine Verbesserung der Inhomogenitätsbestimmung. Die bisherige Methode leidet unter der Ungenauigkeit, mit der die Suszeptibilität des Wismuts bekannt ist. Man kann sich von ihr befreien, indem man in der Symmetrieebene von Spalt und Schneide die Absolutwerte der magnetischen Feldstärke mißt, deren Änderung in diesem Falle direkt die Inhomogenität gibt. Der Versuch, auf diesem Wege Präzisionsmessungen der Inhomogenität auszuführen, scheint mir recht aussichtsreich. Bei den anderen zu messenden Größen dürfte die Genauigkeit leicht zu erhöhen sein. Z. B. sind durch Photometrierung der photographierten Aufspaltungsbilder s_1 und s_2 sicher sehr exakt bestimmbar.

Ich glaube daher, daß die Genauigkeit der Messungen so weit gesteigert werden kann, daß die Molekularstrahlmethode eine Kontrolle oder Verbesserung der aus dem Zeemaneffekt gewonnenen Werte für e/m und gleichzeitig eine neue Bestimmung von h gibt.

S32. Otto Stern, Über die Umwandlung von Atomen in Strahlung. Z. Physik. Chem., 120, 60–62 (1926)

Über die Umwandlung von Atomen in Strahlung.

Von

Otto Stern.

60

Über die Umwandlung von Atomen in Strahlung.

Von

Otto Stern.

(Eingegangen am 1. 10. 25.)

Die Eddingtonsche Sterntheorie führt zu dem Resultat, dass ein Stern während seines Entwicklungsganges einen beträchtlichen Teil seiner Masse durch Ausstrahlung verliert, d. h. dass materielle Masse in Strahlung umgewandelt, „zerstrahlt" wird. Macht man diese Hypothese, so muss man natürlich auch den inversen Prozess, die Umwandlung von Strahlung in materielle Masse als vorhanden annehmen. Ein Strahlungshohlraum wird demnach nur im Gleichgewicht sein, wenn sich eine ganz bestimmte Menge Materie in ihm befindet, so dass die Menge der pro Zeiteinheit zerstrahlten gleich der aus der Strahlung entstehenden Materie ist. Es ist sehr verlockend anzunehmen, dass der Weltraum sich in diesem Gleichgewichtszustand befindet.

Ich habe kürzlich versucht[1]), dieses Gleichgewicht theoretisch zu berechnen. Dabei bediente ich mich semipermeabler Wände, deren Annahme manchen Fachgenossen zu gewagt erschien. Deshalb möchte ich heute eine Ableitung geben, bei der semipermeable Wände vermieden werden und statt dessen die Annahme benutzt wird, dass Energie und Entropie des Hohlraumes, der schwarze Strahlung und ein ideales Gas im Gleichgewicht enthalten soll, sich additiv aus den Werten dieser Grössen zusammensetzt, die Gas und Strahlung jedes für sich allein in diesem Hohlraum besitzen würden.

Bezeichnungen:

$U =$ gesamte Energie des Hohlraums,

$S =$ gesamte Entropie des Hohlraums,

$V =$ Volumen des Hohlraums,

$m =$ Masse eines Gasatoms,

$u_g =$ Energie eines Gasatoms,

[1]) Vortrag auf der Bunsenversammlung 1925; Zeitschr. f. Elektrochemie **31**, 448 (1925).

s_g = Entropie eines Gasatoms,

u_s = Energie eines cm³ schwarzen Strahlung,

s_s = Entropie eines cm³ schwarzen Strahlung,

k = Boltzmannsche Konstante,

h = Plancksche Konstante,

T = absolute Temperatur,

n = Zahl der Gasatome,

c = Lichtgeschwindigkeit,

$$u_g = \frac{3}{2} kT + u_0 \left. \right\}$$
$$s_g = k \ln \frac{V}{n} + \frac{3}{2} k \ln T + s_0 \left. \right\}$$ u_0 und s_0 sind also Konstanten, die den Nullzustand festlegen,

p_g = Gasdruck,

p_s = Strahlungsdruck.

Mit diesen Bezeichnungen lautet unsere Annahme:

$$U = n u_g + V u_s; \quad S = n s_g + V s_s.$$

Die Gleichgewichtsbedingung ist nach Gibbs die, dass bei konstanter Energie und konstantem Volumen die Entropie ein Maximum ist, d. h. wenn ein Gasatom aus Strahlung entsteht (oder umgekehrt), muss die dabei auftretende Entropieänderung $\delta S = 0$ sein, falls gleichzeitig $\delta U = 0$ und $\delta V = 0$ sind. Also:

$$\delta U = u_g + n \delta u_g + V \delta u_s = 0$$
$$\delta S = s_g + n \delta s_g + V \delta s_s = 0.$$

Nun ist $\delta u_s = T \delta s_s$ und deshalb:

$$\delta U - T \delta S = u_g - T s_g + n (\delta u_g - T d s_g) = 0.$$

Ferner ist $\delta u_g = \frac{3}{2} k \delta T$ und $\delta s_g = -\frac{k}{n} + \frac{3}{2} \frac{k}{T} \delta T$, also δu_g
$- T \delta s_g = \frac{kT}{n}$ und wir erhalten als Gleichgewichtsbedingung:

$$u_g - T s_g + kT = 0.$$

Da für die Strahlung der entsprechende Ausdruck

$$u_s - T s_s + p_s = u_s - T \frac{4}{3} \frac{u_s}{T} + \frac{u_s}{3}$$

ebenfalls gleich Null ist, so kann man die obige Gleichgewichtsbedingung auch direkt aus der Forderung ableiten, dass im Gleichgewicht die „thermodynamische Potentiale" von Gas und Strahlung gleich sein müssen. Wenn wir nun in unsere Gleichgewichtsbedingung die Werte für u_g und s_g einsetzen wollen, so müssen wir u_0 und s_0 so festlegen, dass der Nullzustand, von dem aus Energie und Entropie gezählt werden, für Gas und Strahlung der gleiche wird. Für die Energie gibt das einfach $u_0 = mc^2$ [1]). Für die Entropie setzen wir $s_0 = \dfrac{5}{2} k + k \ln \dfrac{(2\pi m k)^{\frac{3}{2}}}{h^3}$, den bekannten Wert der Entropiekonstante eines idealen Gases[2]). Bei der Ableitung dieses Wertes wird als Nullzustand der feste Stoff bei $T = 0$ zugrunde gelegt. Wenn wir hier denselben Wert von s_0 einsetzen, so behaupten wir damit, dass die Entropie der Strahlung, auf festen Stoff bei $T = 0$ als Nullpunkt bezogen, ebenfalls den Wert $\dfrac{4}{3} \dfrac{u}{T}$ hat und kein temperaturunabhängiges Glied enthält[3]), d. h. wir setzen das Nernstsche Theorem auch für diesen Fall als gültig voraus. Unter dieser Annahme ergibt sich aus unserer Gleichgewichtsbedingung, durch Einsetzen von u_g und s_g, bzw. u_0 und s_0, für die Zahl der Atome in Kubikzentimeter:

$$\frac{n}{V} = e^{\frac{s_0}{k} - \frac{5}{2}} \, T^{\frac{3}{2}} \, e^{-\frac{u_0}{kT}} = \frac{(2\pi m k T)^{\frac{3}{2}}}{h^3} \, e^{-\frac{mc^2}{kT}}.$$

Setzt man für m die Masse des Elektrons, so würde demnach 1 cm³ bei etwa 100 Millionen Grad ein Elektron, bei etwa 500 Millionen Grad ein Mol Elektronen enthalten. Auf die Schwierigkeiten, die sich bezüglich der hohen Temperaturen und besonders der Elektronneutralität der Welt ergeben, bin ich in dem eingangs erwähnten Bunsenvortrag kurz eingegangen und möchte an dieser Stelle nichts weiter darüber sagen, da ich einen wirklich befriedigenden Ausweg noch nicht gefunden habe.

Dagegen möchte ich hier noch bemerken, dass die obige Ableitung infolge des Ansatzes für S und U nur gilt, solange die Dichte des Gases klein ist, andernfalls müsste die Wechselwirkung zwischen Materie und Strahlung (die Dielektrizitätskonstante) berücksichtigt werden.

---

[1]) Schreibt man der Strahlung Nullpunktsenergie zu (Nernst), so müsste mc^2 um den Betrag der umgewandelten Nullpunktsenergie verkleinert werden; dies würde die unten berechneten Temperaturen erniedrigen.

[2]) Eventuell $+ k \ln n$ (siehe Bunsenvortrag).

[3]) Die Formulierung ist hier etwas geändert, da sie im englischen Text nicht korrekt war.

S33. Friedrich Knauer und Otto Stern, Über die Reflexion von Molekularstrahlen.
Z. Physik, 53, 779–791 (1929)

(Untersuchungen zur Molekularstrahlmethode aus dem Institut für physikalische Chemie der Hamburgischen Universität. Nr. 11.)

Über die Reflexion von Molekularstrahlen*.

Von F. Knauer und O. Stern in Hamburg.

© Springer-Verlag Berlin Heidelberg 2016
H. Schmidt-Böcking, K. Reich, A. Templeton, W. Trageser, V. Vill (Hrsg.), *Otto Sterns
Veröffentlichungen – Band 3*, DOI 10.1007/978-3-662-46960-6_6

779

(Untersuchungen zur Molekularstrahlmethode aus dem Institut für
physikalische Chemie der Hamburgischen Universität. Nr. 11.)

Über die Reflexion von Molekularstrahlen*.

Von **F. Knauer** und **O. Stern** in Hamburg.

Mit 7 Abbildungen. (Eingegangen am 24. Dezember 1928.)

Molekularstrahlen aus H_2 und He werden an hochpolierten Flächen bei nahezu
streifendem Einfall spiegelnd reflektiert. Das Verhalten des Reflexionsvermögens ist
in Übereinstimmung mit der de Broglieschen Wellentheorie. Die Versuche, Beugung an Strichgittern nachzuweisen, gaben noch kein Resultat. Auch bei Steinsalzspaltflächen wurde (bei steilerem Einfall) spiegelnde Reflexion gefunden. Die an
Kristallspaltflächen beobachteten Erscheinungen sind wahrscheinlich als Beugung
aufzufassen, wenngleich ihre vollständige Deutung noch aussteht.

In der vorigen Arbeit wurde bereits die prinzipielle Wichtigkeit
einer quantitativen Intensitätsmessung von Molekularstrahlen für die
Molekularstrahlmethode betont. Wir haben zunächst eine Methode gerade
für die leichten Gase (H_2, He) ausgearbeitet, weil bei diesen die Verhältnisse für den Nachweis der Wellennatur der Molekularstrahlen
(de Broglie-Wellen) am günstigsten liegen werden. Bei diesen Gasen
ist die de Broglie-Wellenlänge am größten, z. B. ist sie bei Wasserstoff von
Zimmertemperatur für die wahrscheinlichste Geschwindigkeit $1 . 10^{-8}$ cm.

Teil I.

Versuche an optischen Gittern. Der Nachweis der Wellennatur schien uns am bequemsten mit einem Gitter zu führen zu sein. Am
nächsten läge es, an die bei den Röntgenstrahlen mit so großem Erfolg
benutzten Kristallgitter zu denken. Doch ist von vonherein schwer zu
übersehen, ob hier Reflexion und Beugung auftreten werden, weil es im
Gegensatz zu den Röntgenstrahlen** bei den de Broglie-Wellen auf den
Potentialverlauf an der äußeren Grenze der Kristalloberfläche ankommt.
Wir beabsichtigten deshalb, optische Strichgitter zu benutzen. Hierfür
ist die Voraussetzung, daß es zunächst gelingt, Molekularstrahlen spiegelnd
zu reflektieren. Eine solche Spiegelung findet nach den Versuchen von
Knudsen im allgemeinen nicht statt, sondern selbst hochpolierte Oberflächen verhalten sich Molekularstrahlen gegenüber wie rauhe Flächen

---

* Die in Teil I dieser Arbeit beschriebenen Versuche wurden ebenfalls bereits
auf der internationalen Physikertagung in Como vorgetragen.
** Auch Elektronenstrahlen bei den Versuchen von Davisson und Germer
(Phys. Rev. **30**, 705, 1927) die aber, als wir unsere Versuche begannen (Anfang
1927), noch nicht bekannt waren.

780   F. Knauer und O. Stern,

und reflektieren nach dem cos-Gesetz. Das ist bei der kleinen Wellenlänge der de Broglie-Wellen auch durchaus verständlich. Nun weiß man
aber aus dem optischen Falle, daß man auch an rauhen Flächen Spiegelung bekommen kann, wenn man den Strahl nahezu streifend einfallen
läßt. Die Größe der Winkel, bei denen die Spiegelung anfängt, ist dadurch bestimmt, daß die Höhe der Unebenheiten der Fläche, auf den
Strahl projiziert, kleiner als die Wellenlänge wird. Bei einer Wellenlänge von 10^{-8} cm und Unebenheiten von 10^{-5} bis 10^{-6} cm sollte also
die Spiegelung bei Winkeln von der Größenordnung 10^{-3} (einige
Minuten) beginnen. Dieser streifende Einfall hat gleichzeitig den Vorteil,
daß man mit großer Gitterkonstante (etwa 0,01 mm) arbeiten kann (vgl.
die Versuche von Thibaud* an Röntgenstrahlen).

Im folgenden soll über nach diesem Programm ausgeführte Versuche
berichtet werden, bei denen die Spiegelung tatsächlich in dem erwarteten
Bereich gefunden wurde, während die Versuche mit Gitter noch kein
Resultat ergeben haben.

Versuchsanordnung. Die Versuche wurden mit dem in der
vorigen Mitteilung beschriebenen Apparat mit Vorspalt ausgeführt. Dabei
war an der optischen Bank noch ein Spiegelhalter angebracht, der von
außen verschieden stark gegen den Strahl geneigt werden konnte. Die

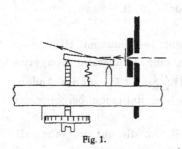

Fig. 1.

Konstruktion des Spiegelhalters geht aus
der nebenstehenden schematischen Zeichnung (Fig. 1) hervor. Die Maße des Spiegels
waren $12 \times 25 \times 4$ mm. Der Spiegel
wurde mit Hilfe eines Reiters parallel zum
Strahle in einem Abstand von $^1/_{100}$ bis
$^2/_{100}$ mm von der Mitte des Strahles justiert.
Diese Justierung konnte mit dem Molekularstrahl während des Versuches sehr
genau kontrolliert werden, indem man durch entsprechende Einstellung
der Schraube am Spiegelhalter bewirkte, daß die vordere oder die hintere
Kante des Spiegels den Strahl absperrte oder um einen bestimmten Betrag schwächte. Die Verschiebung der Schraube wurde wie beim Auffänger an einer am Schraubenkopf befindlichen Skale abgelesen, wobei
1 Skalenteil $5\,\mu$ Verschiebung bedeutete. Dann wurde der Spiegel so
gestellt, daß der Strahl unter dem gewünschten Winkel auffiel. Der
Auffänger zeigte dann an der Stelle des ursprünglichen Strahles die

---

* Jean Thibaud, Compt. Rend. **182**, 55, 1926.

Intensität Null an. Darauf wurde der Auffängerspalt verschoben und ein recht scharfer gespiegelter Strahl an der richtigen Stelle mit einer Intensität von einigen Prozent des direkten Strahles beobachtet. Um die Intensität des reflektierten Strahles quantitativ zu bestimmen, mußte die auch ohne Spiegel vorhandene Intensität von der mit Spiegel gemessenen in Abzug gebracht werden. Die auch ohne Spiegel vorhandene Intensität rührte teils daher, daß der Vorspalt wegen des hohen Druckes im Ofenraum selbst als Strahlenquelle wirkte, teils rührte sie von gestreuten Strahlmolekülen her. Wir haben uns überzeugt, daß bei Verwendung eines matten Messingspiegels keine Andeutung eines gespiegelten Strahles zu finden war. Wir haben Spiegel aus Glas, Stahl und Spiegelmetall * untersucht, die optisch eben geschliffen und auf das sorgfältigste poliert waren. Die Stärke der spiegelnden Reflexion war bei allen Spiegeln von der gleichen Größenordnung, in der Reihenfolge Spiegelmetall, Glas, Stahl. Vielleicht rührt das daher, daß sich Spiegelmetall am besten, Stahl am schlechtesten polieren läßt. Die Intensität des gespiegelten Strahles nahm mit wachsendem Einfallswinkel sehr stark ab, was nach dem in der Einleitung Gesagten zu erwarten ist. Ein zahlenmäßiges Beispiel (Wasserstoff an Spiegelmetall) gibt folgende kleine Tabelle:

Glanzwinkel	$1 \cdot 10^{-3}$	$1\frac{1}{2} \cdot 10^{-3}$	$2 \cdot 10^{-3}$	$2\frac{1}{4} \cdot 10^{-3}$
Reflexionsvermögen	5	3	$1\frac{1}{2}$	$\frac{3}{4}$ %

Wir haben noch einige Versuche gemacht, bei denen mit Hilfe eines umkonstruierten Ofenspaltes der Strahl auf eine Temperatur von etwa — 150° C, also die de Broglie-Wellenlänge ($\sqrt{\frac{300}{130}} = 1{,}5_2$) auf das Anderthalbfache gebracht wurde. Dadurch wurde die Reflexion bei gleichem Winkel etwa anderthalb mal so groß.

Wir haben dann Versuche mit Strichgittern, die auf Spiegelmetallspiegel geritzt waren, ausgeführt, wobei die Strichzahl 25, 50 und 100 Striche pro Millimeter betrug und Einfallswinkel von $0{,}5 \cdot 10^{-3}$ bis $3 \cdot 10^{-3}$ benutzt wurden. Das Beugungsmaximum erster Ordnung hätte dabei bei Winkeln von einigen 10^{-3} bis 10^{-2} liegen müssen. Wiewohl wir mehrmals Andeutungen eines Maximums gefunden zu haben glauben, gelang es uns nicht, sein Vorhandensein sicherzustellen. Die Schwierigkeit liegt darin, daß, falls man das Beugungsmaximum zu nahe an den reflektierten Strahl legt, die zwar geringe, aber vorhandene Unschärfe des-

---

* Glasspiegel von Möller, Wedel in Holstein. Stahl- und Spiegelmetallspiegel von Halle, Berlin-Steglitz.

782   F. Knauer und O. Stern,

selben die Messung unsicher macht, während, wenn man das Beugungsmaximum zu weit weg vom reflektierten Strahle legt, seine Intensität zu
klein wird. Die Versuche sollen mit einer verbesserten Apparatur wieder
aufgenommen werden. Wir erhoffen eine wesentliche Verbesserung durch
Steigerung der Intensität mit Hilfe einer bei Leybold in Bau befindlichen Pumpe extrem hoher Sauggeschwindigkeit.

Immerhin zeigen schon unsere bisherigen Ergebnisse, daß die Reflexion von Molekularstrahlen an hochpolierten Flächen so erfolgt, wie
es nach der de Broglieschen Theorie zu erwarten ist. Bei genügend
flachem Einfall der Strahlen tritt eine teilweise Spiegelung ein.

1. Der Betrag der Spiegelung wird um so größer, je flacher der
Einfallswinkel ist.

2. Die Größenordnung der Winkel (10^{-3}), bei denen die Spiegelung merklich wird, stimmt mit der aus der Wellenlänge (10^{-8} cm) und
der geschätzten Unebenheit (10^{-5} bis 10^{-6} cm) berechneten überein.

3. Die Spiegelung nimmt bei Kühlung des Strahles (Vergrößerung
der Wellenlänge) stark zu.

Teil II.

Versuche an Kristallgittern. Da die Versuche mit einem
geritzten Gitter nicht zum gewünschten Ziele geführt hatten, sind wir
trotz der eingangs erwähnten Bedenken dazu übergegangen, nach Reflexion
und Beugung von Molekularstrahlen an Kristallgittern, d. h. Spaltflächen,
zu suchen. Da die Gitterkonstante hierbei von der Größenordnung einige
10^{-8} cm ist, konnten wir mit größeren Einfallswinkeln (5 bis 45°) arbeiten, was in experimenteller Hinsicht eine Erleichterung bedeutet.
Dementsprechend wurde die Apparatur geändert.

Die Anordnung der wesentlichen Teile des Apparates dürfte aus der
schematischen Fig. 2 ersichtlich sein. O ist der Ofenspalt, dem das Gas
durch das Röhrchen a zugeführt wurde, nachdem es vorher durch eine
mit flüssiger Luft gekühlte Spirale geströmt war. Der Ofenspalt hatte
die aus der Abbildung unten erkennbare Form und war durch Auflöten
der Spaltbacken auf ein abgeschrägtes Messingrohr hergestellt. Er saß an
dem metallenen Dewargefäß D_1, so daß das ausströmende Gas auf die
Temperatur der flüssigen Luft gebracht werden konnte. Bei einzelnen
Versuchen war er durch einen heizbaren Ofenspalt ersetzt, mit dessen
Hilfe das Gas auf 500 bis 600° C erhitzt werden konnte. Der Ofenspalt
saß in dem 5 cm weiten, rund 50 cm langen Messingrohr M (Ofenraum),
das direkt auf einer großen Leyboldschen Stahlpumpe aufsaß. D_2 ist

Über die Reflexion von Molekularstrahlen.   783

ein Dewargefäß zum Abfangen des Quecksilberdampfes. Die eigentliche
Meßapparatur befand sich in dem durch die Glasplatte Gl ver-
schlossenen Messingkasten K (Strahlraum) und war nur durch den Abbildespalt Ab mit dem Ofenraum ver-
bunden. Im Verlauf der Versuche wurde
in den Strahlraum noch ein Kristall und
Auffänger umschließender Kupferkasten
eingebaut, der an einem metallenen
Dewargefäß angeschraubt war und zum
Wegfangen von Dämpfen mit flüssiger
Luft gekühlt werden konnte. Der Abbildespalt Ab, der den Strahl ausblendete, war ein gewöhnlicher Spalt
mit Schwalbenschwanz, mit steilen
Backen zur Erhöhung des Strömungswiderstandes. Der Auffangespalt Af war
aus Messingstücken zusammengelötet und
hatte die aus der Abbildung zu er-
sehende Form. Von ihm führte das
Kupferrohr R_1 zu dem Meßmanometer.
Das Kupferrohr R_1 war in dem Messing-
schliff S_1 eingelötet, ebenso das Kupferrohr R_2, an das das Kompensationsmanometer angekittet war. Schließlich
trug der Schliff auch noch die elektromagnetisch betätigte Klappe Kl. Die
Stellung des Schliffes und damit des Auffängers konnte an einer Gradteilung bis
auf weniger als 1^0 genau abgelesen werden.

Der Kristall Kr war an einem
kühl- und heizbaren Halter befestigt,
der in dem ebenfalls mit einer Gradteilung versehenen Schliffe S_2 eingelötet
war. Die beiden Messingschliffe S_1
und S_2 waren sorgfältig koaxial in den

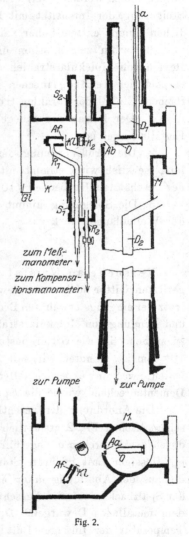

Fig. 2.

Messingkasten K eingelötet. Die Justierung der Spalte und des Kristalles
erfolgte teils optisch, teils noch genauer mit den Molekularstrahlen selbst.

Der Strahlraum wurde über eine etwa 10 Liter fassende Glaskugel
zur Abdämpfung von Druckschwankungen und über zwei Quecksilber-

784 F. Knauer und O. Stern,

fallen ebenfalls mit einer großen Stahlpumpe ausgepumpt. Die Drucke im Ofen- und Strahlraum wurden mit Hilfe eines Mac Leod - Manometers kontrolliert und betrugen bei den meisten Versuchen $2 . 10^{-4}$ bis $4 . 10^{-4}$ mm Hg im Ofenraum und ungefähr $1 . 10^{-5}$ mm Hg im Strahlraum.

Beide Stahlpumpen pumpten in dieselbe Vorvakuumkugel, aus der das Gas in die große Vorratskugel (12 Liter) zurückströmte, so daß ein dauernder Kreislauf desselben Gasquantums stattfand. Der Druck in der Vorvakuumkugel betrug 1 bis 2 mm.

Die Intensität des direkten Strahles war unter diesen Bedingungen bei Helium 80 bis 150 cm Ausschlag, bei Wasserstoff etwas mehr, bis etwa 200 cm, bei den schwereren Gasen (Ne, Ar) weniger, etwa 50 cm.

Ausführung der Messungen. An Spaltflächen wurden zunächst solche von Steinsalz, Kalkspat und Bleiglanz benutzt, später ausschließlich Steinsalz. Der Kristall wurde nach dem Spalten so rasch wie möglich in den Apparat eingesetzt und im Apparat dauernd auf einer Temperatur von etwa 100^0 C gehalten. Später gingen wir dazu über, die Steinsalzkristalle vor dem Spalten mehrere Tage bis Wochen lang in einem elektrischen Ofen auf einer Temperatur von etwa 300^0 C zu halten, wodurch die Kristalle sich in ihrem Reflexionsvermögen merklich zu verbessern schienen.

Die bei irgend einer Stellung des Auffängers gemessene Intensität hat mehrere Quellen:

1. die vom Kristall reflektierte bzw. zerstreute Strahlung,

2. wirkt der Abbildespalt infolge des hohen ($2 . 10^{-4}$ bis $4 . 10^{-4}$ mm) Druckes im Ofenraum selbst als Strahlenquelle,

3. die von den Wänden des Strahlraumes bzw. des Kupferkastens ausgehende diffuse Strahlung,

4. die im Strahlraum aus dem Strahle selbst gestreuten Moleküle.

Die unter 2. bis 4. angeführten Strahlungen sind von den gemessenen Strahlungsintensitäten zu subtrahieren, um die gesuchte von der Kristalloberfläche ausgehende Strahlung zu erhalten. Um diese Elimination auszuführen, haben wir zunächst die von der Oberfläche eines Glasplättchens ausgehende Strahlung untersucht. Wir sind dabei so vorgegangen, daß wir den Strahl zuerst nicht auf das Glasplättchen fallen ließen, sondern ihn möglichst nahe daran vorbei laufen ließen, in der Annahme, dabei die von den Strahlungen 2. bis 4. herrührende Intensität zu messen. Wir führten diese Messungen von 10 zu 10^0 über den Bereich von 0 bis 120^0 aus (0^0 ist der direkte Strahl). Wenn wir die so erhaltenen Werte von den Werten abzogen, die wir bei gleicher Stellung

Über die Reflexion von Molekularstrahlen.   785

des Auffängers erhielten, wenn der Strahl auf das Glasplättchen traf, ergaben sich Werte, die sowohl in ihrer Winkelabhängigkeit als ihrem Absolutwert nach dem Knudsenschen cos-Gesetz entsprachen. Leider war das später nach Einbau des Kupferkastens nicht mehr der Fall. Die korrigierten sowie die unkorrigierten Werte waren nahezu über den ganzen Winkelbereich konstant, mit Ausnahme der kleinen Winkel (0^0 bis etwa 20^0), die etwas höher waren, was offenbar auf die bei kleinen Winkeln besonders starke Ofenstrahlung des Abbildespaltes zurückzuführen ist. Wir konnten nicht entscheiden, ob diese Abweichung vom cos-Gesetz reell war und etwa daher rührte, daß die Oberfläche des Glases bei den späteren Versuchen sauberer war, oder ob der Einbau des Kupferkastens eine unbekannte Störung hereingebracht hat. Wir sind dann so vorgegangen, daß wir jede Messung an einem Kristall durch eine Messung an einem Glasplättchen (mitunter auch Plättchen aus Phosphorbronze) von der gleichen Form unter genau den gleichen Bedingungen ergänzten. Von den beim Kristall gemessenen Werten wurden dann die an derselben Stelle beim Glasplättchen gemessenen Werte abgezogen. Die so korrigierten Werte geben also den Unterschied der von einer Kristallspaltfläche und einer Glasoberfläche ausgesandten Strahlung.

Ergebnisse. Da die Versuche mit Kalkspat und Bleiglanz keine spiegelnde Reflexion gaben, was vielleicht daran lag, daß wir keine frischen, guten Spaltflächen benutzen konnten, haben wir die Versuche im folgenden ausschließlich mit Steinsalz gemacht. Von den verwandten Gasen (H_2, He, Ne, Ar, CO_2) gaben nur Helium und Wasserstoff deutliche spiegelnde Reflexion, und zwar Helium besser als Wasserstoff, weshalb wir zu den meisten Versuchen Helium benutzt haben. Die Resultate unserer zahlreichen Versuche über Reflexion von Helium an Steinsalz lassen sich etwa folgendermaßen zusammenfassen.

Während wir bei den ersten Versuchen nur eine undeutliche und diffuse Reflexion fanden, gelang .es uns im Verlauf der Untersuchung schließlich eine deutliche und scharfe spiegelnde Reflexion zu erzielen.

Die Intensität des reflektierten Strahles betrug bis zu 8 % der Intensität des auf den Kristall auffallenden Strahls.

Die von uns angegebenen Zahlenwerte für Intensität der Reflexion stellen untere Grenzwerte dar. Entsprechend der oben erwähnten Korrektionsmethode geben sie den Unterschied der vom Kristall und einer diffus reflektierenden Fläche (Glasplatte) ausgesandten Strahlung. Nun ist bei einem Kristall der diffus reflektierte Teil der Strahlung kleiner als bei einem Glasplättchen. Also ist die Intensität der Reflexion etwas größer als wir angeben, doch ist der Unterschied sicher kleiner als $^1/_2\%$ des direkten Strahls. Über den Einfluß der verschiedenen Faktoren auf die Reflexion haben wir folgendes festgestellt:

Wie zu erwarten, ist es für die Reflexion sehr wesentlich, daß die Oberfläche des Kristalls sehr sauber und frei von adsorbierten Gasen und Dämpfen ist. Wir erzielten dies dadurch, daß wir den Kristall dauernd auf 50 bis 100° höherer Temperatur als die Umgebung hielten. Wurde die Temperatur des Kristalls auf Zimmertemperatur oder darunter erniedrigt, so zeigte sich nach wenigen Minuten eine Verminderung des Reflexionsvermögens. Durch erneutes Erhitzen des Kristalls konnte das alte Reflexionsvermögen ganz oder fast ganz wiederhergestellt werden. Vielleicht steht die im Laufe der Versuche beobachtete Verbesserung der Reflexion, besonders das Schärferwerden des reflektierten Strahles, damit im Zusammenhang, daß die Apparatur mit der Zeit immer mehr von adsorbierten oder gelösten Gasen befreit wurde. Wir ließen die Apparatur nach Möglichkeit dauernd unter Vakuum stehen und ließen nur zum Einsetzen des Kristalls oder zu anderen Änderungen Luft ein. Auch das oben erwähnte lange Tempern der Kristalle mag zur Verbesserung des Reflexionsvermögens beigetragen haben.

Die Temperatur des Kristalls hat ebenfalls einen deutlichen Einfluß auf das Reflexionsvermögen, in dem Sinne, daß der Kristall umso besser reflektiert, je kälter er ist. So stieg z. B. bei einem Glanzwinkel von 10° die Reflexion von 2,2% auf 3,3% bzw. 3,5% bei Abkühlung des Kristalls von + 200° C auf + 20° bzw. − 100° C. Doch verdarb der Kristall, wie erwähnt, bei der tiefen Temperatur nach kurzer Zeit.

Das Reflexionsvermögen des Kristalls hängt weiterhin von dem Einfallswinkel, der Temperatur des Strahls, aber auch von der Orientierung der Kristallfläche in ihrer Ebene ab. Dreht man die Kristallfläche in ihrer Ebene, ohne den Einfallswinkel zu ändern, so ändert sich das Reflexionsvermögen. In Fig. 3 und Fig. 4 sind die beiden von uns untersuchten Orientierungen der Kristallfläche und die Orientierung des Strahls dazu wiedergegeben. In der „geraden" Lage A (Fig. 3) steht die eine der beiden in der Kristalloberfläche liegenden Hauptachsen des Kristalls senkrecht auf der Ebene, die den einfallenden und reflek-

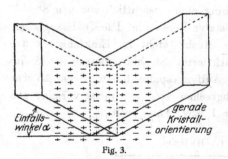

Fig. 3.

Über die Reflexion von Molekularstrahlen. 787

tierten Strahl enthält (Strahlebene). Die beiden anderen Hauptachsen des Kristalls liegen in dieser Ebene. Bei der anderen „schrägen" Lage B (Fig. 4) liegt die auf der Kristalloberfläche senkrechte Hauptachse in der Strahlebene, die den rechten Winkel zwischen den beiden in der Kristallfläche liegenden Hauptachsen halbiert Wir haben hauptsächlich bei der zweiten (schrägen) Lage gearbeitet, die namentlich bei steilerem Einfall viel bessere Reflexion gab als die andere Lage.

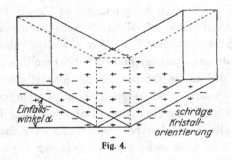

Fig. 4.

Die für Dimensionen des Strahls maßgebenden Spaltdimensionen und -abstände waren folgende:

Abstände:

Ofenspalt—Abbildspalt 1 cm.

Abbildespalt—Kristall 3 cm.

Kristall—Auffängerspalt 1,8 cm.

Spaltdimensionen:

Ofenspalt: 0,02 × 5 mm bzw. 0,5 × 2 mm bzw. 0,05 × 5 mm.

Abbildespalt: 0,1 bzw. 0,2 × 5 bzw. 2 mm.

Auffangespalt: 1 bzw. 0,5 × 5 mm.

Die Intensität der Reflexion hing nicht wesentlich von den Strahldimensionen ab, namentlich bei den letzten Versuchen. Die Unabhängigkeit der Intensität von der Breite des Strahls steht im Einklang mit der direkt gefundenen Schärfe des reflektierten Strahls. Betrug die Breite des direkten Strahls am Orte des Auffangespalts 1 bzw. 2 mm, so war auch der reflektierte Strahl — abgesehen von dem meist vorhandenen schwachen Untergrund — ungefähr 1 bzw. 2 mm breit.

Tabelle 1. Helium.

α	100° K	300° K
10°	1,5 %	3,3 %
20	1,2	2,5
30	2,3	0,9
40	0,9	—
50	0,7	—

788 F. Knauer und O. Stern,

In Tabelle 1 und 2 sind die Resultate einiger Messungen der Abhängigkeit des Reflexionsvermögens (bei schräger Orientierung der Kristallfläche) von Einfallswinkel und Temperatur des Strahles dargestellt. Aus ihnen sind folgende Gesetzmäßigkeiten zu entnehmen. Bei hoher Strahltemperatur, d. h. kleiner de Broglie-Wellenlänge, ist die Reflexion um so besser, je flacher der Strahl einfällt, was nach der Wellenauffassung wohl zu erwarten ist. Ganz unerwartet ist dagegen, daß (wenigstens bei flachem Einfall) die Reflexion um so besser ist, je höher die Strahltemperatur, je kürzer also die de Broglie-Wellenlänge ist. Ferner ist sehr bemerkenswert, daß sich bei tiefer Strahltemperatur (langen Wellen) ein ausgeprägtes Maximum bei 30° zeigt. Es wäre möglich, daß ein solches Maximum auch bei höheren Temperaturen vorhanden, aber nach

Tabelle 2. Helium.

α	300° K	850° K
10°	3 %	4,2 %
15	2,8	—
20	3,4	3,7
25	2,2	—
30	—	1,0

kleineren Winkeln zu verschoben ist. Die Werte der Tabelle 2 bei 300° K zeigen eine Andeutung hiervon; doch sind die Werte in Tabelle 2 nicht so zuverlässig, weil es sich um frühere Messungen handelt, bei denen die Reflexion noch ziemlich diffus war.

Die Resultate variieren etwas bei den einzelnen Kristallen, was wohl auf verschiedene Güte der Oberfläche zurückzuführen ist. Doch zeigte sich bei allen Messungen das merkwürdige Resultat, daß bei kleinen Winkeln die Reflexion um so besser wird, je höher die Temperatur des Strahls, je kleiner also die zugehörige de Broglie-Wellenlänge wird. Bei größerem Einfallswinkel (30°) ist das Umgekehrte der Fall.

Bei der geraden Orientierung der Kristallfläche fanden wir bei den größeren Winkeln auch bei tieferer Temperatur keine merkliche Reflexion, dagegen war die Reflexion bei 10° etwa ebenso stark wie bei der schrägen Orientierung.

Abgesehen davon, daß das Vorhandensein einer derartig scharfen Reflexion auf Grund der klassischen Theorie nicht zu verstehen ist und nur unter Zuhilfenahme der Wellennatur der Molekularstrahlen gedeutet werden kann, wird auch das oben geschilderte Verhalten des Reflexionsvermögens nur auf Grund der Wellentheorie zu verstehen sein.

Über die Reflexion von Molekularstrahlen.   789

Einen weiteren Hinweis auf die Wellennatur der Strahlen geben die Messungen des Intensitätsverlaufs der vom Kristall unter anderen Winkeln wie dem Reflexionswinkel ausgehenden Strahlung. Wirkt die Kristall-spaltfläche als Kreuzgitter, so gelangten bei unserer Versuchsanordnung nur die Kreuzgitterspektren zur Messung, die in der Ebene des ein-fallenden und reflektierten Strahles liegen und mit den Spektren eines Strichgitters identisch sind. Die Gitterkonstante d ist bei gerader Orien-tierung der Kristalloberfläche $2{,}8 . 10^{-8}$ cm, bei schräger Orientierung

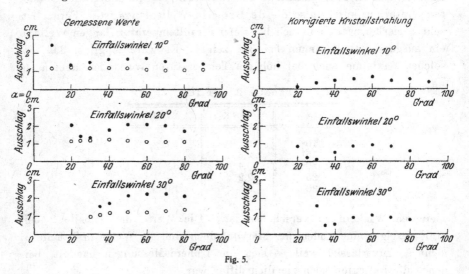

Fig. 5.

$2 . 10^{-8}$ cm, wobei vorausgesetzt ist, daß Na- und Cl-Ionen in gleicher Weise streuen. Es müßte also nach der Formel

$$\cos \alpha - \cos \alpha_0 = n \frac{\lambda}{d}$$

z. B. bei $\alpha_0 = 30^0$, $\lambda = 0{,}8 . 10^{-8}$ cm (häufigste Wellenlänge bei Helium von 100^0 K) $d = 2{,}0 - 10^{-8}$ cm das Beugungsmaximum erster Ordnung in 30^0 Abstand vom gespiegelten Strahl liegen. Bei Helium von 100^0 K (flüssige Luft) haben wir tatsächlich bei allen untersuchten Einfalls-winkeln dieses Maximum an der erwarteten Stelle gefunden. Die Kurven der Fig. 5 geben die Resultate unserer Messungen in diesen Fällen. Wir möchten noch darauf hinweisen, daß die Intensitäten der gebeugten Strahlung umso größer sind, je steiler der Strahl einfällt. Wir haben dieselben Versuche mit halb so breitem Abbildespalt ausgeführt, dabei blieb die Intensität des gespiegelten Strahles annähernd die gleiche,

790   F. Knauer und O. Stern,

während die Intensität der abgebeugten Strahlung auf die Hälfte sank.
Der Intensitätsverlauf war genau der gleiche und die Maxima befanden
sich an denselben Stellen. Bei gerader Orientierung der Kristallfläche
und bei 10⁰, dem einzigen Winkel mit deutlicher Reflexion, fanden wir
ebenfalls ein Intensitätsmaximum ungefähr an derselben Stelle, wie bei
schräger Orientierung, nämlich in 50⁰ Abstand vom reflektierten Strahl.
Das Maximum müßte aber in diesem Falle wegen der größeren Gitterkonstante um 10⁰ näher an
den Strahl heranrücken. Daß

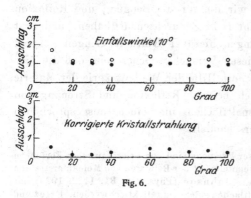

Fig. 6.

wir diesen Unterschied nicht
gefunden haben, kann daran
liegen, daß bei der geraden
Orientierung das Maximum
weniger ausgeprägt ist (siehe
Fig. 6). Es könnte aber auch
sein, daß die Deutung unserer
Intensitätsmaxima als einfacher
Beugungsmaxima nicht zutrifft,
sondern daß hier eine andere
Gesetzmäßigkeit vorliegt. Wir möchten in diesem Zusammenhang auf
die Tatsache hinweisen, daß in allen diesen Fällen das Maximum der
Intensität bei 60⁰ (von der Kristalloberfläche aus gerechnet) liegt.

Um zu entscheiden, ob es sich bei den zuerst angeführten Versuchen
wirklich um die theoretisch zu erwartenden Beugungsmaxima handelt,

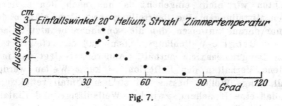

Fig. 7.

wäre es notwendig, diese Messungen mit anderen Wellenlängen (anderer
Temperatur oder anderem Molekulargewicht) durchzuführen. Wir haben
mehrere Messungen mit Helium von Zimmertemperatur (300⁰ K) ausgeführt. Obwohl die Reflexion hierbei, wenigstens bei flachen Winkeln,
besser ist als bei tiefer Strahltemperatur, konnten wir in keinem Falle
eindeutig Beugungsmaxima feststellen. Ein Beispiel einer solchen Messung
gibt Fig. 7. Bei gerader Orientierung und steilerem Einfall, bei dem wir
keine merkliche Reflexion gefunden hatten, war auch kein Intensitäts-

Über die Reflexion von Molekularstrahlen.   791

maximum an der Stelle des Beugungsmaximums erster Ordnung vorhanden, sondern die Intensität stieg dauernd nach größeren Winkeln zu (vom reflektierten Strahl aus gerechnet). Es wäre denkbar, daß sich hier schon Beugungsmaxima höherer Ordnung bemerkbar machen.

Ebensowenig konnten wir bei anderen Gasen (H_2, Ne), die ja auch viel schlechter reflektiert werden als Helium, klar erkennbare Beugungserscheinungen feststellen*.

Es liegt offenbar so, daß wir die für die Beugung und Reflexion maßgebenden Faktoren noch nicht richtig durchschaut haben, und erst weitere Versuche und Überlegungen hierüber Klarheit bringen können. Soviel dürfte aber schon nach diesen Versuchen sicher sein, daß die hier beschriebenen Erscheinungen nur mit Hilfe der Wellentheorie der Materie zu deuten sind, und daß es sich bei der Reflexion und Streuung von Molekularstrahlen an Kristallspaltflächen um einen ausgesprochenen Beugungseffekt des Kristallgitters handelt.

---

* Während der Ausführung dieser Versuche sind von amerikanischen Forschern Versuche publiziert worden, die sich ebenfalls mit der Reflexion von Molekularstrahlen an Steinsalzspaltflächen beschäftigen. Johnson (Phys. Rev. **31**, 1122, 1928) hat gezeigt, daß H-Atome an solchen Spaltflächen spiegelnd reflektiert werden. Ellet und Olson (Phys. Rev. **31**, 643, 1928) haben dasselbe für Cd und Hg gezeigt. Beugungserscheinungen sind in keinem Falle festgestellt worden, ebensowenig wie nähere Einzelheiten über die Bedingungen der Reflexion. Dagegen haben Ellet und Olson in einer kurzen Notiz (Science 1928) angegeben, daß sie die Geschwindigkeit der reflektierten Cd-Atome gemessen haben. Sie geben an, daß die reflektierten Atome alle nahezu die gleiche vom Einfallswinkel abhängige Geschwindigkeit hatten. Auf eine Diskussion ihrer theoretischen Deutung, die uns kaum haltbar erscheint, möchten wir nicht eingehen, da uns nach den bisher vorliegenden äußerst knappen Mitteilungen eine Beurteilung ihrer Ergebnisse nicht möglich ist. Wir möchten nur darauf hinweisen, daß die von ihnen benutzten Cadmiumstrahlen eine so kurze de Broglie-Wellenlänge haben, daß der reflektierte Strahl wahrscheinlich auch Beugungsmaxima enthält. Anderseits legt das in unseren Versuchen gefundene Verhalten der Reflexion — kurze Wellen werden besser bei flachem Einfall, lange Wellen besser bei steilem Einfall reflektiert — die Vermutung nahe, daß eine Beziehung zwischen Wellenlänge und Einfallswinkel nach Art der Braggschen Beziehung bestehen könnte.

S34. Georg von Hevesy und Otto Stern, Fritz Haber's Arbeiten auf dem Gebiet der Physikalischen Chemie und Elektrochemie. Naturwissenschaften, 16, 1062–1068 (1928)

Fritz Habers
Arbeiten auf dem Gebiete der physikalischen Chemie und Elektrochemie.
Von Georg v. Hevesy, Freiburg i. Br., und Otto Stern, Hamburg.

© Springer-Verlag Berlin Heidelberg 2016
H. Schmidt-Böcking, K. Reich, A. Templeton, W. Trageser, V. Vill (Hrsg.), *Otto Sterns Veröffentlichungen – Band 3*, DOI 10.1007/978-3-662-46960-6_7

1062 v. Hevesy und Stern: Fritz Haber und die physikalische Chemie und Elektrochemie. [Die Naturwissenschaften

Fritz Habers
Arbeiten auf dem Gebiete der physikalischen Chemie und Elektrochemie.

Von Georg v. Hevesy, Freiburg i. Br., und Otto Stern, Hamburg.

Überblickt man die physikalisch-chemischen Arbeiten Habers, so kommt einem besonders deutlich zu Bewußtsein, welch umfangreiches, schönes, tief in die Nachbargebiete hineinragendes Wissensgebiet die physikalische Chemie darstellt. Denn es gibt keines der zahlreichen Teilgebiete dieser Wissenschaft, zu dem Fritz Haber nicht ganz grundlegende Beiträge geliefert hat.

Elektrochemische Untersuchungen.
Galvanische Metallfällung.

Von der organischen Chemie kommend, hat sich Fritz Haber im Zusammenhang mit der Frage nach der Reduktion und Oxydation organischer Substanzen den elektrochemischen Methoden und bald darauf den elektrochemischen Problemen zugewandt. Kurz bevor wir die erste der großen Reihe diesbezüglicher Abhandlungen antreffen, lesen wir jedoch in der Z. Elektrochem., die damals (1898) erst auf ein dreijähriges Dasein zurückblicken konnte, eine kurze Mitteilung Habers über galvanisch gefälltes Eisen. In dieser Mitteilung spielen Versuche mit Eisenklischees für die Noten der Österreichisch-Ungarischen Bank, eine wichtige Rolle. Tempora mutantur! Der Verfasser der Abhandlung hat sich nicht gedacht, daß man seine Mitteilung noch zu einer Zeit mit Freuden lesen wird, zu welcher die damals allmächtigen Banknoten in eine unerfreuliche Vergessenheit geraten sind. Eine erschöpfende Darstellung des damaligen Standes der Elektrochemie enthält Habers leider schon längst vergriffener Grundriß der technischen Elektrochemie (1898).

Elektrolytische Reduktion und Oxydation.

Die Untersuchung über stufenweise Reduktion des Nitrobenzols mit begrenztem Kathodenpotential (1898) ist grundlegend für das wichtige Gebiet der elektrochemischen Oxydation und Reduktionen. In der Chemie ist der elektrische Strom vorher als in seinen Wirkungen nur von der Stromdichte, Stromdauer und zuweilen vom Elektrodenmaterial abhängig betrachtet worden. Haber zeigte, daß die elektrolytischen Oxydations- und Reduktionsprozesse vom Elektrodenpotential abhängen. Er zeigte, daß die Platinelektrode bei kathodischer Polarisation mit der Zeit immer negativer, ihre reduzierende Wirkung, etwa gegen das gelöste Nitrobenzol, immer größer wird. Die Steigerung der Polarisation wirkt so, als ob man bei einem rein chemischen Prozeß immer neue und stärker wirkende Agenzien einführte. Eine be-

stimmte Reduktionsstufe läßt sich nur durch Konstanthalten des Kathodenpotentials erreichen. Einen Abschluß dieser Reihe von Untersuchungen, die sich u. a. auf die Darstellung von Phenylhydroxylamin, auf die Reduktion von Nitrokörpern, auf die Elektrolyse von Salzsäure, auf die Bildung von Wasserstoffsuperoxyd usw. erstreckten, bildet eine Arbeit von Haber und Russ, in welcher der Einfluß des Kathodenpotentials, der Konzentration, der Stromdichte und des Kathodenmaterials durch eine theoretisch begründete Formel ausgedrückt wird.

Geschwindigkeit von Elektrodenreaktionen.

Auf Grund ihrer Untersuchungen stellen Haber und Russ den Grundsatz auf, daß die einfache Aufnahme und Abgabe von Ladungen an der Elektrode ein Vorgang von sehr großer Geschwindigkeit ist und daß Trägheitserscheinungen dadurch zustandekommen, daß mit der einfachen Ladungsaufnahme und -abgabe eine chemische Reaktion von geringer Geschwindigkeit verknüpft ist. Im Zusammenhang mit den Untersuchungen über chemische Vorgänge an den Elektroden ergaben sich eine Reihe von weiteren Fragen: die der Legierungspotentiale und Deckschichtenbildung, der Kathodenzerstörung usw. Gleichzeitig erstreckten sich Habers Untersuchungen auf die verschiedensten, ja auf fast alle Gebiete der Elektrochemie. Die Bände der Z. Elektrochem. und der Z. anorg. Chem. bringen in diesen Jahren (1902—1908) Abhandlungen Habers über elektrochemische Metalldarstellung, über Amalgampotentiale, über Generatorgas und Kohlenelement, über die elektrochemische Angreifbarkeit des Glases usw. Die große Mannigfaltigkeit der Probleme läßt teils solche erkennen, welche mehr technisches, teils andere, welche mehr rein wissenschaftliches Interesse angeregt hatte.

Wirkungsweise vagabundierender Erdströme.

Zu den ersteren gehört die Untersuchung der Ursachen des anodischen Angriffes von Leitungsrohren durch vagabundierende Ströme im Erdreich. Solche Ströme entstehen dadurch, daß ein Teil des Betriebsstromes der Straßenbahn außerhalb der Straßenbahnschienen durch die Erde zur Zentrale zurückfließt. Besonders in Straßburg besaß die Röhrenzerstörung ein akutes technisches Interesse. Es handelt sich hier in erster Linie darum, Hilfsmittel zu finden, um den Weg des Stromes und seine jeweilige Dichte im Erdreich zu verfolgen.

Heft 50.
14. 12. 1928] v. Hevesy und Stern: Fritz Haber und die physikalische Chemie und Elektrochemie. 1063

Die zu diesem Zwecke entworfenen Tastelektroden wurden dann zum Sammeln von Daten angewandt, welche die Bestimmung ermöglichten, wo und wieviel negative Elektrizität aus der Erde in das in der Erde verlegte Rohrnetz einfließt und somit einen lokalen Angriff des Eisens der Leitungsrohre bewirken kann. Die Untersuchung der Verhältnisse in den Straßen der Stadt Karlsruhe vermochte an einem bestimmten Punkte der Stadt eine erhebliche Gefährdung der Eisenröhren voraussagen. Auf Grund dieser Voraussage konnte dann ein weiteres Fortschreiten der nachher auch tatsächlich festgestellten Korrosion unterbunden werden. Die Untersuchung Habers hat nicht nur das aufgeworfene Problem erschöpfend gelöst, sie gab ihm auch die Anregung, sich dem großen Fragenkomplex der Passivität zuzuwenden. Er kam dabei zur Überzeugung, daß schützenden Oxydschichten eine ausschlaggebende Rolle bei der Passivierung zukommt.

Kohlenelement, Knallgaskette.

Der Frage des Kohlenelements werden in diesen Jahren eine große Reihe von Untersuchungen gewidmet. In der ersten Untersuchung werden die Vorgänge im Jacquesschen Element (C/NaOH geschmolzen/Fe) aufgeklärt und gleichzeitig Beiträge zur wichtigen Frage der elektromotorischen Kraft der Knallgaskette geliefert. Die nähere Verfolgung der Vorgänge in dem genannten Element führte Haber zum Schluß, daß das sog. Kohlenelement eine Knallgaskette ist, deren Sauerstoff aus der atmosphärischen Luft stammt, während der Wasserstoff von der Wirkung der Kohle auf die Schmelze herrührt. Hand in Hand mit der obigen Feststellung brachte er den Nachweis, daß der umkehrbaren Wasserbildung aus H_2 und O_2 in Übereinstimmung mit der thermodynamischen Berechnung ein höherer Wert der EMK zukommt, als man ihn an Platinelektroden bei gewöhnlicher Temperatur erhalten kann. Daß die Groveschen Gasketten eine geringere EMK liefern als sie die thermodynamische Berechnung ergibt, konnte darauf zurückgeführt werden, daß der an der Sauerstoffelektrode der Groveschen Kette herrschende Potentialsprung durch das System Pt/Platinoxyd/OH mitbestimmt wird. Eine streng umkehrbare Wasserbildung, welche die theoretisch berechnete EMK liefert, findet dagegen in Habers Hochtemperatur-Knallgasketten statt, in denen dank der hohen Temperatur keine Sauerstoffverbindungen des Platins mehr entstehen können. Solche Ketten wurden auch mit Glas bzw. Porzellan als Elektrolyten aufgebaut und auch bei der Messung der EMK der Kohlenoxydkette verwendet.

Geschwindigkeit von Ionenreaktionen.

Im Zusammenhang mit der Frage nach der Realität winziger rechnerisch ermittelter Ionenkonzentrationen behandelt Haber das Problem der Geschwindigkeit von Ionenreaktionen. Während man bis dahin diese Geschwindigkeit als beliebig groß annahm, zeigt er durch molekular-theoretische Überlegungen, daß sich für diese Geschwindigkeit eine obere Grenze angeben läßt. Bei raschen Umsetzungen von Komplexen können demnach die in sehr geringer Konzentration vorhandenen einfachen Ionen nicht die Durchgangsstufe bilden, sondern die Reaktion muß zwischen den komplexen Ionen direkt verlaufen. Während also erhebliche Spaltungsgrade bedingen, daß die Reaktion der Gebilde als Ionenreaktion verläuft, bewirken winzige Spaltungsgrade, daß sie direkt zwischen den undissoziierten Gebilden abläuft.

Elektrolyse fester Salze.

Die Arbeiten über das Verhalten fester Elektrolyte wurden mit einer Untersuchung mit Tolloczko eingeleitet (1904). Über die Elektrolyse in festem Zustande lagen damals nur die Arbeiten von Warburg und seinen Schülern vor, die die Elektrolyse des Glases und des Glimmers untersucht hatten, und es sollten nun feste Verbindungen im krystallisierten Zustande elektrolysiert werden. Haber und Tolloczko fanden, daß die Elektrolyse von festem Bariumchlorid mit fast theoretischer Stromausbeute Bariumchlorür liefert und konnten die Zersetzungsspannung bei solchen Elektrolysen messen. In späteren Untersuchungen wurde das Verhalten einer Reihe anderer fester Salze untersucht und ihre elektrolytische Leitfähigkeit wie auch die des Porzellans nachgewiesen.

Potentialdifferenzen an Phasengrenzen.

Thermodynamische Überlegungen führen Haber zur Berechnung der Potentialdifferenz, die an der Berührungsstelle fester Elektrolyte und ihrer gesättigten Lösungen auftritt. Zum experimentellen Nachweis der Potentialdifferenz, z. B. des festen AgCl gegen Silbersalzlösungen wird folgender Weg eingeschlagen: Man zeigt, daß die Kette

$$\text{Ag} \left| \begin{array}{c} \text{KCl-Lösung} \\ \text{ges. m. AgCl} \end{array} \right| \text{AgCl fest} \left| \begin{array}{c} \text{AgNO}_3\text{-Lösung} \\ \text{ges. m. AgCl} \end{array} \right| \text{Ag}$$

die EMK Null besitzt. Ist dagegen der feste Mittelelektrolyt nicht wasserundurchlässig, sondern rissig, so besitzt die Kette die elektromotorische Kraft der resultierenden Ag-Konzentrationskette. Durch diese Versuche ist die Existenz der Potentialdifferenz des festen Chlorsilbers gegen die beiden verschiedenen Lösungen bewiesen. Für die Größe dieser EMK gelten Formeln, die der Nernstschen Formel analog sind. Es werden elektrodenlose Ketten aus festen Salzen aufgebaut, deren EMK sich aus der freien Energie der stromliefernden chemischen Reaktion ergab.

Nochmals Geschwindigkeit von Elektrodenreaktionen.

Die Fortsetzung der Untersuchungsreihe über feste Elektrolyte und über Passivität und Geschwindigkeit von elektrochemischen Reaktionen bildet eine Arbeit über die Polarisierbarkeit fester Elektrolyte. Es wird in dieser festge-

1064   v. Hevesy und Stern: Fritz Haber und die physikalische Chemie und Elektrochemie. [Die Natur-
wissenschaften

stellt, daß feste Silbersalze an einer Silberanode eine mit fallender Temperatur stark zunehmende Polarisierbarkeit aufweisen, welche im Falle des Ag_2SO_4 bei der Temperatur der festen Kohlensäure so weit geht, daß sich die Silberanode wie eine solche aus Platin oder Graphit verhält. Mit der Vorstellung, daß der primäre Anodenvorgang in der Bildung von Silberionen aus Silbermetall besteht, scheint dieses Ergebnis nicht vereinbar. Man muß vielmehr schließen, daß der Übergang des Stromes vom festen Elektrolyten zur Anode lediglich durch Abführung von Elektrolysenprodukten unter Entstehung oxydierender Stoffe (Silberpersulfat aus Silbersulfat, Halogen aus Halogenion usw.) bewirkt wird. Diese Oxydationsmittel greifen dann in sekundären, bei tiefer Temperatur sehr langsamen Reaktionen das metallische Silber an. Haber kommt zu dem wichtigen Schluß, daß auch bei wässerigen Lösungen und Schmelzen, also allgemein beim Übertritt des Stromes aus einem Elektrolyten in eine Anode, der gleiche Mechanismus gilt. Die Unpolarisierbarkeit, welche umkehrbare Metallelektroden bei schwachen Strömen in starken Lösungen ihrer Salze aufweisen und die Möglichkeit, ihre Polarisierbarkeit bei starkem Strome ausschließlich auf die Diffusionsverhältnisse im Elektrolyten zurückzuführen, zeigen, daß das entladene Ion in Gegenwart des Lösungsmittels ungemein schnell mit dem Metall reagiert. Diese Reaktion verläuft dagegen langsam und läßt sich verfolgen in festen und insbesondere bei tiefgekühlten Elektrolyten.

Glas als Elektrode.

Eine andere Gruppe solcher Fälle, in welchen die EMK eines Elementes von einem berechenbaren Unterschied der Phasengrenzkräfte herrührt, wurde in sehr sinnreicher Weise durch folgenden Kunstgriff der Untersuchung zugänglich gemacht. Es wurde gezeigt, daß ein sehr dünnwandiger Glaskolben, mit Elektrolytlösung gefüllt, als Elektrode verwendet werden kann. Die EMK. einer solchen Kette ändert sich mit der H'- und OH'-Konzentration der Lösung, in die sie taucht wie die einer Wasserstoffelektrode. Haber und Klemensiewicz konnten zeigen, daß sich auf die oben erwähnte Feststellung ein acidimetrisches Titrationsverfahren begründen läßt, daß man die EMK im Falle des Glases sehr bequem messen kann. Die durch diese Untersuchung gewonnenen Erkenntnisse wurden auch zu einer sehr interessanten Deutung des Verhaltens des tierischen Muskels verwendet.

Neuerdings hat sich ferner die Bedeutung dieser Untersuchung für das Verständnis der kapillarelektrischen Erscheinungen gezeigt. Der Unterschied zwischen dem thermodynamischen elektrischen Potential und dem elektrokinetischen Potential läßt sich nämlich beim Glas besonders deutlich zeigen.

In einem gewissen Zusammenhange mit den geschilderten Untersuchungen steht auch die Erforschung der Vorgänge an der Grenze zwischen Gasraum und Elektrolyten. Das Verlangen, ganz geringe Halogendampfdrucke mit einem einfachen unangreifbaren Manometer messen zu können, veranlaßte ihn und Kerschbaum zur Ausarbeitung eines Quarzfadenmanometers.

Gasreaktionen.

Flammentemperaturen.

Die Untersuchungen von Haber und Richardt über das Wassergasgleichgewicht in der Bunsenflamme und die chemische Bestimmung von Flammentemperaturen (1903) waren die ersten einer großen Reihe, welche den Flammen gewidmet ist. Es wird hier gezeigt, daß im inneren Kegel der Flamme das Wassergasgleichgewicht fast momentan erreicht und beim plötzlichen Abkühlen nicht merklich verschoben wird. Diese Feststellung erlaubt, aus der Zusammensetzung der Verbrennungsprodukte mittels der Reaktionsisochore des Wassergasgleichgewichts die Temperatur des Innenkegels direkt zu entnehmen. Empfindlicher ist noch die Bestimmung der Temperatur mit Hilfe des Gleichgewichts $CO + \frac{1}{2} O_2 = CO_2$, das man durch Absaugen der Gase mit Hilfe eines gekühlten Silberröhrchens aus einer CO-Flamme erhalten kann. In dieser Flamme wurde die Temperatur zu 2600° bestimmt und gleichzeitig festgestellt, daß mindestens der 10^{-6} Teil des Gases im Innenkegel ionisiert sein muß; die Leitfähigkeit ist gleich der einer $\frac{1}{100}$ normalen Elektrolytlösung. Dicht über der Spitze des Verbrennungskegels der Bunsenflamme wurde die Dissoziation der Kohlensäure zu 37 % ermittelt.

Die Temperatur der Kohlenoxyd-Knallgasflamme wurde zu 2600°, die der Wasserstoff-Sauerstoffflamme zu 2500–2900°, die der Acetylen-Sauerstoffflamme zu über 3000° bestimmt. Die letzteren Feststellungen konnten Henning und Tingwald erst vor kurzem in der physikalisch-technischen Reichsanstalt durch direkte Temperaturmessung sehr schön bestätigen, sie fanden an der heißesten Stelle der letzterwähnten Flamme 3100°.

Die Beschäftigung mit den Vorgängen in den Flammen und den Gasgleichgewichten ist auf das engste verknüpft mit den grundlegenden thermodynamischen Überlegungen Habers, auf die wir später zu sprechen kommen.

Die Stickoxydbildung.

Eine Arbeit mit Koenig (1907) eröffnet die große Reihe von Untersuchungen, deren Ziel die Erforschung der Stickoxydbildung war. Sie fanden, daß die Stickoxydbildung im Hochspannungsbogen so geführt werden kann, daß sie wesentlich ein rein thermisches Phänomen darstellt, daß aber gerade diese Ausführungsweise nicht empfehlenswert ist. Sie konnten zeigen, daß nur wenig oberhalb des Platinschmelzpunktes, wo der Stickoxydzerfall noch relativ langsam erfolgt, die Luft bereits einen NO-Gehalt von 10 % erreicht. Das Phänomen der NO-Bildung im Lichtbogen ist zunächst ein elektrisches und die Ausbeute stellt sich günstiger, wenn man verhindert, daß die elektrischen Wirkungen von den thermischen überdeckt werden.

Den Aufklärungen der Frage der Stickoxydbildung ist auch eine Untersuchung mit Coates über die Bildung des NO bei der Kohlenoxydverbrennung gewidmet. In dieser Arbeit, die im Arrhenius-Jubelband erschien, kommt Haber darauf zu sprechen, was ihn dazu gebracht hat, sich der physikalisch-chemischen Erforschung der Stickoxydbildung beim Verbrennen unter Druck zu widmen.

„Der gewaltige Unterschied im Reichtum an sichtbaren und greifbaren Lebensgütern, die unsere Zeit von den Tagen Goethes unterscheidet, beruht auf den Leistungen von Industrien, die ihre Entwicklung der Verwendung der Kohle zu Kraft- und Heizzwecken verdanken. Von allen materiellen Gütern tragen diejenigen, welche durch chemische Prozesse erzeugt werden, am deutlichsten den Stempel der Herkunft von der Kohle. In der elektrischen Erzeugung der künstlichen Nitrate tritt ein neuer Zweig der chemischen Industrie von allgemeinster Bedeutung auf, der von der Kohle unabhängig ist und allein die Kraft des fallenden Wassers in seinen Dienst nimmt. Dadurch wird naturgemäß die Frage besonders nahegelegt, in welchem Umfange auf der Ausnutzung der Kohle ruhende Prozesse für die Gewinnung nitroser Produkte in Wettbewerb treten können. Das Studium der Bildung nitroser Produkte bei der Verbrennung unter Druck, zu welchem diese allgemeinen Gesichtspunkte Anlaß geben, beansprucht vom physikalisch-chemischen Standpunkte noch weiterhin darum ein spezielleres Interesse, weil es uns einen näheren Einblick in die Natur der Flammenvorgänge verspricht. Nach der geläufigen Auffassung sind Flammen glühende Gasmassen, welche der Oxydation eines gasförmigen Brennstoffes ihre hohe Temperatur verdanken. Die chemischen Reaktionen, welche in Flammen eintreten, werden nach dieser Auffassung durch Gleichgewicht begrenzt und durch Geschwindigkeitskonstanten regiert, die lediglich von der Temperatur und von den Massenwirkungsverhältnissen elektrisch-neutraler heißer Gasbestandteile abhängen. Dazu treten sekundäre Einflüsse, welche die Strahlung der Flamme photochemisch auf benachbarte Gasmassen übt . . . Wenn man sich nun erinnert, daß nach den Untersuchungen von Warburg und Leithäuser elektrische Entladungen befähigt sind, ohne Zuhilfenahme extremer Temperaturen nitrose Produkte aus Luft hervorzubringen, indem Ionen, die mit dem Glimmstrom in Luft erzeugt sind, zu Stickstoff-Sauerstoffverbindungen zusammentreten, so wird man nicht verkennen, daß gerade Bildung nitroser Produkte auch in den Flammen durch die Ionisation der Gase beeinflußt sein mag. Es entsteht also die Frage, inwieweit für die Bildung nitroser Produkte die Auffassung der Flammen als heißer Gasmassen genügt und ob wir nicht vielmehr die Entstehung dieser Stoffe auch bei den Verbrennungsprozessen als eine im Grunde elektrische Erscheinung anzusehen haben.''

Die erschöpfende experimentelle und theoretische Untersuchung der Frage führt zum Ergebnis: NO bildet sich aus N_2 und O_2 im Lichtbogen und Funken, bei Verbrennungsprozessen und an weißglühenden, festen Flächen. In diesen drei Fällen besteht zugleich hohe Temperatur und starke Ionisation. Eine Betrachtung, welche nur die hohe Temperatur und ihren thermodynamischen Einfluß auf den Vorgang berücksichtigt, scheint in allen drei Fällen zu genügen, um die maximal erreichbare NO-Konzentration wenigstens bei gewöhnlichem Druck abzuleiten. Ein Verständnis dafür, weshalb die wirkliche Ausbeute im Glimmstrom und in gekühltem Lichtbogen unter vermindertem Druck so günstig ausfällt, liefert dagegen die Betrachtung der elektrischen Verhältnisse. Die Stabilisierung eines hohen Gehaltes an NO hängt nicht nur von einer raschen Abschreckung ab, sondern mindestens ebensosehr von einer raschen Verminderung der Ionisation.

Ammoniakgleichgewicht.

Die Arbeit, die gemeinsam mit van Oordt in der Z. anorg. Chem. als vorläufige Mitteilung zu Beginn von 1900 veröffentlicht wurde, war der Beginn der klassischen Untersuchungen, die zur Synthese des Ammoniaks führten. Der Versuch, Ammoniak aus den Elementen zu erzeugen, stößt auf die Schwierigkeit, daß die Gase bei gewöhnlicher Temperatur, bei welcher die Lage des thermodynamischen Gleichgewichtes einen nahezu vollständigen Zusammentritt der Elemente ermöglicht, praktisch nicht in Reaktion zu bringen sind, während bei heller Rotglut, bei der der Umsatz leicht eintritt, der Vorgang nach Bildung eines minimalen Prozentsatzes von Ammoniak zum Stehen kommt, weil dann das thermodynamische Gleichgewicht bereits erreicht ist.

Die obenerwähnte Arbeit war dem Studium der thermodynamischen Verhältnisse in ihrer Bedeutung für die Ammoniaksynthese aus den Elementen gewidmet. Die orientierenden Gleichgewichtsbestimmungen, an deren Hand die Überlegungen angestellt worden sind, wurden in der Nähe von 1000° ausgeführt, mit Eisen als Kontaktstoff. Die Ergebnisse schwankten zwischen einem Ammoniakgehalt von $1/_{200}$ % und $1/_{80}$ %, und die obere Grenze wurde als die wahrscheinlichere angesehen. Spätere Untersuchungen lehrten jedoch, daß die höheren Werte davon herrührten, daß die katalysierende Substanz in frischem Zustande das Gleichgewicht verschiebt und daß die unteren Werte die richtigen seien. Es war dies ein entmutigendes Resultat, das zunächst die technische Ammoniakdarstellung hoffnungslos erscheinen ließ.

1066 v. HEVESY und STERN: FRITZ HABER und die physikalische Chemie und Elektrochemie. [Die Natur-wissenschaften]

Im Jahre 1905 war die Sachlage folgende: Es wurde erkannt, daß von beginnender Rotglut aufwärts kein Katalysator mehr als Spuren von Ammoniak in der günstigsten Gasmischung erzeugen kann, wenn man bei gewöhnlichem Drucke arbeitet und daß auch bei stark erhöhtem Druck die Lage des Gleichgewichts stets sehr ungünstig bleiben mußte. Wenn man praktische Erfolge mit einem Katalysator bei gewöhnlichem Drucke erreichen wollte, so durfte man seine Temperatur nicht wesentlich über 300° steigen lassen. Die Auffindung von Kontaktstoffen, die noch in der Nähe von 300° eine flotte Einstellung des Gleichgewichts lieferten, schien jedoch unwahrscheinlich, und solche sind auch bis zum heutigen Tage nicht gefunden worden. Wie wir in HABERS Nobel-Vortrag lesen, schienen ihm diese Bedingungen so ungünstig, daß sie ihn zunächst von einer Vertiefung in den Gegenstand der Synthese abschreckten. Die nächsten drei Jahre wurde das Problem der technischen Ammoniaksynthese, dieses Kardinalproblem der angewandten physikalischen Chemie, in den Hintergrund gedrängt von Problemen der reinen physikalischen Chemie. In dieser Zeit wurde das NERNSTsche Wärmetheorem aufgestellt und die Frage, wieweit das experimentell festgestellte Ammoniakgleichgewicht mit dem auf Grund der NERNSTschen Näherungsformel berechneten übereinstimmt, bildete den Gegenstand einer lebhaften Diskussion. In diesem Zusammenhange war es von großer Wichtigkeit, das Ammoniakgleichgewicht in seiner Abhängigkeit von Temperatur und Druck, die spezifische Wärme und die Bildungswärme der beteiligten Gase mit der größtmöglichen Genauigkeit zu kennen. Die Festlegung dieser grundlegenden Größen der physikalischen Chemie des Ammoniaks bildeten den Gegenstand einer großen Zahl von Untersuchungen, die unter Leitung HABERS im physikalisch-chemischen Institut der Technischen Hochschule in Karlsruhe ausgeführt worden sind. Gleichzeitig erfolgte ein systematisches Studium der Kontaktkörper, und es wurden im Uran und Osmium vorzügliche Katalysatoren gefunden, die einen flotten Umsatz bereits zwischen 500—600° ermöglichten. Ausgerüstet mit den nunmehr erworbenen weitgehenden Erkenntnissen erfolgte dann die erste Ammoniaksynthese unter hohem Druck, wie das auf S. 1070 dieses Heftes ausführlich beschrieben wird.

Thermodynamik der Gasreaktionen.

Man gelangt zum Verständnis der großen Erfolge HABERS auf dem Gebiete der Gasreaktionen, wenn man berücksichtigt, daß Hand in Hand mit den geschilderten, groß angelegten experimentellen Untersuchungen die theoretische Durcharbeitung dieses Gebietes erfolgte. Das beste Zeugnis dafür bietet HABERS klassisches Buch ,,Thermodynamik technischer Gasreaktionen" (1905). Mit einer Sorgfalt und Strenge, die man in physikalisch-chemischen Arbeiten über dieses Gebiet oft vermißt, sind in diesem Buch die thermodynamischen Ablei-

tungen durchgeführt und speziell die Bedeutung der spezifischen Wärmen sowie der ,,thermodynamisch unbestimmten Konstanten" für die Berechnung der Gasgleichgewichte herausgearbeitet. Hier finden sich wesentliche Vorarbeiten für die spätere Entwicklung des Gebietes und die moderne Lösung dieser Fragen. Charakteristisch für die Art, in der HABER thermodynamische Probleme behandelt, ist es, daß er zu einer Zeit, wo die meisten physikalischen Chemiker dem Arbeiten mit der Entropie ängstlich aus dem Weg gingen, die Entropie gleichzeitig und parallel mit der maximalen Arbeit verwendet. Mit besonderem Genuß wird der Liebhaber thermodynamischer Feinheiten solche Überlegungen lesen, wie die über das chemodynamische Gradintervall, oder die Bemerkungen über die BOLTZMANNsche Idee des Zusammenhanges zwischen dem zweiten Hauptsatz und der Richtung der Zeit, die das Interesse des Verfassers für die tiefsten prinzipiellen Fragen der Thermodynamik verraten.

Molekular- und atomtheoretische Untersuchungen.

Krystalliner und amorpher Zustand.

Bei Überlegungen, die den krystallisierten und amorphen Zustand betreffen, fragt HABER zunächst, wie krystallisierte und amorphe Massen entstehen. Durch Überschreitungsvorgänge. Es entstehen zunächst Molekülhaufen, die sich dann untereinander vereinigen und bei genügender Größe sichtbare und ausfallende Flocken darstellen. Bei großer ,,Häufungsgeschwindigkeit" werden zunächst amorphe Molekülhaufen entstehen, weil die Lagerung der Bestandteile lediglich nach dem Zufall erfolgt. In einer solchen Anordnung verharrt der Haufen nicht, er strebt unter Verlust von freier Energie einer Gleichgewichtslage zu, bei der er eine geordnete gittermäßige Anordnung besitzt. Die Geschwindigkeit, mit der der Haufen in die gittermäßige Anordnung übergeht, wird die Ordnungsgeschwindigkeit genannt. Ihr Wettbewerb mit der Häufungsgeschwindigkeit bedingt, ob ein amorpher oder krystalliner Niederschlag entsteht. Um die Rolle der beiden konkurrierenden Geschwindigkeiten zu übersehen, wendet er sich den genau untersuchten Überschreitungserscheinungen zu, insbesondere dem Falle der Unterkühlung einer Schmelze. Die unterkühlte Schmelze eines einheitlichen chemischen Stoffes stellt ja einen wichtigen, ungeordneten Haufen seiner Moleküle dar, dessen weiteres Schicksal von der Ordnungsgeschwindigkeit bestimmt wird. Bei der Bildung von Niederschlägen wird die Ordnung leichter zustandekommen als bei den unterkühlten Schmelzen, weil die große Masse leicht beweglicher Moleküle des Lösungsmittels zugegen ist. Eine Folge davon ist u. a., daß wir bei den Bestandteilen der Erdrinde, denen ungeheure Zeiträume zur Bildung und Umlagerung zur Verfügung gestanden haben, den ungeordneten Zustand der Moleküle wohl bei den aus dem Schmelzfluß entstandenen Gläsern antreffen, aber schwerlich bei Sedimenten, die sich aus Lösungen abgesetzt haben. Im Laboratoriumsversuch aber werden wir den Zustand der ungeordneten Molekülhaufen um so eher erhalten, je weniger von der leicht beweglichen Lösung vorhanden ist, und je mehr wir uns dem Zustande höchster Häufung nähern, der in einer zähen unterkühlten Schmelze besteht. Er behandelt dann den Einfluß der elektrischen Ladung der Ionen und zeigt, daß sie die Entstehung von geordneten Gittern begünstigt. Der frühzeitige Eintritt solcher gittermäßiger Anordnung aber bedingt, daß das Zusammenwachsen der Haufen außerordentlich gehemmt wird und Sole entstehen. Es wird dadurch auch verständlich, daß die Vorschriften zur Bereitung von Solen aus gelösten Stoffen auf langsame Häufung des ausgeschiedenen Materials herauslaufen. Experimentell werden die Überlegungen zunächst an Tonerdefällung und Tonerdesol und an Eisenhydroxydfällung und Eisenhydroxydsol untersucht. Beide Fällungen, kalt aus nicht zu verdünnter Lösung bewirkt, erwiesen sich bei der Röntgenuntersuchung als amorph, die Sole als krystallin. Sobald man die gefällte Tonerde altern läßt, nimmt sie ebenfalls die krystallmäßig geordnete Struktur an und zeigt dieselben Interferenzen wie das ultrafiltrierte Sol. Der Vorgang der Niederschlagsbildung verläuft demnach nicht über die Zwischenstufe des Sols.

Die Ordnungsgeschwindigkeit wird bei den Molekülen um so größer sein, je stärker unter sonst gleichen Bedingungen der Dipolcharakter ist. Die stärkste Ausbildung des Dipolcharakters zeigen die binären heteropolaren Verbindungen, die Ionengitter bilden. Bei solchen und ähnlichen Verbindungen ist es schwer, amorphe Niederschläge zur Beobachtung zu bringen. Dem entgegengesetzten Grenzfalle nähern wir uns im Falle der Hydroxydsole und Hydroxydniederschläge drei- und vierwertiger Elemente. Das Experiment lieferte im Falle des Zr(OH)$_4$ und Th(OH)$_4$ sowie des AsS$_3$ auch bei Solen amorphes Material. Überlegungen dieser Art werden auch herangezogen, um biologische Erscheinungen, insbesondere das Wachstum in der organisierten Welt dem Verständnis näher zu bringen.

In diesem Zusammenhang sei auf HABERS Deutung der Adsorptionskräfte hingewiesen. Die im Krystallinnern herrschende Symmetrie wird an der Oberfläche gestört, es entstehen dadurch Restvalenzen, welche die Bindung der adsorbierten Moleküle bewirken.

Elektronenabgabe bei chemischen Reaktionen.

Die großen Erfolge, welche das Studium der Ionisationsvorgänge in den Flammen, darunter auch das der Elektronenbildung in der Explosionszone mit sich brachte, trugen sicherlich mit dazu bei, daß HABER und JUST sich dem Studium des Austrittes der negativen Elektronen bei der Reaktion von Metallen mit Gasen zuwandten (1910).

Sie konnten bei der Einwirkung der unedelsten Metalle auf die chemisch wirksamsten Gase freiwillige Aufladung und Abgabe von Elektronen beobachten. Mit sinkender Verwandtschaft der beteiligten Stoffe wird zunächst die freiwillige Aufladung wie die Zahl der abgegebenen Elektronen kleiner. Dann gesellen sich schwerere negative Träger den Elektronen zu. Auf der nächsten Stufe erscheinen nur noch diese geladenen materiellen Teilchen, zu deren Aussendung es kleiner beschleunigender Spannungen bedarf.

Quantentheoretische Überlegungen.

Die Beschäftigung mit den Erscheinungen der Elektronenabgabe bei chemischen Reaktionen führte HABER zu einigen theoretischen Überlegungen über die quantentheoretische Berechnung von Bildungswärmen und im Zusammenhang damit zur Frage nach der atomaren Konstitution der Metalle. Er fand eine interessante Beziehung zwischen den ultraroten und den ultravioletten Frequenzen bei Metallen, zu deren Deutung er die Auffassung der Metalle als aus Elektronen und Ionen aufgebauten Gittern entwickelte. Sowohl diese Anschauung, wie seine Überlegungen über die theoretische Berechnung von Reaktionswärmen wirkten im höchsten Maße anregend für die darauf einsetzende umfangreiche theoretische Durcharbeitung dieses Gebietes, an der er selber regen Anteil genommen hat. Hierher gehören seine Überlegungen über die Berechnung von Wärmetönungen mit der Hilfe des nach ihm und BORN genannten Kreisprozesses sowie seiner Berechnung der Hydratationswärme auf Grund elektrostatischer Überlegungen.

Chemiluminescenz und Berechnung der Dissoziationsarbeit von Molekülen.

Die Fortführung der Arbeiten über die Flammen führte HABER zum Studium der Chemiluminescenzen. Bei einer Flamme ist die innerste Zone der stehenden Explosionen das kälteste Gebiet von nur 1500—1600°. Trotzdem weist sie eine bevorzugte elektrische Leitfähigkeit und Leuchtvermögen auf, so daß der Annahme naheliegt, daß diese Luminescenz chemischen Ursprungs sei. Zur experimentellen Prüfung wurde aus Na-Dampf und Cl$_2$, welche mit Stickstoff verdünnt waren, eine Flamme erzeugt, deren Temperatur unterhalb jener blieb, bei welcher der absolut schwarze Körper ein sichtbares Leuchten aussendet. Bereits bei 350° konnte das Auftreten einer Luminescenz beobachtet werden. Die Ergebnisse dieser Untersuchung werden so gedeutet, daß die Verbindungswärme bei der Entstehung von Molekülen zunächst zur Bildung eines angeregten Moleküls verwendet wird. Solche angeregter Moleküle kehren in den unerregten Zustand zurück, indem sie ihre Energie durch Zusammenstoß anderen Molekülen übergeben. Auf diese Weise werden Na-Atome in einen angeregten Zustand gebracht, aus dem sie unter

Lichtemission in den Normalzustand zurück-
kehren.

Diese Feststellung des Mechanismus der Che-
miluminescenz führte zu einer Methode zur Bestimmung der Dissoziationswärme von Molekülen,
welche die Umkehrung der von FRANCK und seinen
Mitarbeitern ausgearbeiteten Methode ist. Während bei FRANCK die Zerlegung der Moleküle durch
angeregte Atome erfolgt und untersucht wird,
welches Quant noch genügt, um Dissoziation
zu erzeugen, wird hier umgekehrt festgestellt,

welche Atome noch durch die an sie abgegebene
Bildungswärme angeregt werden können.

So gelangte FRITZ HABER, dessen Arbeiten auf
dem Gebiete der physikalischen Chemie in diesem
Aufsatz durchaus nicht vollständig besprochen
werden konnten, ausgehend von der Anwendung
der Elektrochemie auf präparative organische Probleme, über die höchst erfolgreiche Bearbeitung
fast aller Fragen der physikalischen Chemie zu
den fundamentalen Problemen der theoretischen
Physik.

S35. Otto Stern, Erwiderung auf die Bemerkung von D. A. Jackson zu John B. Taylors Arbeit: „Das magnetische Moment des Lithiumatoms", Z. Physik, 54, 158–158 (1929)

Erwiderung auf die Bemerkung* von D. A. Jackson zu John B. Taylors Arbeit: „Das magnetische Moment des Lithiumatoms"**.

Von O. Stern in Hamburg.

H. Schmidt-Böcking, K. Reich, A. Templeton, W. Trageser, V. Vill (Hrsg.), *Otto Sterns Veröffentlichungen – Band 3*, DOI 10.1007/978-3-662-46960-6_8

158

Erwiderung auf die Bemerkung* von D. A. Jackson zu John B. Taylors Arbeit: „Das magnetische Moment des Lithiumatoms"**.

Von O. Stern in Hamburg.

(Eingegangen am 11. Februar 1929.)

Herr D. A. Jackson findet die Aussage von Taylor, daß „ein vorhandenes magnetisches Kernmoment des Lithiumatoms kleiner als ein Drittel eines Bohrschen Magnetons sein müsse", nicht ganz verständlich.

Das rührt daher, daß Jackson annimmt, daß ein magnetisches Moment des Kernes unbedingt von der Größenordnung eines Bohrschen Kernmagnetons, d. h. $1/_{2000}$ eines gewöhnlichen Bohrschen Magnetons sein müßte. Wenn man aber die von Schüler gefundene Feinstruktur des Lithiums durch ein magnetisches Moment des Kernes erklären will, so würde dazu nach Heisenberg ein Kernmagneton bei weitem nicht ausreichen, sondern man müßte dann dem Kern ein Moment von der Größenordnung eines gewöhnlichen Bohrschen Magnetons zuschreiben. Deshalb hat Taylor untersucht, ob ein so großes Moment da ist.

Er hat in der Einleitung seines Artikels kurz auf diesen Sachverhalt und Heisenbergs Arbeit hingewiesen. Ich finde es nicht ganz verständlich, wie ein Mißverständnis bei aufmerksamer Lektüre der Taylorschen Arbeit entstehen konnte.

---

* ZS. f. Phys. **53**, 458, 1929.
** Ebenda **52**, 846, 1928. Da Herr Taylor wieder in Amerika ist, übernehme ich es, das hier vorliegende Mißverständnis aufzuklären.

S36. Friedrich Knauer und Otto Stern, Intensitätsmessungen an Molekularstrahlen von Gasen. Z. Physik, 53, 766–778 (1929)

(Untersuchungen zur Molekularstrahlmethode aus dem Institut für physikalische Chemie an der Hamburgischen Universität. Nr. 10.)

Intensitätsmessungen an Molekularstrahlen von Gasen*.

Von F. Knauer und O. Stern in Hamburg.

© Springer-Verlag Berlin Heidelberg 2016
H. Schmidt-Böcking, K. Reich, A. Templeton, W. Trageser, V. Vill (Hrsg.), *Otto Sterns Veröffentlichungen – Band 3*, DOI 10.1007/978-3-662-46960-6_9

766

(Untersuchungen zur Molekularstrahlmethode aus dem Institut für physikalische Chemie an der Hamburgischen Universität. Nr. 10.)

Intensitätsmessungen an Molekularstrahlen von Gasen*.

Von **F. Knauer** und **O. Stern** in Hamburg.

Mit 4 Abbildungen. (Eingegangen am 24. Dezember 1928.)

Ausarbeitung einer Methode zur Messung der Intensität von Molekularstrahlen aus leichten Gasen. Der Strahl trifft auf die Öffnung eines im übrigen geschlossenen Gefäßes und erzeugt darin einen Druck, dessen Größe mit Hilfe eines Hitzdrahtmanometers gemessen wird. Erreichte Genauigkeit bis zu 1 Prom. Direkte Bestimmung der freien Weglänge von Wasserstoffmolekülen.

Einleitung. Der Nachweis der Molekularstrahlen erfolgte bisher meistens durch Niederschlagen des Strahles auf einer gekühlten Auffangefläche. Diese Methode erlaubt nur eine sehr ungefähre Bestimmung der Intensität, d. h. der Anzahl der pro Sekunde auf das Quadratzentimeter auftreffenden Moleküle. Die Ausarbeitung von Methoden für genauere Intensitätsmessungen ist für die quantitative Behandlung fast aller Probleme und damit für die Weiterentwicklung der Molekularstrahlmethode überhaupt von größter Wichtigkeit. Einige Vorschläge hierfür sind in U. z. M. Nr. 1** gemacht worden. Wir haben speziell eine Methode für leichte Gase ausgearbeitet, weil für diese Gase die de Broglie-Wellenlänge am größten ist und die Methode zunächst auf das Problem der Wellennatur der Materie angewandt werden sollte.

Das Prinzip der Methode besteht darin, daß der Molekularstrahl auf den Spalt eines im übrigen geschlossenen Gefäßes fällt. Dadurch steigt der Druck in dem Gefäß so lange, bis ebensoviel Gas durch den Spalt ausströmt, wie der Molekularstrahl hineinbringt (l. c. S. 759). Die pro Sekunde ausströmende Menge wird umso kleiner, der Enddruck umso größer, je größer der Strömungswiderstand des Spaltes ist. Durch kanalförmige Ausbildung desselben gelang es, den Enddruck zu vervielfachen (etwa zehnmal). Dieser Druck wurde mit einem Hitzdrahtmanometer nach Pirani gemessen, das wir für unsere Zwecke besonders ausgebildet hatten.

---

* Die wesentlichen Ergebnisse dieser Arbeit wurden bereits im September 1927 von dem einen von uns (Stern) auf dem internationalen Physikerkongreß in Como vorgetragen.

** ZS. f. Phys. **39**, 751, 1926.

F. Knauer und O. Stern, Intensitätsmessungen an Molekularstrahlen von Gasen. **767**

   Die Methode ist von Johnson* auf Hg angewendet worden, der den Druck
mit einem Ionisationsmanometer maß. Unabhängig von ihm ist die Methode in
der gleichen Form hier in Hamburg von dem einen von uns (Knauer) aus-
probiert. Sie wurde nicht weiter verfolgt, weil sie für leichte Gase ungeeignet
und im allgemeinen zu unbequem ist.
   Die Ergebnisse von Johnson scheinen uns nicht einwandfrei zu sein.
   Er findet im Auffänger sehr viel kleinere Drucke, als er unter der Annahme
molekularer Strömung am Ofenspalt aus den geometrischen Abmessungen berechnet.
Er schiebt das auf starke Adsorption des Hg an den Wänden des Auffangegefäßes.

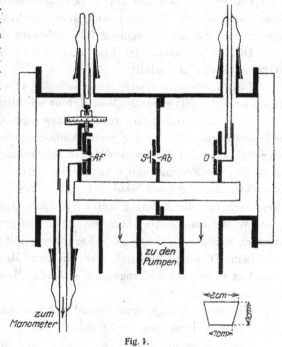

Das stimmt nicht mit den
oben erwähnten, hier ausgeführten orientierenden Versuchen überein, bei denen
unter ähnlichen Verhält-
nissen der Druck zwar ebenfalls zu klein, aber etwa nur
halb so groß wie berechnet,
gefunden wurde, während
Johnson $\sim 1/_{20}$ gefunden
hat. Andererseits hat Johnson so hohe Ofendrucke
verwendet, daß die mittlere
freie Weglänge sehr viel
kleiner als die Breite des
Ofenspalts war, so daß er
sicher keine einwandfreien
Strahlen hatte, wofür auch
die starke Verbreiterung
seiner Striche bei höheren
Drucken spricht. Daher ist
seine Berechnung der im
Auffänger zu erwartenden
Drucke nicht zutreffend und
liefert wahrscheinlich viel
zu hohe Werte.

Fig. 1.

   Die Apparatur.
Der Apparat war im
allgemeinen nach dem Muster der in den früheren Mitteilungen beschriebenen Apparate konstruiert, wobei besonderer Wert auf möglichst
schmale und intensive Strahlen gelegt wurde.
   Einige Abweichungen ergeben sich, weil es sich um Molekularstrahlen aus schwer kondensierbaren Gasen handelte. Der Apparat bestand im wesentlichen aus drei Spalten (siehe schematische Fig. 1), dem
Ofenspalt O, aus dem das Gas ausströmte, dem Abbildespalt Ab, der
den Strahl ausblendete, und dem Auffangespalt Af, durch den der Strahl
in das mit einem Manometer verbundene Auffängergefäß tritt. Die drei

---

   * Phys. Rev. **31**, 103, 1928.

768   F. Knauer und O. Stern,

Spalte saßen auf einer Schiene, ähnlich einer optischen Bank. Das Ganze befand sich in einem durch Glasplatten abgeschlossenen Messigrohr, das durch kräftige Pumpen evakuiert wurde und an dem Durchführungen angebracht waren: 1. für die Zuleitung des Gases zum Ofenspalt; 2. für die Verbindung zwischen Auffängerspalt und Manometer; 3. für einen Schliff, durch den der Auffängerspalt mit Hilfe eines Schraubenziehers verschoben werden konnte, 4. in der Figur nicht gezeichnete Zuführungen zum Mac Leod.

Die Spalte bestanden aus in Schwalbenschwanzführungen verschiebbaren Spaltbacken (Messing), und waren drehbar in Messingstücken eingesetzt, welche auf der Schiene festgeschraubt waren.

Die Spalte waren jeder 1 cm lang und waren meistens auf 0,01 oder 0,02 mm Breite eingestellt.

Das Gas wurde durch ein elastisches Glasröhrchen zugeführt, das in ein am Ofenspalt sitzendes Messingrohr mit Siegellack eingekittet wurde.

Das den Auffangespalt tragende Messingstück besaß eine Schwalbenschwanzführung, in der der ganze Auffangespalt parallel mit sich durch eine Schraube und den obenerwähnten Schraubenzieher verschoben werden konnte. Der Schraubenkopf trug eine Teilung, an der der Betrag der Verschiebung abgelesen werden konnte. Ein Skalenteil entsprach $10\,\mu$ Verschiebung, die demnach auf 1 bis $2\,\mu$ genau bestimmbar war. Auf diese Weise konnte die Intensität an beliebigen Stellen im Strahl und daneben gemessen werden. Die Verbindung mit dem Manometer erfolgte wie beim Ofenspalt dadurch, daß ein zum Manometer führendes Glasröhrchen in ein am Auffangespalt sitzendes Messingröhrchen mit Siegellack eingekittet wurde.

Vor dem Auffängerspalt befand sich ein elektromagnetisch betätigter Schieber S, welcher den Strahl abzusperren gestattete.

Die Schiene aus Nickelstahl, welche die Spalte trug, hatte den aus der Fig. 1 (rechts unten) ersichtlichen Querschnitt. Die obere Fläche war bis auf weniger als $1/_{1000}$ mm eben geschliffen. Die Spalten wurden relativ zu dieser Fläche durch einen auf der Ebene gut aufsitzenden Reiter justiert, der an jeden Spalt herangeschoben werden konnte. Unter dem Mikroskop konnten die Spalte zu der Schneide am Reiter bis auf einige μ genau parallel gestellt werden. Eine Kontrolle der Justierung bot die Ausmessung der Breite und Intensität des Molekularstrahls.

Die Schiene mit den Spalten wurde mit Hilfe des scheibenförmig ausgebildeten Messingstückes, welches den Abbildespalt trägt, an einem vorspringenden Ring des Gehäuses mit Schrauben gehalten. Dadurch wurde gleichzeitig das Gehäuse in zwei Teile unterteilt, den Ofenraum und den Strahlraum, die gesondert durch große Stahlpumpen von Leybold mit aufgesetzten Quecksilberfallen evakuiert wurden.

Manometer. Der wichtigste Teil der Apparatur ist das mit dem Auffänger verbundene Manometer, das den vom Strahl erzeugten Druck mißt. Da dieser Druck sehr klein ist ($\sim 10^{-5}$), muß man die Drucke auf mindestens 10^{-8} mm genau messen können, wenn man die Intensität auf $^1/_{1000}$ genau haben will.

Um Drucke dieser Größe zu messen, würde man zunächst an das absolute Manometer von Knudsen denken, das aber aus verschiedenen Gründen ungeeignet schien (es benötigt großes Volumen, ist ungeeignet zur Kompensation, siehe weiter unten, und zu kompliziert). Das Ionisationsmanometer ist, wie oben erwähnt, für leichte Gase nicht besonders günstig. Bei weitem das einfachste und bequemste Manometer ist das Piranische Hitzdrahtmanometer, dessen Empfindlichkeit aber nach den Angaben der Literatur nicht ganz auszureichen schien. Es ist uns jedoch gelungen, die Empfindlichkeit durch einige Verbesserungen so zu erhöhen, daß die oben genannten Forderungen erfüllt wurden. Die Verbesserungen bestanden im wesentlichen in der Verwendung eines möglichst dünnen, flachgewalzten Drahtes und eines Temperaturbades von flüssiger Luft. Es war dabei ein günstiger Umstand, daß es uns nur auf die Messung schnell eintretender kleiner Druckänderungen ankam. Wir gingen so vor, daß wir durch den Schieber vor dem Auffangespalt den Strahl abwechselnd absperrten und wieder eintreten ließen. Dazu ist erforderlich, daß der Enddruck sich schnell einstellt, was bei gegebenem Spalt hauptsächlich von dem Volumen des Manometers abhängt. Bei unseren Versuchen war der Enddruck im allgemeinen in $^1/_4$ Min. bis auf einige Prozent erreicht.

Im folgenden sollen die Empfindlichkeit, Einstelldauer und Meßanordnung näher besprochen werden.

Die Konstruktion des Manometers ist aus der maßstäblichen Fig. 2 zu ersehen. Der Manometerdraht war Nickelhaardraht von 15 μ Durchmesser von Hartmann und Braun, der auf etwa 50 μ Breite und 4 μ Dicke ausgewalzt war. Das Volumen des Manometers wurde möglichst klein gemacht (etwa 20 ccm), damit der durch den Strahl erzeugte Enddruck möglichst rasch erreicht wurde.

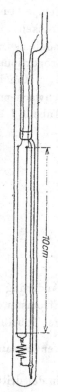

Fig. 2.

770 F. Knauer und O. Stern,

Empfindlichkeit. Die Empfindlichkeit des Manometers ist offenbar um so größer, je mehr die durch das Gas abgeleitete Wärme gegenüber dem Wärmeverlust durch Ableitung an den Enden des Drahtes und durch Strahlung ausmacht. Um die Wärmeableitung an den Enden klein zu halten, muß man den Draht lang machen und ihm kleinen Querschnitt geben. Dadurch, daß man bei gegebenem Querschnitt die Oberfläche möglichst groß macht, d. h. den Draht als Band ausbildet, begünstigt man die Wärmeabgabe durch das Gas, gleichzeitig aber auch die durch Strahlung. Diese letztere kann man, da sie mit der vierten Potenz der Temperatur geht, durch Erniedrigung der Drahttemperatur stark herabdrücken. Schließlich muß man die Temperatur der. Manometerwand möglichst niedrig machen, da die durch das Gas abgeleitete Wärmemenge proportional der Temperaturdifferenz zwischen Draht und Umgebung ist.

Man kann die Empfindlichkeit sehr stark erhöhen, wenn man mit schwachem Strome (niedriger Drahttemperatur) arbeitet. Die folgende Tabelle 1 zeigt (für ein verhältnismäßig unempfindliches Manometer) die

Tabelle 1.

Volt	$\dfrac{\Delta\alpha}{\Delta p}$ cm	$\dfrac{1}{w_0}\dfrac{\Delta w}{\Delta p}$ $^0/_0$
0,2	5,32	23,2
0.4	6,22	18
0,6	6,5	13,7
1,0	4,4	11,1
2,0	3,5	7,2

Änderung von Meßempfindlichkeit und Widerstand als Funktion der Stromstärke, bzw. der an dem Manometerdraht liegenden Spannung. In der Tabelle steht in der ersten Spalte diese Spannung in Volt, in der zweiten der Galvanometerausschlag in Zentimeter pro 10^{-6} mm Druckänderung $\dfrac{\Delta\alpha}{\Delta p}$, in der dritten die relative Widerstandsänderung pro 10^{-3} mm $\dfrac{1}{w_0}\dfrac{dw}{dp}$. Da der Heizstrom gleichzeitig als Meßstrom dient, nimmt die Meßgenauigkeit proportional mit der Stromstärke ab.

Die beste Empfindlichkeit hatten wir etwa bei 0,6 Volt am Manometer. Trotzdem haben wir mit etwa 1 Volt gearbeitet, weil die Trägheit des Manometers (d. h. die Zeit bis zur Einstellung der Endtemperatur) mit abnehmender Stromstärke wächst und bei 1 Volt bereits mehrere Sekunden ist.

Intensitätsmessungen an Molekularstrahlen von Gasen.   771

Eine genauere Theorie des Manometers soll in einer späteren Arbeit veröffentlicht werden.

Einstellung des Enddruckes. Die Größe des Enddruckes ist proportional der Intensität J des Strahles, d. h. der Anzahl der pro Sekunde auf 1 qcm auftreffenden Mole — unabhängig von der Fläche f des Spaltes und von dem Volumen V des Manometers — und proportional $\varkappa$, wobei $\varkappa$ das Verhältnis der Strömungswiderstände des wirklichen und eines „idealen" Spaltes ist, $\varkappa = \dfrac{W_k}{W_{sp}}$. Unter „idealem" Spalt ist dabei ein Loch mit dem Flächeninhalt f in einer dünnen Wand verstanden. Aus Fig. 3 ist der Querschnitt des von uns verwendeten Spaltes zu ersehen:

$l_0 = 2$ mm Dicke der Spaltbacken,

$a_k = 0{,}04$ bzw. $0{,}05$ mm Spaltbreite am hinteren Ende.

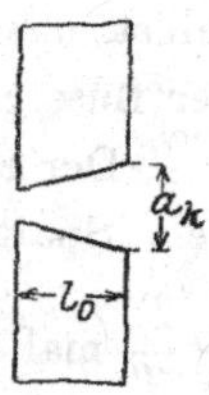

Den Zahlenwert von $\varkappa$ haben wir experimentell bestimmt. Wir haben dazu den Spalt mit einem großen Volumen verbunden und durch den Spalt ausgepumpt. Aus der zeitlichen Abnahme des Druckes ergeben sich Werte für $\varkappa$ von etwa 10 bzw. 7 bei $0{,}01$ mm bzw. $0{,}02$ mm Spaltbreite.

Fig. 3.

Der Druck p im Manometer errechnet sich auf folgende einfache Weise. Ist ν die Zahl Mole im Volumen V des Manometers, so ist

$$p = \nu \, \frac{RT}{V},$$

also die Änderung des Druckes pro Sekunde

$$\frac{dp}{dt} = \frac{RT}{V} \cdot \frac{d\nu}{dt}.$$

Nun ist $\dfrac{d\nu}{dt}$ gleich der pro Sekunde einströmenden Anzahl Mole, $J.f$ weniger der pro Sekunde ausströmenden Anzahl Mole

$$\frac{p \cdot f}{\varkappa \sqrt{2\pi M R T}}.$$

$M =$ Molekulargewicht, $R =$ universelle Gaskonstante, $T =$ absolute Temperatur.

Also ist

$$\frac{dp}{dt} = \frac{RT}{V} f \left(J - \frac{p}{\varkappa \cdot \sqrt{2\pi M R T}} \right)$$

Der Enddruck p_∞ ist bestimmt durch

$$\frac{dp}{dt} = 0,$$

d. h.

$$p_\infty = J \varkappa \cdot \sqrt{2\pi M R T}.$$

Der Druck als Funktion der Zeit ergibt sich zu

$$p = p_\infty \, (1 - e^{-bt}),$$

wobei

$$b = \frac{f}{\varkappa \, V} \sqrt{\frac{RT}{2\,\pi\,M}}$$

ist. Hierbei ist für alle Teile des Auffängers die gleiche Temperatur T vorausgesetzt.

In Wirklichkeit hatte bei unseren Versuchen der Spalt und die Leitung zum Manometer Zimmertemperatur, während das Manometer selbst, das zahlenmäßig den größten Anteil an V hatte, die Temperatur T' der flüssigen Luft hatte.

Der eben berechnete Druck ist der Druck, der sich unmittelbar hinter dem Spalt einstellt, der Druck im Manometer ist nach Knudsen nur $\sqrt{\dfrac{T'}{T}}$ mal so groß, die Gasdichte im Manometer wird aber $\sqrt{\dfrac{T}{T'}}$ mal so groß. Bei der Berechnung von p als Funktion der Zeit ist also der Teil von V, der auf das Manometer entfällt, mit $\sqrt{\dfrac{T}{T'}}$ zu multiplizieren.

Zahlenbeispiel. Um die Größenordnung der erreichbaren Drucke und Einstellzeiten abzuschätzen, sei folgendes Zahlenbeispiel durchgerechnet. Die Intensität J in der Entfernung r vom Ofenspalt findet man nach der ersten Arbeit (U. z. M. Nr. 1, l. c.) folgendermaßen. Es ist die pro Sekunde zum Ofenspalt mit der Fläche f_0 ausströmende Menge in Molen $\dfrac{f_0 p_0}{\sqrt{2\,\pi\,MRT}}$, wobei p_0 der Druck am Ofenspalt ist. Die Intensität J in der Entfernung r ist also

$$J = \frac{f_0}{\pi \, r^2} \frac{p_0}{\sqrt{2\,\pi\,MRT}}.$$

Andererseits ist

$$p_\infty = J\,\varkappa \sqrt{2\,\pi\,MRT},$$

also

$$p_\infty = p_0 \, \frac{f_0}{\pi \, r^2} \, \varkappa.$$

Bei unseren Versuchen war z. B.

$$r = 8\,\mathrm{cm},$$
$$f_0 = 1 \cdot 10^{-3}\,\mathrm{qcm},$$
$$p_0 = 0{,}5\,\mathrm{mm\;Hg},$$
$$\varkappa = 10,$$

Intensitätsmessungen an Molekularstrahlen von Gasen. 773

damit wird

$$p_\infty = 0.5\,\frac{10^{-3}}{200}\,10 = 2.5 \cdot 10^{-5}\,\text{mm Hg.}$$

Die Zeit, nach welcher der Enddruck bis auf 1% erreicht wird, ergibt sich, wenn man in der Formel

$$p = p_\infty\,(1 - e^{-bt})\ \text{den Exponenten}\ bt = 5$$

setzt.

Dann ist $t = 5/b$, wobei

$$b = \frac{f}{\varkappa V}\sqrt{\frac{RT}{2\pi M}}$$

ist. Nun ist in unserem Falle $V = 35\,\text{ccm}$ unter Berücksichtigung des Knudsenfaktors $\sqrt{\dfrac{T}{T'}}$

$$f = 1 \cdot 10^{-3},$$
$$M = 2\ \text{(Wasserstoff)},$$
$$T = 300,$$
$$\varkappa = 10.$$

Also

$$t = \frac{5}{b} = 39\,\text{Sek.}$$

Bis auf 13% wird der Enddruck nach 15 Sek. erreicht.

Diese Einstellzeiten stimmen mit den beobachteten bis auf einige Sekunden überein, d. h. bis auf eine Unsicherheit von derselben Größenordnung wie die bei der Bestimmung von $\varkappa$. Das zeigt zugleich, daß keine merkliche Adsorption von Gasen im Auffänger stattgefunden hat.

Schaltung und Kompensation. Die Widerstandsänderungen wurden in einer Wheatstoneschen Brücke gemessen, deren Zweige aus einem festen und einem veränderlichen Stöpselwiderstand, dem Meßmanometer und einem Kompensationsmanometer bestanden. Das Kompensationsmanometer war möglichst gleich dem Meßmanometer gemacht und stand in Verbindung mit dem Strahlraum. Es erfüllte folgende Zwecke:

1. Kompensation der Temperaturschwankungen des Wärmebades (Dewargefäß mit flüssiger Luft), in dem es sich direkt neben dem Meßmanometer befand.

2. Erhöhung der Empfindlichkeit nach Hale*.

---

* Dushman, Hochvakuumtechnik, Springer. C. F. Hale, Trans. Am. Elektrochem. Soc. 20, 243, 1911.

3. Kompensation der Druckschwankungen im Strahlraum. Da der Druck im Strahlraum etwa 10^{-5} mm betrug, und — wahrscheinlich infolge ungleichmäßiger Wirksamkeit der Pumpen — um mehrere Prozente schwankte, wäre ohne Kompensation dieser Schwankungen eine genaue Messung des durch den Strahl erzeugten Druckes nicht möglich gewesen. Dadurch, daß das Kompensationsmanometer diese Druckschwankungen mitmachte, wurde tatsächlich nur der vom Strahl erzeugte Zusatzdruck gemessen. Dabei mußte noch folgender Umstand berücksichtigt werden. Der Auffängerspalt hatte einen ziemlich hohen Strömungswiderstand und infolgedessen dauerte es einige Sekunden, bis die Druckschwankung im Strahlraum sich bis in das Meßmanometer fortgepflanzt hatten. Wir haben deshalb in die Leitung vom Strahlraum zum Kompensationsmanometer einen regulierbaren Strömungswiderstand (Hahn mit Rille) eingeschaltet und durch Probieren genau gleich dem Strömungswiderstand des Auffängerspaltes gemacht. Voraussetzung für die Möglichkeit dieser Kompensation ist genau gleiche Empfindlichkeit der Manometer; das traf bei den meisten von uns benutzten Manometern zu. Andernfalls wurde das empfindlichere Manometer durch Vorschalten von Widerstand unempfindlicher gemacht. Trotzdem blieben noch kleine Schwankungen des Galvanometerzeigers übrig, die Druckschwankungen von einigen 10^{-8} mm Hg entsprachen. Ihre Ursache können wir nicht angeben, sie verschwanden, wenn der Apparat vollständig evakuiert war.

Die Widerstandsänderung des Meßmanometers wurde nicht durch Änderung des variablen Widerstandes gemessen, sondern der Ausschlag des Lichtzeigers des Galvanometers direkt abgelesen. Wir gingen dabei so vor, daß wir immer eine Reihe von Beobachtungen hintereinander machten, indem wir alle viertel bzw. halbe Minute abwechselnd den Schieber vor dem Auffangespalt auf- und zumachten, und jedesmal die zugehörige Stellung des Galvanometerzeigers ablasen. Auf diese Weise wurde 1. die oft vorhandene langsame Wanderung des Lichtzeigers eliminiert, und 2. über die oben erwähnten kleinen Schwankungen gemittelt. Bei der Messung der Intensität des direkten Strahles lagen die Schwankungen der Einzelbeobachtungen meist innerhalb der Ablesegenauigkeit von einigen Promille (z. B. 1 mm auf 30 cm). Der Mittelwert war meist mit einer Genauigkeit von 1 Prom. reproduzierbar. Ein Vorteil dieser Methode ist es, daß es leicht ist, Intensitäten von verschiedener Größenordnung zu vergleichen, indem man die Empfindlichkeit des Galvanometers durch Zuschalten von Widerstand ändert.

Der Galvanometerausschlag betrug bei voller Empfindlichkeit etwa 1 mm für 10^{-8} mm Hg Druckänderung. Der direkte Strahl erzeugte (vgl. das oben gegebene Beispiel) im allgemeinen eine Druckänderung von einigen 10^{-5} mm, was einem Ausschlag von einigen Metern entsprochen hätte. Er wurde z. B. mit auf 0,1 verminderter Empfindlichkeit gemessen. Bei voller Empfindlichkeit konnten noch Intensitäten von weniger als $^1/_{1000}$ des direkten Strahles gemessen werden, wenn auch mit entsprechend geringerer Genauigkeit (Mittelwerte auf weniger als 1 mm Ausschlag, d. h. 10^{-8} mm Hg genau).

Eichung des Manometers. Die Eichung des Manometers erfolgte so, daß bei Drucken von einigen 10^{-5} mm die Galvanometerausschläge mit den Angaben eines Mac Leod-Manometers verglichen wurden, wobei innerhalb der nicht sehr großen Meßgenauigkeit Proportionalität zwischen Druck und Ausschlag festgestellt wurde. Die Benutzung der so bestimmten Empfindlichkeit des Manometers für Druckänderungen bis zu 10^{-8} mm herunter bedeutet natürlich eine Extrapolation. Wir haben deshalb die Proportionalität zwischen Intensität des Strahles und Ausschlag noch auf folgendem Wege geprüft. Wir arbeiteten mit breitem Ofen- und Abbildespalt, so daß uns die Intensitätsverteilung im Halbschatten bekannt war (linearer Abfall), und maßen sie dann mit engem Auffängerspalt aus, wobei sich vollständige Übereinstimmung ergab. Auch theoretisch ist bei diesen kleinen Drucken die Proportionalität von Druckänderung und Galvanometerausschlag mit Sicherheit zu erwarten.

Die Bestimmung des Absolutwertes der Intensität des Strahles und ihr Vergleich mit der theoretisch berechneten Intensität konnte nur ziemlich ungenau ausgeführt werden, und zwar aus folgenden Gründen:

Zunächst ist die Messung des Absolutwertes des durch den Strahl erzeugten Druckes mit Unsicherheit von etwa 10% behaftet, weil die Eichung mit dem Mac Leod bei diesen Drucken keine größere Genauigkeit ergibt.

Außerdem muß man, um die Intensität des Strahles theoretisch zu errechnen:

1. Die zum Ofenspalt pro Sekunde ausströmende Gasmenge messen. Dies geschah durch Messung der Druckabnahme in dem großen Vorratsgefäß, aus dem das Gas ausströmte. Die Messung dieser Menge war auf einige Prozent genau.

2. Muß man den $\varkappa$-Faktor des Auffängerspaltes kennen, der, wie S. 771 erwähnt, ebenfalls nur mit etwa 10% Genauigkeit gemessen war.

3. Wird der Strahl auf seinem Wege durch Ofen- und Strahlraum um einen Betrag geschwächt, der von dem Druck und der mittleren freien Weglänge der Moleküle abhängt. Die Drucke wurden mit dem Mac Leod gemessen und die mittlere freie Weglänge nach der weiter unten angegebenen Methode bestimmt, so daß wir den Betrag der Schwächung berechnen konnten. Doch konnte auch hier ein Fehler von etwa 10% vorkommen.

Innerhalb dieser Genauigkeitsgrenzen ($\sim$ 30%) stimmt der gemessene Wert mit dem berechneten überein. Es ist sicher, daß diese Messung des Absolutwertes der Intensität leicht mit bedeutend größerer Genauigkeit ausgeführt werden könnte.

Die Bestimmung der mittleren freien Weglänge erfolgte dadurch, daß die Intensität des Strahles als Funktion des Druckes am Ofenspalt, oder besser als Funktion des Druckes im Ofenraum gemessen wurde. Letzterer Druck ist nämlich — konstante Pumpgeschwindigkeit vorausgesetzt — proportional der zum Ofenspalt ausströmenden Gasmenge, während der Druck am Ofenspalt wegen des Strömungswiderstandes des Ofenspalts selbst schwer direkt meßbar ist. Falls also keine Schwächung des Strahles durch Zusammenstöße stattfände, müßte die Intensität direkt proportional dem Druck im Ofenraum sein. Das ist bei kleinen Drucken der Fall, während bei höheren Drucken die Intensität langsamer zunimmt, ein Maximum durchläuft und bei hohen Drucken mit wachsendem Ofendruck abnimmt. Dieses Verhalten ist bei Schwächung des Strahles durch Zusammenstöße zu erwarten, wie folgende elementare Rechnung zeigt.

Durchläuft der Strahl im Ofenraum, in dem der Druck p und die mittlere freie Weglänge λ sei, die Strecke l zwischen Ofen- und Abbildespalt, so sinkt seine Intensität nach der Formel

$$J = J_0 \cdot e^{-l/\lambda},$$

wobei J_0 die Intensität bedeutet, die der Strahl ohne Schwächung haben würde. Nun ist einerseits J_0 proportional p, d. h. $J_0 = c \cdot p$, andererseits λ umgekehrt proportional p, d. h. $\lambda = \dfrac{\lambda_0}{p}$. Also ist die Intensität des Strahles als Funktion des Ofendruckes

$$J = c \cdot p \cdot e^{-\frac{l}{\lambda_0} p},$$

hat also tatsächlich den oben angegebenen Verlauf. Dabei ist vorausgesetzt, daß der Strahl im Strahlraum nicht mehr geschwächt wird. Das Maximum von J liegt bei dem Werte von p, bei dem $\dfrac{l}{\lambda_0} p = 1$, also die

freie Weglänge $\lambda = \dfrac{\lambda_0}{p} = l$ ist. Bei der Messung der Strahlintensität
ist noch zu berücksichtigen, daß infolge des Druckes im Ofenraum auch
der Abbildespalt als Ofenspalt wirkt. Die Intensität der von ihm ausgehenden Strahlung wurde außerhalb des Strahles gemessen und von der
an der Stelle des Strahles gemessenen Strahlung in Abzug gebracht. In
Fig. 4 bedeuten die Kreise die bei Wasserstoff gemessenen Gesamtinten-
sitäten, die Punkte die auf diese Weise korrigierten Intensitäten, die
Kreuze die nach der eben abgeleiteten Formel berechneten, wobei λ_0
$= 4 . 10^{-3}$ cm bei 1 mm Hg gesetzt war, während l 4 cm betrug. Der
Druck maximaler Intensität, bei dem also die mittlere freie Weglänge
4 cm ist, beträgt etwa
1 . 10^{-3} mm Hg. Mit
diesem Werte für λ_0
wurde noch eine Korrek-
tur wegen des Druckes
im Strahlraum berechnet,
die aber nur bei den
höchsten Drucken in Be-
tracht kam. Die von
uns gefundene mittlere
freie Weglänge ist nur
das 0,44fache * des gas-
theoretisch aus der inne-
ren Reibung berechneten
Wertes **.

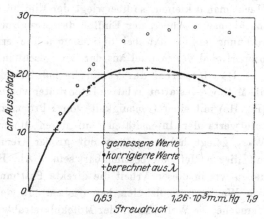

Fig. 4.

Intensität und Vorspalt. Aus dem Obigen geht hervor, daß der
Druck p im Ofenraum und damit, bei gegebener Entfernung l von Ofen-
und Abbildespalt, die erreichbare Intensität des Strahles der Auspump-
geschwindigkeit des Ofenraums proportional sein sollte. Es sollte also
möglich sein, die Intensität durch Verkürzen der Strecke l wesentlich zu
steigern, indem man etwa einen Vorspalt in der kleinen Entfernung a vom
Ofenspalt einbaut und den Ofenraum auf diese Weise noch einmal unterteilt. Pumpt man die beiden Räume gesondert aus, so wird der Druck
in dem Raume, der den Ofenspalt enthält, ungeändert gleich p bleiben,
in dem anderen Teile dagegen bedeutend niedriger sein. Man sollte dann

---

* U. z. M. Nr. 2. ZS. f. Phys. **39**, 773, 1926.
** Siehe Landolt-Börnstein **1**, 129, 1923.

778 F. Knauer und O. Stern, Intensitätsmessungen an Molekularstrahlen von Gasen.

die ausströmende Menge und damit die Intensität auf das l/afache steigern können, da erst dann der Druck im Ofenraum so hoch wird, daß die mittlere freie Weglänge gleich a wird. Wir haben deshalb einen dach-förmig ausgebildeten Vorspalt in der Entfernung $a = 4$ mm vom Ofen-spalt eingebaut. Das ergab eine Intensitätserhöhung, aber nicht auf das 10fache ($l/a = 10$), sondern nur auf das 3- bis 4fache. Mit $a = 2$ mm ergab sich sogar eine Intensitätsverminderung gegenüber $a = 4$ mm. Offenbar rührt diese Schwächung von den am Vorspalt reflektierten Molekülen her, die besonders wirksam stören, weil ihre Bewegungs-richtung derjenigen der Strahlmoleküle entgegengesetzt ist. Es wird also bei gegebener Pumpgeschwindigkeit eine optimale Entfernung a geben Macht man a kleiner, so überwiegt der Einfluß der reflektierten Moleküle, macht man a größer, der Einfluß des Streudruckes p. Eine Überschlags-rechnung ergab, daß bei optimalem a die erreichbare Intensität etwa proportional der Wurzel aus der Sauggeschwindigkeit ist.

Das Resultat der Versuche läßt sich dahin zusammenfassen, daß die Methode gestattet, relative Intensitäten von Strahlen aus leichten Gasen (H_2, He) mit einer Genauigkeit von 1 Prom. zu messen. Auch die Ab-solutwerte der Intensitäten, auf deren Messung wir zunächst keinen Wert gelegt haben, sollten mit großer Genauigkeit (mindestens 1 %) mit dieser Methode bestimmbar sein. Als Beispiel einer Anwendung haben wir in dieser Arbeit die direkte Bestimmung der freien Weglänge von Wasserstoffmolekülen beschrieben. In der folgenden Arbeit sollen Versuche, die Wellennatur der Molekularstrahlen nachzuweisen, mitgeteilt werden. Wir glauben, daß sich die Methode auch für eine Reihe anderer Probleme als nützlich erweisen wird.

S37. Otto Stern, Beugung von Molekularstrahlen am Gitter einer Kristallspaltfläche. Naturwissenschaften, 17, 391–391 (1929)

Heft 21.
24. 5. 1929
Zuschriften. 391

Beugung von Molekularstrahlen am Gitter einer Krystallspaltfläche.

Hamburg, den 20. April 1929.   OTTO STERN.

Heft 21. ⎤
24. 5. 1929⎦
                                    Zuschriften.   391

gegen Lage 1 gedreht. Bei gleichem Einfallswinkel war
die Intensität des gespiegelten Strahls für beide Lagen
verschieden.

In Fortsetzung dieser Versuche habe ich die Apparatur so umgebaut, daß die Spaltfläche während des Versuches beliebig in ihrer Ebene (also bei konstantem
Einfallswinkel) gedreht werden konnte. Es ergab sich,
daß die Reflexion in den beiden früher untersuchten
Lagen am stärksten war. Bei einem Glanzwinkel von
10° war das Maximum bei Lage 1 ziemlich flach, dagegen bei Lage 2 sehr scharf, d. h. eine Drehung um
7°−8° genügte, um die Intensität der Reflexion auf
die Hälfte herabzudrücken. Dieses Verhalten legte die
Deutung nahe, daß bei Lage 2 Beugungsmaxima mit
in den Auffangespalt trafen, die in der Strahlebene, d. h.
in Richtung der langen Kante des Strahlquerschnittes
lagen. Aus den Apparatdimensionen ergab sich, daß
Strahlen in dieser Richtung bis zu etwa 12° Winkel-
abstand vom gespiegelten Strahl noch in den Auffangespalt gelangen konnten. Die Rechnung ergab, daß die
dem gespiegelten Strahl nächstgelegenen Beugungsmaxima tatsächlich innerhalb dieses Bereiches zu erwarten sind und nahezu in der Strahlebene liegen. Sie
rühren von dem quadratischen Kreuzgitter her, das die
Na˙ (und ebenso die Cl′) auf der Spaltebene bilden.
Bei Lage 2 liegt die eine Hauptachse dieses Gitters in
der Einfallsebene, und 2 Maxima der Ordnung 01 sind
etwa $8^1/_2$° vom gespiegelten Strahl entfernt und liegen
nur etwa 1° außerhalb der Strahlebene. Bei einer Verdrehung des Krystalls rücken sie sehr rasch aus dieser
Ebene heraus und verschwinden. Bei Lage 1 liegen die
zu erwartenden Maxima sehr viel weiter vom gespiegelten Strahl ab und können nicht in den Aufnahmespalt
gelangen. Zur weiteren Prüfung dieser Annahme, die
auch die anderen von uns früher beobachteten merkwürdigen Erscheinungen größtenteils zu deuten erlaubt,
wurde der Versuch bei einem Glanzwinkel von 20°
wiederholt. In Übereinstimmung mit der Rechnung
wurde das Maximum in der Intensität der Spiegelung
bei Lage 2 viel flacher.

Um die vermuteten Maxima direkt zu beobachten,
wurde jetzt der Strahl hochkant auf den Krystall geschickt, d. h. die schmale Seite des Strahlquerschnittes
parallel zur Spaltfläche. Die Breite des Strahls in
Richtung der erwarteten Beugungsmaxima betrug 2
bis 3°. Krystall Lage 2, Glanzwinkel etwa 12°. Jetzt
wurden zu beiden Seiten des reflektierten Strahls 2
symmetrische Intensitätsmaxima gefunden, im Abstand 8−9° vom gespiegelten Strahl. Die Maxima verschwanden bei Drehung der Krystallspaltfläche in
ihrer Ebene. Bei Lage 1 waren, in Übereinstimmung
mit der Rechnung, keinerlei Intensitätsmaxima bis zu
20° Abstand vom direkt reflektierten Strahl zu finden,
doch hatte dieser selbst etwa die doppelte Intensität
wie bei Lage 1. Strahlen von höherer bzw. tieferer
Temperatur, d. h. kleinerer bzw. größerer Wellenlänge
gaben Verschiebungen der Intensitätsmaxima nach dem
reflektierten Strahl hin bzw. von ihm weg. Doch wurde
der Betrag der Verschiebung, namentlich bei den höheren Temperaturen, zu klein gefunden, was möglicher-
weise an Mängeln der Versuchsanordnung liegt. Bei H_2
wurden ebenfalls schwächere aber noch deutlich beobachtete Intensitätsmaxima gefunden, die bei
Drehung des Krystalls in Lage 1 verschwanden.

Hamburg, den 20. April 1929.   OTTO STERN.

Beugung von Molekularstrahlen am Gitter einer Krystallspaltfläche.

Nach DE BROGLIE sollte ein Strahl von Molekülen
Welleneigenschaften zeigen, wobei die zugehörige
Wellenlänge $\lambda = \dfrac{h}{mv}$ ist (h PLANCKsche Konstante,
m Masse, v Geschwindigkeit der Moleküle). Für He von
Zimmertemperatur ist z. B. die „wahrscheinlichste"
Wellenlänge $0{,}57 \cdot 10^{-8}$ cm. Trifft ein Strahl von Molekülen auf die Spaltfläche eines Steinsalzkrystalls, so
sollte diese wie ein ebenes Kreuzgitter wirken, und die
Intensitätsverteilung der von der Spaltfläche ausgehenden Moleküle sollte die eines Kreuzgitterspektrums sein.
Herr KNAUER und ich haben kürzlich[1] über Versuche berichtet, bei denen die Reflexion von Molekularstrahlen aus Helium an Spaltflächen von NaCl-Krystal-
len untersucht wurde. Wir fanden dabei Erscheinungen,
die deutlich auf Beugungseffekte hinwiesen, die wir
jedoch im einzelnen nicht zu deuten wußten.

Der untersuchte Strahl hatte den Querschnitt eines
schmalen Rechteckes, dessen eine Kante etwa 10mal
so lang wie die andere war. Er fiel so auf die Spaltfläche
auf, daß diese der langen Kante parallel war. Die
Reflexion hing dann noch stark von der Krystall-
orientierung ab. Wir untersuchten zwei Lagen:
1. Würfelkante des Krystalls parallel zur Einfallsebene des Strahls, 2. Spaltfläche in ihrer Ebene um 45°

[1] Z. Physik 53, 779 (1929).

S38. Friedrich Knauer und Otto Stern, Bemerkung zu der Arbeit von H. Mayer „Über die Gültigkeit des Kosinusgesetzes der Molekularstrahlen." Z. Physik, 60, 414–416 (1930)

Bemerkung zu der Arbeit von H. Mayer:
„Über die Gültigkeitsgrenzen des Kosinusgesetzes der Molekularstrahlen"*.

Von F. Knauer und O. Stern in Hamburg.

© Springer-Verlag Berlin Heidelberg 2016
H. Schmidt-Böcking, K. Reich, A. Templeton, W. Trageser, V. Vill (Hrsg.), *Otto Sterns Veröffentlichungen – Band 3*, DOI 10.1007/978-3-662-46960-6_11

414

Bemerkung zu der Arbeit von H. Mayer: „Über die Gültigkeitsgrenzen des Kosinusgesetzes der Molekularstrahlen"*.

Von **F. Knauer** und **O. Stern** in Hamburg.

Mit 1 Abbildung. (Eingegangen am 14. Dezember 1929.)

Wir haben in einer früheren Arbeit** untersucht, wie die Intensität eines Molekularstrahles von dem Drucke im Ofenraum abhängt. Wir fanden, daß bei kleinen Drucken die Intensität, wie zu erwarten, proportional mit dem Ofendruck wächst, bei höheren Drucken dagegen schwächer. Der Ofendruck, bei dem diese Abweichung beginnt, ist ungefähr dadurch bestimmt, daß bei diesem Drucke die mittlere freie Weglänge der Moleküle kleiner als die Breite des Ofenspaltes wird. Wir haben dieses Verhalten so gedeutet, daß sich bei höheren Drucken eine „Wolke" vor dem Ofenspalt ausbildet, d. h. daß dann auch außerhalb des Ofens in der Nähe des Ofenspaltes noch Zusammenstöße zwischen den Molekülen erfolgen.

Herr Johnson*** hat unsere Arbeit angegriffen und behauptet, daß selbst bei Ofendrucken, bei denen die freie Weglänge der hundertste Teil der Ofenspaltbreite ist, noch strenge Proportionalität zwischen Ofendruck und Intensität des Molekularstrahles besteht. Wir haben in einer späteren Arbeit**** ausgeführt, weshalb wir die Johnsonschen Resultate nicht anerkennen können.

Herr Mayer glaubt in der obigen, im Tübinger Institut ausgeführten Arbeit nachgewiesen zu haben, daß unsere Resultate falsch sind. Wir müssen dieser Ansicht strikte widersprechen, und zwar aus folgenden Gründen:

1. Die Methode von Herrn Mayer ist ungeeignet, um die Existenz der Wolke nachzuweisen. Herr Mayer mißt mit seiner Methode nur die „Gesamthelligkeit" der vom Ofenspalt ausgehenden Strahlung. Für die Intensität des Molekularstrahles dagegen ist die Flächenhelligkeit maßgebend, wenigstens sobald man den Ofenspalt durch den Abbildespalt wirklich abbilden will. Aus der Fig. 1 geht hervor, daß zu einem Punkte der Auffangefläche Strahlen nur von dem Teil der Wolke gelangen,

---

* ZS. f. Phys. **58**, 373, 1929.
** Ebenda **39**, 764, 1926.
*** Phys. Rev. **31**, 103, 1928.
**** ZS. f. Phys. **53**, 766, 1929.

F. Knauer und O. Stern, Bemerkung zu der Arbeit von H. Mayer usw.   415

der von diesem Punkte aus durch den Abbildespalt gesehen wird. Da Herr Mayer ohne Abbildespalt arbeitet, mißt er stets die gesamte von der Wolke ausgehende Strahlung. Die mittlere Gesamthelligkeit wird — ganz unabhängig davon, ob eine Wolke vorhanden ist oder nicht — stets der gesamten aus dem Ofenspalt ausströmenden Menge proportional sein. Herr Mayer könnte nach seiner Methode durchaus das Kosinusgesetz bestätigt finden, auch dann, wenn eine sehr starke Wolke vorhanden wäre. Ob Abweichungen vom Kosinusgesetz auftreten oder nicht, hängt völlig von der bisher noch unbekannten Form der Wolke ab. Herr Mayer gibt an, daß wir die Wolke als halbkugelförmig annehmen. Davon ist in der zitierten Arbeit nicht die Rede; es ist natürlich auch völlig unmöglich. Da unser Spalt etwa 400 mal so lang wie breit war, könnte die Wolke bestenfalls die Form eines Halbzylinders haben.

2. Wir kommen damit zum zweiten Einwand gegen die Mayerschen Resultate. Herr Mayer hat mit verschiedenen Spalten gearbeitet.

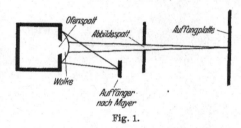

Fig. 1.

Doch war bei ihm der Spalt maximal 6 mal so lang wie breit. Es ist klar, daß seine Spaltdimensionen für die Ausbildung einer Wolke wesentlich ungünstiger waren als unsere. Denn für einen unendlich langen Spalt — praktisch unser Fall — wird die Dichte der Moleküle vor dem Spalt größenordnungsmäßig ungefähr wie $1/r$ abnehmen ($r =$ Entfernung vom Ofenspalt), bei einem kurzen Ofenspalt — wie bei Herrn Mayer — dagegen größenordnungsmäßig ungefähr wie $1/r^2$.

Schließlich möchten wir noch darauf hinweisen, daß bei dem höchsten von Herrn Mayer verwendeten Ofendruck die mittlere freie Weglänge erst ein Viertel der Spaltbreite war, so daß zumal bei dem kurzen, von Herrn Mayer verwendeten Ofenspalt auch nach unseren Resultaten keine merkliche Wolke zu erwarten wäre.

Zusammenfassend ist also gegen Herrn Mayer zu sagen:

1. Daß bei seinen Versuchen gar keine merkliche Wolke auftreten konnte, 2. daß, falls eine solche aufgetreten wäre, er sie mit seiner

416　F. Knauer und O. Stern, Bemerkung zu der Arbeit von H. Mayer usw.

Methode nur sehr schwer, unter Umständen gar nicht hätte finden können *.

　　Zum Schluß möchten wir betonen, daß wir nicht den Anschein erwecken möchten, als ob wir unsere damaligen Resultate — namentlich in quantitativer Beziehung — für endgültig hielten. Es handelte sich, wie schon damals betont, durchaus nur um erste, orientierende Versuche. Wir bedauern sehr, daß wir infolge dringender anderer Arbeiten und der beschränkten Arbeitsmöglichkeiten im hiesigen Institut nicht imstande waren, diese Versuche fortzuführen. Wir glauben aber, daß nicht nur unsere damaligen Experimente, sondern auch elementare molekulartheoretische Überlegungen für das Vorhandensein einer Wolke sprechen.

　　Hamburg, Institut für physikalische Chemie der Universität.

---

　　* Dieser Sachverhalt wurde Herrn Gerlach bereits vor über einem Jahre mündlich mitgeteilt.

S39. Otto Stern, Beugungserscheinungen an Molekularstrahlen. Physik. Z., 31, 953–955 (1930)

Physik.Zeitschr.XXXI,1930.   Stern, Beugungserscheinungen an Molekularstrahlen.   953

O. Stern (Hamburg), Beugungserscheinungen an Molekularstrahlen. (Auszug.)

© Springer-Verlag Berlin Heidelberg 2016
H. Schmidt-Böcking, K. Reich, A. Templeton, W. Trageser, V. Vill (Hrsg.), *Otto Sterns Veröffentlichungen – Band 3*, DOI 10.1007/978-3-662-46960-6_12

Physik.Zeitschr.XXXI,1930.　Stern, Beugungserscheinungen an Molekularstrahlen.　953

Die Kurve, Fig. 9, zeigt, wie für einem monochromatischen KS im Energiebereich von 19—46 KV die Zahl der auf den cm-Weg bei 1 mm Druck erzeugten Ionen der Geschwindigkeit proportional ist (9), so wie die Energieverluste in einer hinreichend dünnen festen Folie der Geschwindigkeit proportional sind.

Die Art der Geschwindigkeitsverluste bedingt die Form des Reichweitegesetzes. Man überlegt sich leicht, daß Strahlen, deren Geschwindigkeitsverluste pro Wegeinheit mit abnehmender Geschwindigkeit auch abnehmen, einem Reichweitegesetz $R = a v^x$ gehorchen müssen, wo der Exponent x kleiner als 2 ist. Fig. 10 zeigt die

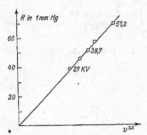

Fig. 10. Reichweite R in cm von H-KS in Luft als Funktion von $v^{1,5}$ dargestellt.

Reichweiten, die aus Ionisationsmessungen (9) geschlossen wurden. Sie erweisen sich als proportional mit $v^{1,5}$. Wir wollen hier nur Wert darauf legen, daß der Exponent kleiner als 2 ist und sehen auch hierin eine strenge Konsequenz der Tatsache, daß wir bei den Kanalstrahlen uns auf dem absteigenden Ast der Braggschen Kurve befinden.

Dieses Referat sollte zeigen, daß die Kanalstrahlen bezüglich ihrer Wechselwirkung mit Materie nicht, wie man oft behauptet hat, die Züge großer Kompliziertheit und Unübersichtlichkeit der Erscheinungen tragen. Die Gesetze des Kanalstrahlenstoßes sind einfach, in ihren Grundlagen so klar und durchsichtig wie die der anderen verwandten Strahlengattungen auch.

Literaturverzeichnis.

1) E. Wagner, Ann. d. Phys. 41, 214, 1913.
2) Chr. Gerthsen, Ann. d. Phys. 85, 881, 1928.
3) Chr. Gerthsen, Ann. d. Phys. 86, 1025, 1928.
4) H. Baerwald, Ann. d. Phys. 42, 1287, 1913.
5) A. Eckardt, Ann. d. Phys. 5, 401, 1930.
6) C. Ramsauer, Jahrb. d. Radioakt. 9, 515, 1912.
7) J. J. Thomson, Phil. Mag. 23, 449, 1912.
8) H. Baerwald, Ann. d. Phys. 41, 643, 1913.
9) Chr. Gerthsen, Ann. d. Phys. 5, 657, 1930.

O. Stern (Hamburg), Beugungserscheinungen an Molekularstrahlen. (Auszug.)

1. Youngsche Beugung. Beugungserscheinungen an Molekularstrahlen hätten experimentell gefunden werden müssen, da jede Anordnung zur Herstellung eines schmalen Molekularstrahls eine Youngsche Beugungsanordnung darstellt. Die Gründe, weshalb erst nach der Aufstellung der de Broglieschen Theorie diese Erscheinungen gefunden wurden, sind erstens, daß die fundamentale Bedeutung derartiger Versuche nicht erkannt wurde, zweitens, daß kein Anhaltspunkt für die Größe der in Betracht kommenden Wellenlänge λ vorlag. Nach de Broglie ist $\lambda = \dfrac{h}{m \cdot v}$, d. h. für H_2 von 20^0 K ist die „wahrscheinlichste" Wellenlänge $3 \cdot 10^{-8}$ cm. Bei einer Spaltbreite von 3 μ und einer Strahllänge von 2×10 cm würde der Abstand des 1. Beugungsmaximums von der Strahlmitte 10 μ sein. Versuch ist noch nicht gemacht, würde technisch durchführbar sein. Statt an einem Spalt könnte man den Strahl auch an Molekülen beugen. Versuche im Gange.

2a. Reflexion an polierten Flächen. Die Reflexion von Molekülen erfolgt nach Knudsen allgemein nach dem Kosinusgesetz. Ist wellenmechanisch zu erwarten, weil für die kleinen de Broglie-Wellenlängen jede Fläche rauh. Spiegelung zu erwarten bei sehr flachem Einfall, großer de Broglie-Wellenlänge und nicht adsorbierbaren Molekülen. Versuche von Knauer und Stern[1] mit H_2 und He. Methodik: Nachweis des Strahls dadurch, daß der Strahl durch einen Spalt in ein im übrigen geschlossenes Gefäß läuft und dort einen Druck erzeugt, der mit einem empfindlichen Hitzdrahtmanometer gemessen wird. Bei sehr hoch polierten Flächen wurde Spiegelung bis über 5 Proz. gefunden. Die Resultate stimmen mit der Wellenmechanik überein, denn

1. ist der Betrag der Spiegelung um so größer, je flacher der Einfallswinkel ist,

2. stimmt die Größenordnung der Winkel (10^{-3}), bei denen die Spiegelung merklich wird, mit der aus der Wellenlänge (10^{-8} cm) und geschätzten Unebenheit (10^{-5} bis 10^{-6} cm) berechneten überein,

3. nimmt die Spiegelung bei Kühlung des Strahls (Vergrößerung der Wellenlänge) stark zu.

2b. Reflexion an Kristallspaltflächen. Bei Kristallspaltflächen starke Spiegelung auch bei größeren Einfallswinkeln (30^0)[2]. Am besten

1) Zeitschr. f. Phys. 53, 766, 779, 1929.
2) Knauer u. Stern, l. c.

$Li F$[3]), hier bis zu 25 Proz. Spiegelung. Allgemeiner Verlauf wie bei der Reflexion an einer matten Fläche, vgl. Kurve, Fig. 1. Höhe der hieraus berechneten Unebenheiten etwa 1 Å-E., daher Annahme, daß Unebenheiten durch die Temperaturbewegung der Gitterionen verursacht sind. Bestätigt durch neuere Versuche mit H-Atomen von Johnson[4]), wonach der der Rauhigkeit

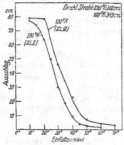

Fig. 1. Reflexionsvermögen von $Li F$ für He.

der Oberfläche zuzuschreibende diffuse Untergrund mit steigender Temperatur des Kristalles stärker wird. Bei anderen Gasen (Ne, Ar usw.) Spiegelung nicht feststellbar[3]), ebensowenig wie bei Alkalimetallen[5]). Wie zu erwarten, geben nur die leichtesten und am schwersten adsorbierbaren Gase Spiegelung.

Im Gegensatz hierzu Versuche von Ellet und Olson[6]). Spiegelung von Hg, Cd und Zn an $NaCl$. Offenbar andere Art von Spiegelung, da diese Spiegelung im Gegensatz zur obigen sehr scharfen ganz diffus. Ferner Wellenlängenbzw. Geschwindigkeitsauslese im reflektierten Strahl. Deutung steht noch aus.

3. Beugung am Kreuzgitter der Kristallspaltfläche. Andeutung von Beugung bei Knauer und Stern[7]), erste einwandfreie Beugung bei Stern[8]) (beides He und H_2 an $NaCl$). Endgültiger Beweis der de Broglieschen Beziehung $\gamma = \dfrac{h}{m \cdot v}$ durch Versuche von Estermann und Stern[9]), He und H_2 an $Li F$. Beugendes Gitter ist das Kreuzgitter der gleichnamigen Ionen in der Kristalloberfläche. Anordnung: Eine der Hauptachsen dieses Gitters

---

3) Estermann u. Stern, Zeitschr. f. Phys. **61**, 95, 1930.
4) Journ. Franklin Inst. **211**, 135, 1930.
5) Taylor, Phys. Rev. **35**, 375, 1930. (Sehr genaue Messung, Spiegelung $< 1^0/_{00}$).
6) Phys. Rev. **31**, 643, 1928, **34**, 493, 1929.
7) l. c.
8) Naturwissensch. **17**, 391, 1929.
9) l. c.

liegt.in der Einfallsebene. Die intensivsten Beugungsmaxima liegen dann auf dem Kegel um diese Hauptachse mit dem Einfallswinkel (Glanzwinkel). Demonstration des Apparats und von Beugungskurven. Die Wellenlänge wurde variiert durch Änderung von m (He und H_2) und v (Temperatur des Strahls). Die Beugungsmaxima liegen innerhalb der Versuchsgenauigkeit (weniger als 5 Proz.) in allen Fällen an der berechneten Stelle*), ebenso die schwächeren Beugungsmaxima in der Einfallsebene. Die Versuche ergeben also einen direkten experimentellen Beweis für die de Brogliesche Beziehung. Ganz kürzlich hat Johnson[10]) qualitativ eine analoge Beugungserscheinung bei H-Atomen an $Li F$ gefunden.

Die Verteilung der Intensität auf die verschiedenen Ordnungen gestattet die Berechnung

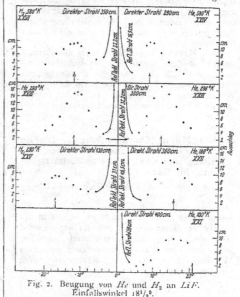

Fig. 2. Beugung von He und H_2 an $Li F$.
Einfallswinkel $18^1/_2^0$.

des Potentialverlaufs an der Gitteroberfläche. Die dazu erforderlichen Rechnungen sind leider noch

---

*) Anmerkung bei der Korrektur: In dem kürzlich in dieser Zeitschrift (**31**, 777, 1930) erschienenen Referat von Kikuchi sieht es so aus, als ob diese Übereinstimmung in einzelnen Fällen nicht vorliegt, z. B. bei He von 100° K Strahltemperatur in der auf S. 789 abgedruckten Tabelle. In der Originalarbeit ist aber ausdrücklich betont, daß diese scheinbare Abweichung theoretisch zu erwarten ist, weil der Einfallswinkel für diese langen Wellen zu klein ist. (l. c. S. 108.)
10) l. c.

Physik.Zeitschr.XXXI,1930. Korn, Die de Broglie-Wellen in mechanistischer Vorstellung.   955

nicht ausgeführt. Ferner wird die Methode eine direkte Untersuchung der Struktur adsorbierter Schichten gestatten. Jedoch besteht das Hauptresultat der Versuche in dem direkten experimentellen Beweis, daß ein gewöhnlicher Gasstrahl dieselben Welleneigenschaften hat wie ein Lichtstrahl.

Diskussion.

Herr Gans (Königsberg): Der von Ihnen erwähnte, mit wachsender Temperatur stärker werdende diffuse Schleier wird von der molekularen Rauhigkeit der Oberfläche herrühren. Aus den Elastizitätskoeffizienten des Kristalls kann man ausrechnen, für welche Kristalle der intensivste Schleier zu erwarten ist, und auch die Intensitätsverteilung für jede Richtung ist leicht angebbar. Quantitative Messungen würden demnach entscheiden lassen, ob molekulare Oberflächenrauhigkeit wirklich der Grund der diffusen Reflektion ist.

Herr Fürth (Prag): Wenn man den Kristall stark kühlt, dann müßte die spiegelnde Reflexion zunehmen, falls die gegebene Erklärung mit Hilfe der Rauhigkeit der Oberfläche infolge der Wärmebewegung richtig ist. Ich wollte fragen, ob solche Versuche von Ihnen angestellt wurden.

Arthur Korn (Charlottenburg)[1]). Die de Broglie-Wellen in mechanistischer Vorstellung und eine erweiterte Zustandsgleichung für Gase.

Wenn wir für ein Gas die Zustandsgleichung

$$p = c\mu \qquad (1)$$

ansetzen, wo c eine Konstante ist, welche in der kinetischen Gastheorie als mit der sogenannten absoluten Temperatur proportional abgeleitet wird, die ihrerseits als proportional mit dem Mittelwerte der Quadrate der ungeordneten Geschwindigkeiten

$$\overline{V^2}$$

definiert wird, muß man sich wohl bewußt sein, daß die betreffenden Überlegungen der kinetischen Gastheorie nur dann eine berechtigte erste Annäherung ergeben, wenn die Mittelwerte der Geschwindigkeiten

$$\bar{u}, v, \overline{w},$$

welche wir etwa als die sichtbaren Geschwindigkeiten des Gases bezeichnen können, verhältnismäßig klein gegen

$$|\sqrt{\overline{V^2}}$$

sind; die Berechtigung der Überlegungen gerät ebenfalls ins Wanken, wenn wir Schwingungen des Gases mit außerordentlich hohen Frequenzen ins Auge fassen, und grade dieser Fall interessiert uns sehr, wenn wir die Wellenmechanik wirklich mechanisch interpretieren wollen. Es war vorauszusehen, daß bei einer großen Frequenz ν — wir wollen der Einfachheit zunächst nur eine Schwingung ein und derselben Frequenz voraussetzen — in der Gleichung (1) das c nicht mehr mit $\overline{V^2}$, also mit der absoluten Temperatur T proportional sein wird, sondern in anderer Weise von dieser Größe und ferner auch von der Frequenz ν abhängig sein wird.

Ich will hier sogleich das mechanisch begründbare Resultat voranstellen:

$$c = \text{konst.} \sqrt{T} \cdot \nu \qquad (2)$$

für große ν, d. h. es könnte rechts in (2) wohl noch ein Glied additiv hinzukommen, das aber für große ν gegen das erste klein ist; z. B. könnte die Gleichung (2) so aussehen:

$$c = c_1 T + c_2 \sqrt{T} \nu, \qquad (2')$$

wo c_1 und c_2 Konstanten sind; für nicht sehr große ν würde dann wieder der alte Ansatz der kinetischen Gastheorie vorherrschen, für große ν der Ansatz (2). Wenn mehrere Frequenzen

$$\nu_1, \nu_2, \ldots$$

in einem Raumelemente[1]) $\overline{d\tau}$ zu berücksichtigen sind,

N_1 Teilchen mit der Frequenz ν_1,
N_2 Teilchen mit der Frequenz ν_2

usw., dann wird sich ein c von der Form

$$c \text{ proportional } \frac{N_1\nu_1 + N_2\nu_2 + \cdots}{N_1 + N_2 + \cdots}$$

ergeben.

Der Ansatz (2) ist nun aus vielen Gründen interessant; ich habe in früheren Untersuchungen gezeigt, daß die gewöhnlichen Gleichungen der kompressiblen Flüssigkeiten

$$\left.\begin{aligned}
\mu \frac{du}{dt} &= -\mu \frac{\partial \psi}{\partial x} - \frac{\partial p}{\partial x}, \cdots \\
\frac{d\mu}{dt} &= -\mu \left(\frac{\partial u}{\partial x} + \frac{\partial v}{\partial y} + \frac{\partial w}{\partial z} \right), \quad p = c\mu,
\end{aligned}\right\} \quad (3)$$

wenn auf jedes Element $d\tau$ die Kraftkomponenten

$$-\mu \frac{\partial \psi}{\partial x} d\tau, \cdots$$

---

1) Man vgl. zu dieser Untersuchung die früheren Abhandlungen: Die Brücke von der klassischen Mechanik zur Quantenmechanik. Zeitschr. f. Physik 56, 370—377, 1929; Wellenmechanik und universelle Schwingungen. Physik. Zeitschr. 30, 887—889 1929.

1) Der Strich an $d\tau$ deutet an, daß nicht an unendlich kleine, sondern sehr kleine Elemente zu denken ist.

S40. Immanuel Estermann und Otto Stern, Beugung von Molekularstrahlen. Z. Physik, 61, 95–125 (1930)

(Untersuchungen zur Molekularstrahlmethode aus dem Institut für physikalische Chemie der Hamburgischen Universität, Nr. 15.)

Beugung von Molekularstrahlen.

Von I. Estermann und O. Stern in Hamburg.

© Springer-Verlag Berlin Heidelberg 2016

H. Schmidt-Böcking, K. Reich, A. Templeton, W. Trageser, V. Vill (Hrsg.), *Otto Sterns Veröffentlichungen – Band 3*, DOI 10.1007/978-3-662-46960-6_13

95

(Untersuchungen zur Molekularstrahlmethode aus dem Institut für physikalische Chemie der Hamburgischen Universität, Nr. 15.)

Beugung von Molekularstrahlen.

Von I. Estermann und O. Stern in Hamburg.

Mit 30 Abbildungen. (Eingegangen am 14. Dezember 1929.)

Trifft ein Molekularstrahl (H_2; He) auf eine Kristallspaltfläche (Li F) auf, so zeigen die von ihr gestreuten Strahlen in allen Einzelheiten eine Intensitätsverteilung, wie sie den von einem Kreuzgitter entworfenen Spektren entspricht. Die aus der Gitterkonstante des Kristalls berechnete Wellenlänge hat für verschiedene m und v den von de Broglie geforderten Wert $\lambda = \dfrac{h}{m \cdot v}$.

Die folgende Arbeit enthält die Beschreibung der Versuche, die in diesem Jahre im hiesigen Institut zum Nachweis der von de Broglie vorausgesagten Wellennatur von Molekularstrahlen unternommen wurden. Hierzu wurde die Reflexion und die Streuung von Molekularstrahlen aus Helium oder Wasserstoff an einer Kristallspaltfläche untersucht. Die Versuchsanordnung war dieselbe wie in der Arbeit von Knauer und Stern[*], doch wurde eine Reihe von Änderungen an der Apparatur vorgenommen, die im folgenden an geeigneter Stelle beschrieben werden sollen. Teil I enthält die Versuche, die der eine von uns (Stern) von Januar bis April ausgeführt hat[**], über deren Resultate bereits kurz in den Naturwissenschaften[***] berichtet wurde. Teil II gibt die von uns gemeinsam unternommenen Versuche wieder.

Teil I.

Obwohl die hier beschriebenen Versuche durch die in Teil II geschilderten weit überholt sind, sollen sie hier noch kurz wiedergegeben werden, da sie den ersten sicheren Beweis für das Auftreten von Beugungserscheinungen am Kreuzgitter bei Molekularstrahlen enthalten. Den Ausgangspunkt bildeten die Versuche von Knauer und Stern über die Abhängigkeit des Reflexionsvermögens von der Kristallorientierung. Damals wurden die beiden in Fig. 1 und 2 gezeichneten Orientierungen

---

[*] F. Knauer und O. Stern, U. z. M. Nr. 11, ZS. f. Phys. **53**, 779, 1929.
[**] Die Versuche stellen eine Fortsetzung der Arbeit von Knauer und Stern dar. Da Herr Knauer zu meinem großen Bedauern wegen eigener Untersuchungen die weitere Mitarbeit an den Versuchen einzustellen wünschte, mußte ich die Versuche zunächst allein weiterführen. Stern.
[***] O. Stern, Naturwissensch. **17**, 391, 1929.

96   I. Estermann und O. Stern,

untersucht. In der „geraden" Lage (Fig. 1) steht die eine der beiden in
der Kristalloberfläche liegenden Hauptachsen senkrecht auf der Einfallsebene. Bei der anderen Lage (Fig. 2) war der Kristall in seiner Ebene
um 45⁰ gedreht. Im folgenden soll diese Lage des Kristalls, bei der
eine Hauptachse des Oberflächengitters gleichnamiger Ionen senkrecht zur Einfallsebene steht, als 0-Lage bezeichnet werden. Die Drehwinkel des Kristalls in seiner Ebene werden von ihr aus gezählt und im
folgenden kurz als „Drehung" bezeichnet. Fig. 1 entspricht also der
Drehung 45⁰.

Der Apparat wurde nun so umgebaut, daß nicht nur die beiden
genannten Lagen untersucht werden konnten, sondern daß der Kristall

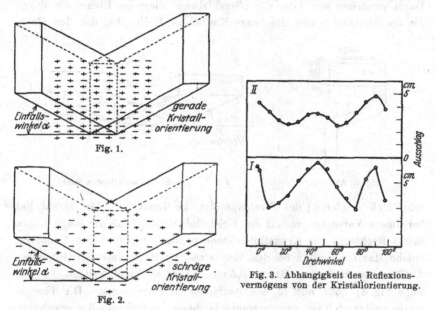

Fig. 1.

Fig. 2.

Fig. 3. Abhängigkeit des Reflexionsvermögens von der Kristallorientierung.

mit Hilfe eines Zahnrades und einer von außen durch einen Schliff zu be-
tätigenden Schnecke stetig in seiner Ebene gedreht werden konnte. Das
Resultat dieses Versuches bei einem Einfallswinkel von 10⁰* gibt Kurve I
(Fig. 3). Das Reflexionsvermögen hat in den beiden früher untersuchten
Lagen (Drehung 0⁰ und 45⁰) ein Maximum. Die Schärfe des Maximums
bei 0⁰ ist sehr beträchtlich, eine Drehung um $7^1/_2$⁰ setzt das Reflexionsvermögen auf die Hälfte herab. Dieses Verhalten legte die Vermutung

---

* Unter dem Einfallswinkel verstehen wir stets den Winkel zwischen ein-
fallendem Strahl und Kristalloberfläche (Glanzwinkel), kleine Einfallswinkel
bedeuten also flachen Einfall.

Beugung von Molekularstrahlen.   **97**

nahe, daß bei der Nullstellung außer dem reflektierten Strahl auch noch
gebeugte Strahlen in den Auffängerspalt gelangten, die bei einer geringen
Verdrehung des Kristallgitters ihre Lage stark änderten, so daß sie nicht
mehr in den Auffängerspalt hineinkamen.   Theoretisch sind solche
Beugungsmaxima zu erwarten, wenn nicht, wie in der Arbeit von Knauer
und Stern angenommen, das gemeinsam aus positiven und negativen
Ionen aufgebaute Gitter als Kreuzgitter wirkt, sondern nur das Gitter
gleichnamiger Ionen.   Die Theorie (siehe Anhang) zeigt, daß im letzten Falle
Beugungsspektren auftreten sollten, die für die zu erwartenden de Broglie-
wellenlängen einen Winkel von etwa 8⁰ bis 9⁰ mit dem reflektierten
Strahl bilden und nahezu (bis auf 1 bis 2⁰) in der Strahlebene liegen.
Dabei verstehen wir unter der „Strahlebene" diejenige Ebene, die durch
die Strahlrichtung und die lange Kante des Rechtecks, das den Quer-

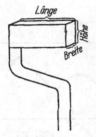

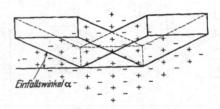

Fig. 4. Auffänger.   Fig. 5.   „Hochkant" auffallender Strahl.

schnitt (5 × 0,5 mm) des Strahls bildet, bestimmt ist.   Der Strahl fiel
bei diesen Versuchen so auf die Kristalloberfläche, daß die lange Kante
dieses Rechtecks zur Kristalloberfläche parallel war (vgl. Fig. 1 und 2).
Solche Maxima mußten bei den benutzten Apparatdimensionen (Höhe des
Auffängerspalts 5 mm, Breite 0,5 mm, Abstand vom Kristall 15 mm;
siehe Fig. 4) noch mit in den Auffänger hineingelangen.   Die Theorie
ergibt weiter, daß bei einer geringen Drehung des Kristalls die erwähnten
Beugungsspektren teilweise aus der Strahlebene herausrücken, evtl. bei
weiterer Drehung gar nicht mehr zustande kommen.   Ferner ergibt die
Theorie, daß bei größeren Einfallswinkeln dieser Effekt schwächer wird.
In Übereinstimmung damit steht Kurve II (Fig. 3), die mit einem Einfallswinkel von 20⁰ aufgenommen wurde und wesentlich flachere Maxima
aufweist.   Diese Annahme erklärt zugleich das merkwürdige Resultat von
Knauer und Stern, daß bei tiefer Strahltemperatur (100⁰ K) ein Maximum
des Reflexionsvermögens bei etwa 20⁰ Einfallswinkel gefunden wurde.
Denn bei dieser Temperatur kommen infolge der größeren de Brogliewellen-

98   I. Estermann und O. Stern,

länge die Beugungsmaxima erst bei etwa 20° Einfallswinkel zustande. Um
diese Beugungsspektren direkt untersuchen zu können, wurde der Apparat
so umgebaut, daß der Strahl „hochkant" auf den Kristall auffiel, so daß
jetzt die Strahlebene mit der Einfallsebene zusammenfiel (Fig. 5). Dies
wurde dadurch erreicht, daß der Kristall jetzt horizontal am Kristallhalter befestigt wurde, während er früher vertikal angebracht war (vgl.
Fig. 6 und 7), und der Strahl entsprechend um den Einfallswinkel $11^1/_2°$

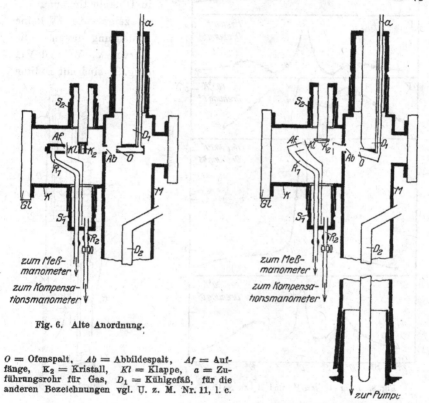

Fig. 6. Alte Anordnung.

O = Ofenspalt, Ab = Abbildespalt, Af = Auf-
fänge, K_2 = Kristall, Kl = Klappe, a = Zu-
führungsrohr für Gas, D_1 = Kühlgefäß, für die
anderen Bezeichnungen vgl. U. z. M. Nr. 11, l. c.

Fig. 7. Neue Anordnung.

(1 : 5) geneigt wurde. Der Auffänger wurde um den gleichen Winkel
geneigt, behielt aber sonst seine Lage bei, so daß seine Drehachse jetzt senkrecht auf der Kristalloberfläche stand, während sie früher in der Kristalloberfläche lag. Kurve III (Fig. 8) ist die erste mit dieser Anordnung
gewonnene Kurve. Sie zeigt tatsächlich die erwarteten Beugungsmaxima.
Daß diese überhaupt in den Auffänger hineinkamen, obgleich sie näher
an der Kristalloberfläche liegen als der reflektierte Strahl (siehe Anhang

Beugung von Molekularstrahlen.   99

S. 119), lag an der beträchtlichen Höhe des Auffängerspalts (5 mm).
Daß es sich wirklich um Beugungsmaxima handelt, zeigt Kurve IV (Fig. 8),
die mit einem um 45° in seiner Ebene gedrehten Kristall erhalten wurde.
Die Theorie ergibt, daß bei dieser Lage des Kreuzgitters keine so nahe
am reflektierten Strahl
liegenden Beugungsspek-
tren zustande kommen,
in Übereinstimmung da-
mit zeigt Kurve IV keine
Andeutung davon. Die
Kurven V, VI und VII
(Fig. 8) sind mit Helium

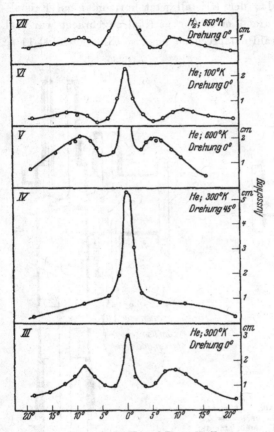

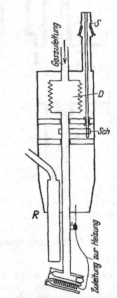

Fig. 8. Beugung von He und H_2 an NaCl.   Fig. 9. Justierbarer Ofenspalt.

bei hoher und tiefer Temperatur und mit Wasserstoff bei hoher Temperatur aufgenommen und zeigen das gleiche Verhalten*. Die nach der
de Broglieschen Formel $\lambda = \dfrac{h}{m v}$ zu erwartende Verschiebung der Beu-

---

* Es wurde manchmal derselbe Kristall an mehreren Tagen benutzt. In diesem
Falle wurde er durch Füllen des Apparates mit Helium von 1 bis 2 mm Druck
konserviert. Läßt man ihn längere Zeit im Vakuum stehen, so verdirbt die Kristalloberfläche.

I. Estermann und O. Stern,

gungsmaxima mit der Temperatur ist der Richtung nach vorhanden, aber
wesentlich zu klein. Dies konnte, wie bereits in der Note in den „Naturwissenschaften" erwähnt, an der unzureichenden Justierungsmöglichkeit
liegen, für die nähere Diskussion vgl. Teil II. Immerhin stellen diese
Versuche sicher, daß es sich bei den beobachteten Erscheinungen um
Beugung am Kreuzgitter handelt.

Teil II.

Zuerst wurden die in Teil I beschriebenen Versuche zum Teil wiederholt, wobei sich die gleichen Resultate ergaben. Wie schon oben bemerkt,
zeigte es sich, daß die Justierungsmöglichkeiten unzureichend waren.

Justierung.

Ofenspaltjustierung. Der Ofenspalt wurde offenbar bei Er-
wärmung infolge der Ausdehnung des ihn tragenden Gaszuführungsrohres
nach unten verschoben, bei Abkühlung infolge Zusammenziehung nach
oben. Eine Überschlagsrechnung ergibt für den Betrag dieser Verschiebung
etwa 0,5 mm. Sie machte sich auch dadurch bemerkbar, daß für die
Intensität des reflektierten Strahles bei hoher oder tiefer Temperatur je
nach der Justierung schwankende Werte erhalten wurden. Um diese
Ausdehnung kompensieren und gleichzeitig auch die Justierung während
des Versuches verbessern zu können, wurde ein Teil des Zuführungsrohres
durch eine federnde Dose D ersetzt. Dadurch war es möglich, den Ofenspalt in der aus Fig. 9 ersichtlichen Weise mit Hilfe der durch den
Schliff S betätigten Schraube Sch während des Versuches in seiner Höhe
zu verschieben. Seitliche Verschiebung war wie bisher durch Drehen des
den ganzen Ofenspalt tragenden Schliffs möglich. Für Versuche mit gekühltem Strahl wurde noch ein Rohr R eingebaut, das mit flüssiger Luft
gefüllt und mit dem Ofenspalt durch eine biegsame Kupferlitze verbunden
werden konnte. Der Ofenspalt war zuerst 1, dann 0,5 mm lang und
0,2 mm breit.

Kristallhalterjustierung. Es kam vor, daß bei Drehung des
Kristalls um 90° in seiner Ebene der reflektierte Strahl um mehrere Grad
verschoben wurde, ein Zeichen dafür, daß die reflektierende Kristallober-
fläche nicht senkrecht auf der Drehachse stand. Das kam daher, daß die
Kristalle mitunter nicht ganz parallel auf der Auflagefläche saßen. Der
Kristallhalter wurde daher so abgeändert, daß die Auflagefläche ähnlich
wie bei der Cardanischen Aufhängung befestigt wurde (Fig. 10). Mit
Hilfe der Schrauben S_1 und S_2, die von außen durch zwei mit Schrauben-

Beugung von Molekularstrahlen.   **101**

ziehern versehene Schliffe gedreht wurden, konnte die Kristalloberfläche um zwei zueinander und zur Drehachse senkrechte Achsen gedreht werden. Auf diese Weise konnte sie senkrecht zur Drehachse justiert werden, was durch Beobachtung des reflektierten Strahles in den verschiedenen um 90° voneinander entfernten Lagen mit einer Genauigkeit von weniger als 0,5° möglich war. Der Kristall wurde so auf dem Halter befestigt, daß die Hauptachsen des Oberflächengitters gleichnamiger Ionen parallel zu den Drehachsen der Cardanischen Justierung lagen. Zur Heizung des Kristalls wurde auf der Unterseite der Auflagefläche ein mit Glimmer isolierter Streifen aus dünnem Platinblech angebracht, der elektrisch erwärmt wurde.

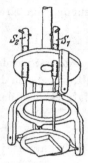

Fig. 10.
Kristallhalter.

Auffänger. Um die zunächst untersuchten Kreuzgitterspektren der Ordnung 01 richtig zu beobachten, hätte der Auffänger um die in der Einfallsebene liegende Hauptachse des Oberflächengitters gleichnamiger Ionen drehbar sein müssen (siehe Anhang S. 119). Dies wäre bei dem vorhandenen Apparat nur mit sehr großen Schwierigkeiten zu erreichen gewesen. Bei unserem Apparat stimmte die Drehachse des Auffängers mit der des Kristallhalters überein. Man hätte also den Auffänger noch mit einer weiteren Bewegungsvorrichtung versehen müssen, um seine Höhe über der Kristalloberfläche verändern zu können. Dabei hätte dafür gesorgt werden müssen, daß die Richtung des Auffängerkanals stets auf den Durchstoßpunkt der Drehachse des Kristallhalters durch die Kristalloberfläche hinzeigte. Auch dies wäre nur mit großen apparativen Komplikationen zu erreichen gewesen. Bei den früheren Versuchen wurde, wie erwähnt, diese Schwierigkeit in roher Weise dadurch umgangen, daß der Auffängerspalt so hoch gemacht wurde, daß auch noch unter ziemlich flachem Winkel vom Kristall ausgehende Strahlen in ihn hineingelangen konnten. Um sauberere Bedingungen zu erhalten und gleichzeitig die erwähnten apparativen Komplikationen zu vermeiden, haben wir einen Auffängerspalt von kleinerer Höhe (1,5 mm) verwendet und die Bewegungsmöglichkeiten des neuen Kristallhalters ausgenutzt. Statt den Auffänger an die Kristalloberfläche heranzubringen, haben wir den Kristall um die zur Einfallsebene des Strahles senkrechte Achse gekippt. Die Forderung, daß der Auffängerkanal stets auf den Durchstoßpunkt der Drehachse des Kristallhalters durch die Kristalloberfläche hinzeigt, ist dabei von selbst erfüllt. Allerdings wird der Einfallswinkel dabei ver-

102   I. Estermann und O. Stern,

größert, jedoch nur um wenige Grad. Wie die weiter unten mitgeteilten
Untersuchungen über die Abhängigkeit des Reflexionsvermögens vom
Einfallswinkel zeigen, ist in dem in Frage kommenden Bereich (Einfallswinkel bis zu 20⁰) bei unseren Versuchsbedingungen die Reflexion praktisch vom Einfallswinkel unabhängig. Das gleiche haben wir für die
Beugung angenommen. Bei unseren Versuchen sind wir dann so vorgegangen, daß wir bei jeder Stellung des Auffängers die „günstigste
Kippung" suchten, d. h. diejenige Kippung, bei der die Intensität des
gebeugten Strahles ihr Maximum erreicht (vgl. auch die Diskussion über
den Einfluß der Kippung im Anhang S. 121). Als weitere kleine Änderung
ist zu erwähnen, daß in den Manometern die langen Spiralfedern durch
kurze federnde Häkchen ersetzt wurden, wodurch die Empfindlichkeit
der Manometer gegen Erschütterungen vermindert wurde.

Beugungsversuche mit Steinsalz.

Zunächst wurden die Versuche mit Helium und Steinsalz mit der
verbesserten Apparatur wiederholt, und zwar zuerst nicht bei günstigster
Kippung, sondern bei konstanter Kippung. Die Ergebnisse sind aus den

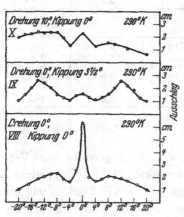

Fig. 11. Beugung von He an NaCl.

Kurven VIII bis X (Fig. 11) zu ersehen.
Einfallswinkel: $11^1/_2{}^0$ + Kippwinkel.
Kristallorientierung: Drehung 0⁰. Man
sieht, daß bei Kurve VIII (Kippwinkel 0⁰) der reflektierte Strahl stark,
die Beugungsmaxima verhältnismäßig
schwach sind. Bei Kurve IX, Kippwinkel $3^1/_2{}^0$* ist umgekehrt vom
reflektierten Strahl nur noch eine
Andeutung zu sehen, während die
Beugungsmaxima viel stärker ausgeprägt und nach außen verschoben
sind. Dieses Verhalten ist nach der
elementaren Theorie der Kreuzgitter
(siehe Anhang) zu erwarten, da die
Beugungsmaxima näher am Kristall liegen als der reflektierte Strahl.
Auch das Auseinanderrücken der Beugungsmaxima bei stark gekipptem
Kristall wird von der Theorie gefordert. Ein weiterer Beweis dafür,
daß es sich um von einem Kreuzgitter herrührende Beugungsmaxima

---

* Die Kippwinkel sind nur aus den Dimensionen des Kristallhalters geschätzt,
ihr Absolutwert ist bis zu 20 % unsicher; die relative Genauigkeit beträgt etwa $^1/_4{}^0$.

Beugung von Molekularstrahlen.   **103**

handelt, ist aus Kurve X zu entnehmen, bei der der Kristall um etwa 10⁰
in seiner Ebene gedreht war. Durch diese Verdrehung wird bei konstanter Kippung das eine Maximum verstärkt, das andere geschwächt
(siehe Anhang S. 123).

Tabelle 1.

Beugungs-winkel Grad	Ausschlag cm	Kippwinkel Grad	Beugungs-winkel Grad	Ausschlag cm	Kippwinkel Grad
0	7,4	0			
— 4	2,55	0	+ 4	2,2 2,25 < 2,2	0 $\frac{1}{2}$ 1
— 6	3,6 3,1	$\frac{1}{2}$ 1	+ 6	3,05 3,25 < 3,2	$\frac{1}{2}$ 1 $1\frac{1}{2}$
— 8	4,45 4,55 < 4,5	$\frac{1}{2}$ 1 $1\frac{1}{2}$	+ 8	5,13 5,55 5,2	1 $1\frac{1}{2}$ 2
— 10	5,35 < 5,3	$1\frac{1}{2}$ 2	+ 10	5,0 5,42 5,25 4,7	$1\frac{1}{2}$ 2 $2\frac{1}{2}$ 3
— 11	5,4 < 5,4	$1\frac{1}{2}$ 2			
— 12	5,2 < 5,2	$1\frac{1}{2}$ 2	+ 12	4,0 < 4,0	$2\frac{1}{2}$ 2,3
— 14	3,45 4,4 4,1	$1\frac{1}{2}$ 2 $2\frac{1}{2}$	+ 14	2,9 < 2,9 2,6	$3\frac{1}{2}$ 3 $4\frac{1}{2}$
— 16	3,15 3,0	$3\frac{1}{2}$ 4			

In den Kurven XI und XII (Fig. 12) sind die Ergebnisse eines Versuches mit günstigster Kippung (Einfallswinkel $11\frac{1}{2}^0$ + Kippwinkel,
Strahltemperatur bei Kurve XI 290⁰ K, bei Kurve XII 580⁰ K) wiedergegeben. In Übereinstimmung mit der Theorie sind die Winkel
günstigster Kippung um so größer, je weiter man sich vom reflektierten
Strahl entfernt. Tabelle 1 zeigt dieses Verhalten beim obigen Versuch,
es wurde auch bei allen folgenden Versuchen verifiziert.

Der berechnete Abstand der Kreuzgitterspektren vom gespiegelten
Strahl ergibt sich aus Tabelle 2.

Bei den in Teil I mitgeteilten Versuchen stimmte die Lage des bei
Zimmertemperatur gefundenen Maximums mit der berechneten für die
Ordnung 01 überein. Die Temperaturverschiebung der Maxima wurde

104 I. Estermann und O. Stern,

damals schon zu klein gefunden; es wurde betont, daß dieses Resultat wegen der Unzulänglichkeit der Justierung nicht sicher war. Die mit

Tabelle 2.

Strahltemperatur	Beugungswinkel	
	Ordnung 01	Ordnung 02
100^0 K	$14^1/_2^0$	$29^1/_2^0$
290	$8^1/_2$	17
580	6	12

der verbesserten Justierung und flachem Einfallswinkel ($11^1/_2^0$) angestellten Versuche (Kurven VIII, IX, XI und XII) ergaben bei Zimmertemperatur, sowohl bei konstantem Einfallswinkel wie bei günstigster Kippung, das gleiche Resultat. Die Temperaturverschiebung war jedoch praktisch 0, auch bei 580^0 K lag das Maximum etwa bei 9^0*. Wir möchten annehmen, daß der Grund dafür darin liegt, daß beim Steinsalz auch die Maxima der Ordnung 02 sehr intensiv sind. Bei flachem Einfall ($11^1/_2^0$) würde bei Zimmertemperatur das Maximum der Ordnung 02 aus geometrischen Gründen unterdrückt werden (siehe Anhang S. 118), bei hoher Strahltemperatur sich dagegen deutlich bemerkbar machen.

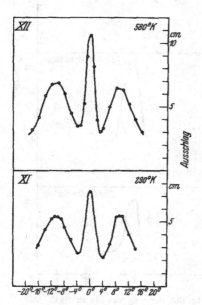

Fig. 12. Beugung von He an NaCl.

Um diese Annahme zu stützen, haben wir Versuche mit steilerem Einfallswinkel ($18^1/_2^0$; 1 : 3) bei drei Temperaturen (Kurve XIII 100^0 K, XIV 290^0 K und XV 580^0 K, Fig. 13) ausgeführt und speziell die Kurve bei Zimmertemperatur (XIV) besonders sorgfältig (Abstand der Meßpunkte 1^0) ausgemessen. Bei diesem Einfallswinkel sollte das Maximum der Ordnung 02 auch bei Zimmertemperatur noch in Erscheinung treten. Tatsächlich hat Kurve XIV auch den Charakter einer durch Über-

* Da die Lage des gespiegelten Strahles, besonders seiner Form wegen, nicht genauer als auf etwa 1^0 festgelegt werden konnte, wurde immer der mittlere Abstand der beiderseitigen Maxima gemessen.

Beugung von Molekularstrahlen.   105

lagerung der beiden Ordnungen entstandenen Kurve. Die bei hoher
Temperatur aufgenommene Kurve XV zeigt das Maximum an der Stelle,
wo es für die Ordnung 02 zu erwarten ist. Es sieht also so aus, als
ob bei steigender Temperatur die Intensität der zweiten Ordnung im
Vergleich zur ersten wächst. Umgekehrt ist bei der Kurve XIII, 100⁰ K,
das Maximum ungefähr bei der für die erste Ordnung zu erwartenden
Stelle, da hier die zweite Ord-
nung so weit vom gespiegelten
Strahl (29⁰) entfernt liegt, daß
sie schon aus geometrischen
Gründen stark geschwächt wird.
Theoretisch sollte es durchaus
denkbar sein, daß das Verhältnis der Intensitäten der verschiedenen Ordnungen mit der
Temperatur variiert, denn bei
einem von einem Gitter erzeugten Beugungs - Spektrum
hängt dieses Verhältnis bekanntlich stark von der Form
der Gitterstriche ab. Nun
werden die Helium - Atome
größerer Geschwindigkeit tiefer
in das Potentialfeld des Kristalls
eindringen als die lang-
sameren *. Es ist daher durchaus denkbar, daß die „Form
der Gitterstriche" für Helium-
atome verschiedener Geschwindigkeit verschieden ist. Sollte
dies zutreffen, so wäre anderer-

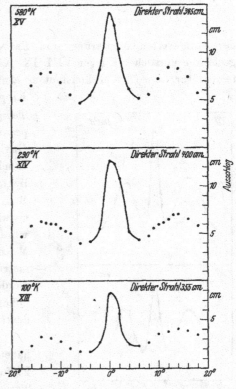

Fig. 13. Beugung von He an Na Cl.

seits die Untersuchung des Intensitätsverhältnisses der verschiedenen
Ordnungen ein Mittel, um etwas über den Potentialverlauf an der
Oberfläche eines Kristalls zu erfahren. Natürlich ist diese Deutung
unserer Versuchsergebnisse noch durchaus hypothetisch und müßte durch
Versuche mit „monochromatischen" Molekularstrahlen (Molekularstrahlen
einheitlicher Geschwindigkeit) geprüft werden. Eine solche Unter-

* Diese Folgerung aus der klassischen Theorie bleibt auch in der Wellenmechanik erhalten.

suchung dürfte jetzt keine besonderen experimentellen Schwierigkeiten
mehr bieten und wird in Angriff genommen. Zunächst haben wir
darauf verzichtet, die offenbar etwas komplizierten Verhältnisse am
Steinsalz genauer zu untersuchen, da wir inzwischen gefunden hatten,
daß die Versuche an LiF-Gittern ein viel einfacheres und klareres Bild
ergeben. Immerhin möchten wir zum Schluß nochmals betonen, daß uns
die Deutung der beobachteten Erscheinungen als Beugung der de Broglie-
wellen des Molekularstrahles am Kreuzgitter der Kristalloberfläche des
NaCl völlig gesichert zu sein scheint.

Beugungsversuche mit Lithiumfluorid.

Wesentlich bessere Reflexion, schärfere Strahlen und intensivere
Beugungsmaxima erhielten wir bei Versuchen mit LiF*. Auch vom
diffusen Untergrund, der bei den Steinsalzversuchen noch merklich vorhanden war, war praktisch nichts mehr zu bemerken.

Tabelle 3.

| Gas | Strahl-temperatur | Ort des Maximums | | Kurve |
		berechnet	gefunden	
He · · · · {	290⁰ K	$11^3/_4^0$	12^0	XVI
	580	$8^1/_3$	$8^3/_4$	XVII
H₂ · · · · {	290	$16^3/_4$	$14^1/_2$	XVIII
	580	$11^3/_4$	12	XIX

Kurven XVI bis XIX (Fig. 14 bis 16) und Tabelle 3 enthalten die
Ergebnisse der Versuche mit einem Einfallswinkel von $11^1/_2^0$ und
günstigster Kippung. Die berechnete Lage der Maxima ist in den Kurven
durch einen Pfeil markiert. Die Übereinstimmung zwischen Rechnung
und Experiment liegt vollständig innerhalb der Versuchsgenauigkeit von
$^1/_2$ bis 1^0, mit Ausnahme der Werte für Wasserstoff von 290^0, bei dem
das Maximum für die „wahrscheinlichste Wellenlänge" ($16^3/_4^0$) schon
außerhalb des Einfallswinkels ($11^1/_2^0$ + Kippwinkel) liegt. Der Kippwinkel ist aber beschränkt, er darf nicht größer sein als der halbe Einfallswinkel, weil sonst die Kristalloberfläche den gebeugten Strahl abblenden
würde. In Wirklichkeit kann der Kippwinkel wegen der endlichen Ausdehnung des Strahles nicht einmal so groß gemacht werden, im obigen
Falle nicht größer als 4^0. Das bei $14^1/_2^0$ gefundene Maximum ist also

---

* Es wurden künstliche, von R. Pohl, Göttingen, hergestellte Kristalle benutzt.
Wir möchten Herrn Pohl auch an dieser Stelle besonders herzlich für die Freundlichkeit danken, mit der er uns seine ganzen Vorräte an LiF-Kristallen überlassen hat.

Beugung von Molekularstrahlen.   107

durch den Abfall bei großen Winkeln
(langen Wellen) vorgetäuscht. Die später
wiedergegebene Kurve mit größerem
Einfallswinkel zeigt das Maximum an
der richtigen Stelle.

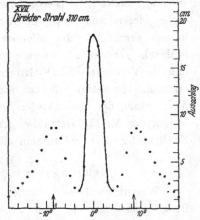

Fig. 15. Beugung von He an LiF, 580⁰ K,
Einfallswinkel 11¹/₂⁰.

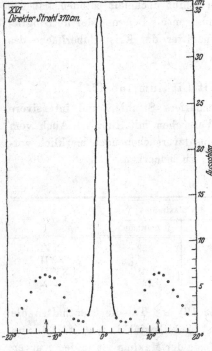

Fig. 14. Beugung von He an LiF, 295⁰ K,
Einfallswinkel 11¹/₂⁰.

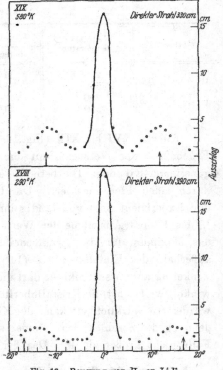

Fig. 16. Beugung von H₂ an LiF,
Einfallswinkel 11¹/₂⁰.

Kurven XX bis XXVI (Fig. 17
und 18) und Tabelle 4 enthalten die
Ergebnisse bei einem Einfallswinkel
von 18¹/₂⁰ und günstigster Kippung.

Kurve XX (Fig. 17) gibt als
Beispiel eine vollständige Kurve; in
den Kurven XXI bis XXVI (Fig. 18)
ist jeweils eine Hälfte der gemessenen Kurve unter Fortlassung
des gespiegelten Strahles wiedergegeben.   Daß wir bei Helium von

108   I. Estermann und O. Stern,

Tabelle 4.

Gas	Strahl-temperatur	Ort des Maximums		Kurve
		berechnet	gefunden	
He · · · · {	100^0 K	21^0	$15^1/_2{}^0$	XXI
	180	$15^1/_2$	$14^1/_2$	XXII
	290	12	$-11^1/_2$	XXIII
	590	$8^3/_4$	9	XXIV
H_2 · · · · {	290	17	17	XXV
	580	12	11	XXVI

100^0 K das Maximum schon bei zu kleinen Winkeln finden, ist wieder dadurch zu erklären, daß für die wahrscheinlichste Wellenlänge λ_m das Beugungsmaximum schon außerhalb des Einfallswinkels liegt. Es ist bemerkenswert, daß in allen Fällen, in denen die Abweichung vom berechneten Wert größer als $^1/_4{}^0$ ist, das gefundene Maximum bei kleineren Winkeln als berechnet liegt. Das liegt daran, daß wir aus verschiedenen Gründen (siehe folgenden Absatz) die Intensität bei großen Winkeln etwas zu klein messen. Dadurch wird das Maximum der Kurve etwas nach kleineren Winkeln verschoben. Wir können also sagen, daß auch bei dem größeren Einfallswinkel in allen Fällen die Übereinstimmung zwischen beobachteten und berechneten Werten vollständig innerhalb der Versuchsgenauigkeit liegt. Das Beugungsmaximum von Helium bei

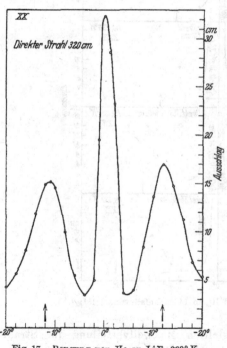

Fig. 17. Beugung von He an LiF, 290^0 K, Einfallswinkel $18^1/_2{}^0$.

Zimmertemperatur liegt z. B. an derselben Stelle, wie das von Wasserstoff bei der doppelten absoluten Temperatur. Die Kurven XXI bis XXVI geben somit eine vollständige Bestätigung der de Broglieschen Beziehung

$$\lambda = \frac{h}{m \cdot v}$$

Beugung von Molekularstrahlen.   109

sowohl bezüglich der Abhängigkeit der Wellenlänge von m und v wie
auch der Absolutwerte selbst.

Wir haben bisher stillschweigend angenommen, daß die Intensitätsverteilung in den Beugungsmaximis der Maxwellverteilung der Geschwindigkeiten bzw. Wellenlängen im Molekularstrahl entspricht. Daß dies in
großen Zügen der Fall ist, zeigt der Vergleich unserer Beugungskurven

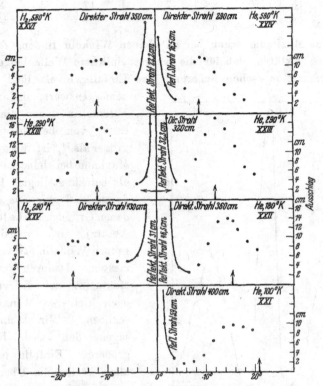

Fig. 18. Beugung von He und H_2 an Li F, Einfallswinkel $18^1/_2^0$.

mit der in Wellenlängen dargestellten Maxwellverteilung im Strahl
(Kurve XXVII, Fig. 19). Doch zeigt sich, daß die Intensität bei großen
Winkeln (langen Wellen) etwas zu stark abfällt. Das hat folgende
Gründe. Die Dispersion nimmt mit zunehmendem Abstand vom ge-
spiegelten Strahl zu. Der Winkel β (siehe Anhang S. 118) wird für die
erste Ordnung gegeben durch

$$\cos \beta = \frac{\lambda}{d},$$

110   I. Estermann und O. Stern,

also ist
$$d\beta = \frac{-1}{d \cdot \sin\beta} \, d\lambda,$$

d. h. die im Wellenbereich $d\lambda$ enthaltenen Wellenlängen werden auf einen um so größeren Winkelbereich $d\beta$ verteilt, je kleiner $\sin\beta$, also auch β ist. Für kleine Beugungswinkel $R - \beta$ ist β nahezu 90^0, also $\sin\beta$ nahezu 1. Für die für uns in Betracht kommenden Beugungswinkel bis etwa 20^0 sind die Werte von $\sin\beta$:

$R - \beta$	β	$\sin\beta$
0^0	90^0	1,0
5	85	0,9962
10	80	0,9845
15	75	0,9659
20	70	0,9397

alle noch sehr nahe gleich 1; immerhin verursacht dieser Einfluß einen zu raschen Abfall der Intensität nach größeren Beugungswinkeln. Der zweite Grund liegt in der Versuchsanordnung, und zwar darin, daß bei größeren Winkeln vom Auffänger aus nicht mehr die ganze vom Molekularstrahl „beleuchtete" Fläche des Kristalls gesehen werden kann. Dieser Einfluß wäre aus den Apparatdimensionen zu berechnen; wir möchten uns damit begnügen, eine obere Grenze für ihn anzugeben: Die vom Auffänger aus gesehene Fläche ist mindestens gleich der bei 0^0 gesehenen Fläche multipliziert mit dem Kosinus des Beugungswinkels $R - \beta$. Diese Schwächung ist also höchstens ebenso groß wie die durch die Dispersion; die gesamte Schwächung durch die beiden Einflüsse könnte also bei 20^0 Beugungswinkel maximal 12 % betragen.

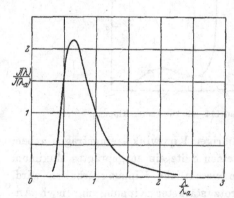

Fig. 19. Maxwell-Verteilung der de Broglie-Wellenlängen im Molekularstrahl.

Experimentell scheint die Schwächung teilweise noch größer zu sein. Es wäre immerhin möglich, daß hier ein reeller Effekt mitwirkt, etwa derart, daß die langen Wellen (langsamen Moleküle) nicht tief genug in das Potentialfeld des Gitters eindringen, daß also gewissermaßen die Gitterstriche für sie zu flach sind. Eine nähere Diskussion dieser Verhältnisse möchten

Beugung von Molekularstrahlen.   111

wir verschieben, bis wir die bereits erwähnten Untersuchungen mit
monochromatischen Molekularstrahlen durchgeführt haben.

Wir geben noch einige Kurven (XXVIII bis XXX, Fig. 20) mit
konstanter Kippung für die Kippwinkel 0, 3 und 6⁰, bei denen man
sehr schön sieht, wie mit zunehmendem Kippwinkel der gespiegelte
Strahl verschwindet, während die Beugungsmaxima viel stärker werden
und nach außen rücken. In Kurve XXXI (Fig. 21) geben wir noch einen
Versuch mit einem um 8⁰ in seiner Ebene verdrehten Kristall, in der

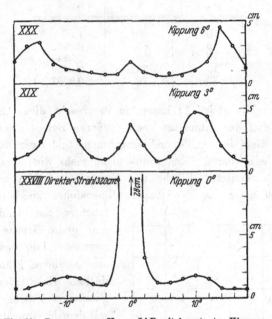

Fig. 20. Beugung von He an Li F mit konstanter Kippung.

wir bei jedem Meßpunkt den zugehörigen Kippwinkel eingetragen haben.
Man sieht deutlich, wie auf der einen Seite ein ausgeprägtes Maximum
an der richtigen Stelle (12⁰) ohne wesentliche Kippung erhalten wird,
während auf der anderen Seite trotz stärkster Kippung nur noch Andeutungen eines Maximums sichtbar sind. Wie bereits bei den entsprechenden Steinsalzversuchen bemerkt, entspricht dieses Verhalten in
allen Einzelheiten der Theorie.

Beugungsspektren in der Einfallsebene.

Nachdem sich gezeigt hatte, daß für diese Versuche das Li F ein
wesentlich geeigneteres Oberflächengitter besitzt als das Na Cl, haben wir

112 I. Estermann und O. Stern,

auch die Art von Spektren, die Knauer und Stern am Steinsalz untersucht hatten, am LiF untersucht. Daß die damaligen Versuche keine klaren Resultate gaben, liegt nicht nur an den schlechten Eigenschaften des NaCl, sondern auch, wie in Teil I auseinandergesetzt, daran, daß infolge des zu hohen Auffängerspalts teilweise noch die oben untersuchten, neben dem gespiegelten Strahl liegenden Beugungsmaxima mit in den Auffänger hineinkamen. Wir haben daher für diese Versuche die Höhe des Auffängers auf 1 mm verringert, was vollständig genügte, zumal bei LiF die erwähnten Beugungsmaxima infolge der kleineren Gitterkonstante weiter vom Strahl entfernt liegen. Im Übrigen wurde wieder die in Fig. 6 gezeichnete Anordnung benutzt. Die Orientierung des Kristalls war so, daß die Einfallsebene parallel zu einer Würfelfläche des Kristalls war,

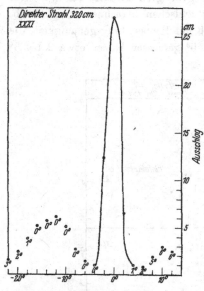

Fig. 21. Beugung von He an LiF mit verdrehtem Kristall, Drehung 8⁰.

also den Winkel zwischen den Hauptachsen des Oberflächengitters gleichnamiger Ionen halbierte (Drehung 45⁰, vgl. S. 96). Die Beugungsspektren waren also von der Ordnung $+1, +1$ bzw. $-1, -1$. Sie entsprechen den Spektren eines Strichgitters mit der Gitterkonstante $\dfrac{d}{\sqrt{2}}$ (siehe Anhang S. 123). Diese Spektren sind also viel einfacher als die oben untersuchten Kreuzgitterspektren. Da sie in der Einfallsebene liegen, fällt die Komplikation durch Kippung des Kristalls weg. Wenn wir trotzdem die Kreuzgitterspektren viel eingehender untersucht haben, so liegt das daran, daß sie viel intensiver und sauberer als diese Strichgitterspektren sind. Das kommt offenbar daher, daß bei den Kreuzgitterspektren sowohl der einfallende wie die gebeugten Strahlen nur kleine Winkel mit der Kristalloberfläche bilden, die „Rauhigkeit" der Oberfläche (vgl. die Überlegungen im Abschnitt Reflexion) macht sich also nicht so störend bemerkbar. Bei einer Drehung des Kristalls um 45⁰ (also bei der als Drehung 0 bezeichneten Stellung) waren die entsprechenden Spektren (in diesem

Beugung von Molekularstrahlen.   **113**

Falle Ordnung 01) nur schwach angedeutet. Wir geben in den Kurven
XXXII bis XLI (Fig. 22) das Resultat für Helium und die Strahltemperaturen 100° und 290° K für die Einfallswinkel von 10° bis 70°. Die
Pfeile geben die berechnete Lage des gebeugten Strahles für λ_m. Wie
man sieht, liegt die Übereinstimmung zwischen berechneter und beob-
achteter Lage im allgemeinen innerhalb der Beobachtungsgenauigkeit, die
in diesem Falle, da wir nur von 5 zu 5° gemessen haben, etwa 2 bis 3°
beträgt.

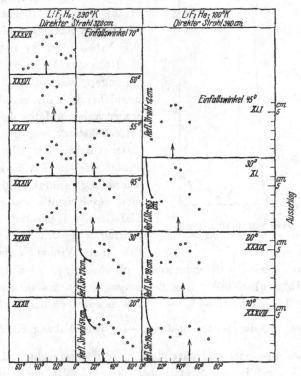

Fig. 22. Beugungsspektren in der Einfallsebene.

Nur bei kurzen Wellen und großen Einfallswinkeln liegen die gemessenen Maxima bis zu 7° nach rechts (größeren Winkeln) gegenüber den
berechneten verschoben. Daß diese Abweichungen nur bei großen Einfallswinkeln und auch da nur bei kurzen Wellen (Strahl: Zimmertemperatur)
auftreten, zeigt deutlich, daß offenbar die Rauhigkeit der Oberfläche hier
schon eine Rolle spielt, wofür auch die außerordentlich schlechte Reflexion
spricht. Auch der Sinn der Verschiebung entspricht einer Bevorzugung

114   I. Estermann und O. Stern,

der langen und Benachteiligung der kurzen Wellen. Wir möchten zu
den Kurven bei 290⁰ K noch bemerken, daß bei Einfallswinkeln unter 45⁰
in Übereinstimmung mit der Theorie keine „negativen" Maxima (Beugungswinkel kleiner als Reflexionswinkel) gefunden wurden. Auch bei diesen
Spektren stehen also alle Beobachtungen durchaus in Übereinstimmung
mit der Theorie.

Reflexion.

Die Reflexion der Molekularstrahlen von He an LiF folgt innerhalb der Versuchsgenauigkeit (hierfür etwa $1/4^{\circ}$) dem Reflexionsgesetz.
Dies gilt auch für die anderen untersuchten Fälle (H_2 an LiF, H_2 und
He an NaCl), nur ist in diesen Fällen die Reflexion nicht so stark
und der Strahl etwas verwaschen. Die Werte des Reflexionsvermögens
(maximale Intensität im reflektierten Strahl dividiert durch maximale
Intensität im direkten Strahl) variieren natürlich etwas, je nach der Be-
schaffenheit und dem Alter der Kristallspaltfläche, die Größenordnung
ist jedoch stets reproduzierbar. Ganz allgemein hängt das Reflexionsvermögen stark vom Einfallswinkel und der Kristallorientierung ab.

Abhängigkeit vom Einfallswinkel. In allen Fällen nimmt das
Reflexionsvermögen mit wachsendem Einfallswinkel ab. Vgl. beispiels-
weise die Kurven XLII und XLIII in Fig. 23 (Reflexionsvermögen von

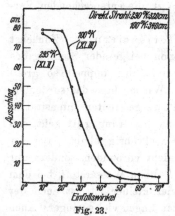

Fig. 23.
Reflexionsvermögen von Li F für He.

LiF für He bei gerader Kristallorientierung, Drehung 45⁰). Die natürlichste
Deutung dafür ist wohl die, daß die
Kristallspaltfläche eine matte Oberfläche darstellt. Bei einer solchen wird
die spiegelnde Reflexion nur dann beträchtlich, wenn die Projektion der Höhe
der Unebenheiten auf den Strahl kleiner
als die Wellenlänge wird. Das gleiche
Verhalten zeigte sich bei der Reflexion
von Molekularstrahlen an hochpolierten
Flächen bei den Versuchen von Knauer
und Stern, bei denen entsprechend Unebenheiten von etwa 10^{-5} cm Einfallswinkel von etwa 10^{-3}, d. h. einigen
Minuten, genommen werden mußten, um den Beginn der spiegelnden
Reflexion zu erhalten. In unserem Falle sollte man umgekehrt aus dem
Auftreten sehr guter Spiegelung bei Einfallswinkeln bis zu 20⁰ und

Beugung von Molekularstrahlen. 115

steilem Abfall bei größeren Winkeln auf Unebenheiten von der Größenordnung von wenigen (2 bis 3) Wellenlängen, also etwa 1 Å, schließen.
Das ist die Größenordnung der Amplitude der Temperaturschwingung
der Gitterionen. Für diese Deutung spricht auch die Zunahme des
Reflexionsvermögens mit abnehmender Temperatur des Kristalls*. Ganz
unabhängig von dieser Annahme über die Natur der Unebenheiten spricht
für die Auffassung als Reflexion an einer matten Fläche die aus den
Kurven zu entnehmende Zunahme des Reflexionsvermögens mit abnehmender Strahltemperatur (längere de Brogliewellen). Allerdings
zeigen unsere Beobachtungen die Zunahme nicht in allen Fällen, es
kommt manchmal sogar das umgekehrte Verhalten vor. Doch braucht
dieser Befund nicht unbedingt einen Widerspruch gegen die obige Annahme darzustellen, denn diese bezieht sich ja auf die gesamte von der
Kristalloberfläche in Phase gestreute Strahlung, enthält also nicht nur
den direkt gespiegelten Strahl, sondern auch die gebeugten Strahlen.
Leider können wir diese Gesamtintensität nicht feststellen, da wir nicht
alle gebeugten Strahlen untersuchen konnten. Eine Entscheidung über
die Zulässigkeit unserer Annahme ist natürlich nur auf Grund solcher
Messungen möglich, immerhin möchten wir sie vorläufig als natürliche
und mit den Versuchsergebnissen verträgliche Arbeitshypothese ansehen.
Sollte sie sich bestätigen, so könnte man in einfacher Weise die Amplitude
der Temperaturschwingungen der Ionen messen und z. B. das Vorhandensein einer Nullpunktsenergie nachweisen. (Vgl. die entsprechenden Versuche an Röntgenstrahlen.)

Abhängigkeit von der Kristallorientierung. Zunächst
fanden wir fast durchgängig, daß die Reflexion bei gerader Stellung des
Kristalls (Drehung 45⁰) wesentlich stärker (oft über doppelt so groß)
war wie bei schräger Stellung (Drehung 0⁰). Wir möchten das so deuten,
daß bei der schrägen Lage so viel der in Phase gestreuten Intensität in
die hier besonders intensiven Beugungsmaxima der Ordnung 01 geht, daß
für den gespiegelten Strahl nicht mehr so viel übrig bleibt. Bei der
geraden Kristallstellung sind diese Maxima nicht vorhanden, sondern nur
die wesentlich schwächeren der Ordnung 11. Beim Wasserstoff, bei dem
die Intensität der Beugungsmaxima sehr viel kleiner ist, ist auch der
Unterschied des Reflexionsvermögens in beiden Lagen viel geringer. Auch
hier ist eine sichere Deutung erst nach Messung aller Beugungsspektren
möglich, immerhin ist im gespiegelten Strahl und den von uns unter-

---

* Vgl. Knauer und Stern, l. c. Wir haben dieses Resultat mehrfach
reproduziert.

116   I. Estermann und O. Stern,

suchten Beugungsspektren bei flachem Einfall (bis 20⁰) und bei LiF und He bereits etwa die Hälfte der Gesamtintensität des einfallenden Strahles enthalten, so daß, da sicher auch etwas diffuse Streuung vorhanden ist, für die übrigen Spektren nicht mehr viel Intensität zur Verfügung steht*. Im übrigen scheint die Abhängigkeit des Reflexionsvermögens von der Kristallorientierung recht kompliziert zu sein, wofür Kurve XLIV in Fig. 24 (He an LiF, Einfallswinkel $11^1/_2{}^0$, Strahl-

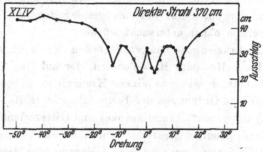

Fig. 24. Abhängigkeit des Reflexionsvermögens von der Kristallorientierung.

temperatur 290⁰ K) ein Beispiel gibt. Es ist aber mit der Möglichkeit zu rechnen, daß dieser Verlauf, insbesondere die starken Intensitätsänderungen bei kleinen Drehwinkeln, analog wie bei den Kurven I und II in Teil I noch durch in den Auffängerspalt gelangende Beugungsmaxima beeinflußt ist. Da diese Beugungsspektren sehr nahe am reflektierten Strahl (< 3⁰) liegen müßten, so müßten sie von einem Gitter mit großer Gitterkonstante herrühren. Es liegt nahe, an ein Gitter von adsorbierten Molekülen zu denken **, doch sind natürlich auch andere Deutungen möglich. Eine Diskussion wird erst zweckmäßig sein, wenn ein größeres Beobachtungsmaterial vorliegt.

     Von anderen Kristallen haben wir noch KCl und KBr untersucht. Bei He und KCl erhielten wir Reflexion von der gleichen Größenordnung wie beim Steinsalz, aber schwächere Beugung, bei KBr nur sehr schwache Reflexion und keine meßbare Beugung. Von anderen Gasen haben wir noch Neon untersucht, das weder an LiF noch an KCl merkbare reguläre Reflexion zeigt.

---

     * Dies ist gleichzeitig ein guter Beweis dafür, daß bei unseren Versuchen keine Wellenlängeauslese stattfindet, was auch schon aus unseren Beugungskurven direkt folgt.

     ** Es wäre übrigens auch möglich, daß unser Kreuzgitter überhaupt aus adsorbierten Molekülen besteht, nur müßten diese dann bezüglich Gitterkonstante und Anordnung mit dem LiF-Gitter übereinstimmen.

Beugung von Molekularstrahlen.   117

Die hier beschriebenen Versuche sind noch in vielen Beziehungen ergänzungsbedürftig. Selbstverständlich werden Versuche mit „monochromatischen" Molekularstrahlen in manchen Punkten wesentlich einfachere und besser zu deutende Resultate ergeben. Die Monochromatisierung dürfte keine besonderen experimentellen Schwierigkeiten machen. Sie kann entweder durch rotierende Zahnräder oder durch „Vorzerlegung" mit einem zweiten Kristall erfolgen. Andererseits wäre es für die Fortführung der Versuche sehr wichtig, wenn insbesondere das Problem der Verteilung der Intensität auf den gespiegelten und die gebeugten Strahlen theoretisch näher untersucht würde.

Zusammenfassung. Die vorliegenden Versuche haben gezeigt, daß ein Strahl aus He- oder H_2-Molekülen, der auf eine Spaltfläche von LiF trifft, von dieser wie von einem Kreuzgitter gebeugt wird. Es wurden verschiedene Ordnungen der Beugungsspektren (0,1; 0, —1; 1,1 und —1, —1) untersucht; Einfallswinkel und Gitterorientierung wurden variiert. Die de Brogliewellenlänge wurde durch Temperaturänderung des Strahles (Variation von v) und Änderung des Gases (Variation von m) variiert. Das Resultat unserer Versuche läßt sich wie folgt zusammenfassen: Trifft ein Strahl von Gasmolekülen auf eine Kristallspaltfläche auf, so zeigen die reflektierten und gestreuten Strahlen eine Intensitätsverteilung, die in allen Einzelheiten der bei der Beugung von Wellen an einem Kreuzgitter auftretenden Intensitätsverteilung entspricht. Setzt man für die Gitterkonstante des Kreuzgitters den Abstand gleichnamiger Ionen ein, so erhält man für die dem Strahl zuzuordnende Wellenlänge genau den de Broglieschen Wert $\lambda = \dfrac{h}{m\,v}$.

Anhang. Berechnung der Kreuzgitterspektren.

Wir betrachten ein quadratisches Kreuzgitter, legen die x- und y-Achse unseres kartesischen Koordinatensystems in die beiden Hauptachsen des Gitters und den Nullpunkt in den Durchstoßpunkt des einfallenden Strahles. Sein Querschnitt wird als unendlich klein angenommen. Bildet der einfallende Strahl die Winkel α_0, β_0 und γ_0 mit der x-, y- und z-Achse, so ist die Richtung eines gebeugten Strahles bestimmt durch die Winkel α, β und γ, die sich aus den Gleichungen

$$\cos\alpha - \cos\alpha_0 = h_1 \cdot \frac{\lambda}{d},$$

$$\cos\beta - \cos\beta_0 = h_2 \cdot \frac{\lambda}{d}$$

ergeben. λ ist die Wellenlänge, d die Gitterkonstante, h_1 und h_2 sind ganze Zahlen (Ordnungsnummern des Spektrums). Jeder gebeugte Strahl ist also die Schnittgerade zweier Kegel um die x- bzw. y-Achse mit der Spitze im Nullpunkt und den erzeugenden Winkeln α bzw. β.

Wir betrachten zunächst den Spezialfall, daß die Einfallsebene die x—z-Ebene ist. Dann ist

$$\beta_0 = 90^0, \cos \beta_0 = 0 \text{ und } \alpha_0 = R - \gamma_0.$$

Setzen wir $h_1 = h_2 = 0$, so erhalten wir den reflektierten Strahl als Schnittgerade des α-Kegels (Kegel um die x-Achse mit dem Winkel α), wobei jetzt $\alpha = \alpha_0$ ist, und des β-Kegels, der in diesem Falle zur x—z-

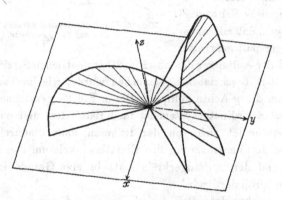

Fig. 25. Konstruktion der Kreuzgitterspektren.

Ebene ausartet. Setzen wir $h_1 = 0$, $h_2 = \pm 1$, so erhalten wir die hauptsächlich von uns untersuchten Spektren der Ordnung $0, \pm 1$. Die gebeugten Strahlen sind dann die Schnittgeraden des α-Kegels mit dem Winkel $\alpha = \alpha_0$ und des β-Kegels mit dem Winkel β, dessen Zahlenwert sich aus der Gleichung

$$\cos \beta = \pm \frac{\lambda}{d}$$

ergibt (s. Fig. 25). Die Kegel schneiden sich nur dann, wenn $R - \beta < \alpha_0$ ist. Zur leichteren Übersicht denken wir uns die Schnittkreise unserer Kegel mit der Einheitskugel um den Nullpunkt parallel zur x-Achse auf die y—z-Ebene projiziert (Fig. 26). Der α-Kreis (Schnittkreis zwischen α-Kegel und Einheitskugel) wird ohne Größenänderung als Kreis um den Nullpunkt abgebildet, die beiden β-Kreise ($h_2 = \pm 1$) werden Gerade parallel zur z-Achse. Der Fahrstrahl vom Nullpunkt zum um die z-Achse drehbaren Auffänger schneidet aus der Einheitskugel

Beugung von Molekularstrahlen.   **119**

einen zur x—y-Ebene parallelen Kreis („Auffängerkreis") heraus, dessen
Projektion eine den α-Kreis im Schnittpunkt mit der z-Achse berührende,
zur y-Achse parallele Gerade bildet. Dabei ist der Auffänger, wie es
bei unseren Versuchen der Fall war, so justiert gedacht, daß er bei der
Stellung in der Einfallsebene den reflektierten Strahl aufnimmt. Wie
aus Fig. 26 ersichtlich, würde
man also mit dieser Anordnung
den gebeugten Strahl nicht
messen können, da er näher am
Kristall liegt als der reflektierte
Strahl. Bei den ersten Versuchen wurde diese Schwierigkeit so umgangen, daß mit einem
hohen Auffängerspalt gearbeitet

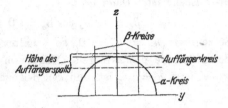

Fig. 26. Parallelprojektion parallel zur x-Achse
auf die $y\,z$-Ebene.

wurde, so daß der Auffänger den aus Fig. 26 ersichtlichen Streifen bestrich.
Bei den in Teil II beschriebenen Versuchen wurde, wie im Text erwähnt,
der Kristall um die y-Achse gekippt. Die in Fig. 27 gezeichnete Parallelprojektion (das Koordinatensystem ist im Kristall fest und wird mit ihm
gekippt) unterscheidet sich von der früheren dann dadurch, daß der
α-Kreis wegen der Vergrößerung des Einfallswinkels um den Kippwinkel
größer wird und der Auffängerkreis statt in eine Gerade in eine sehr
flache Ellipse projiziert wird,
die den α-Kreis schneidet. Bei
bestimmter Stellung des Auffängers (Drehung um die z-Achse
bei nicht gekipptem Kristall)
kann man also den Kippwinkel
so wählen, daß der gebeugte
Strahl in den Auffänger gelangt. In Wirklichkeit ist dieser

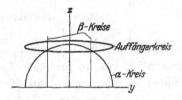

Fig. 27. Parallelprojektion für
gekippten Kristall.

Winkel wegen der endlichen Dimensionen von Strahl und Auffänger natürlich nicht ganz scharf; wir sind, wie im Text erwähnt, so vorgegangen, daß
wir jedesmal denjenigen Kippwinkel aufgesucht haben, der dem Maximum
an Intensität entsprach. Dreht man umgekehrt bei konstanter Kippung
den Auffänger, so mißt man nicht den reflektierten Strahl, sondern gebeugte Strahlen, die um so weiter vom reflektierten Strahl entfernt liegen,
je größer der Kippwinkel ist (vgl. Kurven XXVIII bis XXX in Fig. 20).
    Zur Berechnung der Beugungswinkel eignet sich besser die Pro-
jektion der Einheitskugel parallel zur z-Achse. Wir erhalten dabei die

120   I. Estermann und O. Stern,

in der Röntgenspektroskopie als „Methode des reziproken Gitters" be
kannte Darstellung. Fig. 28 zeigt den Spezialfall, in dem der einfallende
Strahl in der x—z-Ebene liegt. Die eingezeichneten Punkte sind die Projektionen der Durchstoßpunkte der gebeugten Strahlen mit der Einheitskugel. Ihre Koordinaten sind gegeben durch die Gleichungen

$$x = \cos\alpha = \cos\alpha_0 + h_1\frac{\lambda}{d},$$

$$y = \cos\beta = \cos\beta_0 + h_2\frac{\lambda}{d}.$$

Sie bilden also ein Gitter mit der Gitterkonstante λ/d, das „reziproke
Gitter". Die von uns untersuchten Kreuzgitterspektren entsprechen den
Punkten P_1 und P_2, sie kommen nur dann zustande, wenn P_1 und P_2

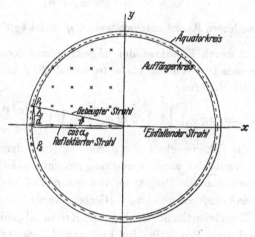

Fig. 28. Parallelprojektion parallel zur z-Achse auf die xy-Ebene,
reziprokes Gitter.

innerhalb des Äquatorkreises liegen. Die Projektion des Auffängerkreises wird ebenfalls ein Kreis um den Nullpunkt mit dem Radius $\cos\alpha_0$.
Man sieht wieder, daß die Punkte P_1 und P_2 nicht auf dem Auffängerkreis liegen, die gebeugten Strahlen also nicht vom Auffänger getroffen
werden. Um die durch die Punkte P_1 und P_2 gegebenen Beugungsspektren messen zu können, müßten wir also den Auffänger so justieren,
daß die Projektion des Auffängerkreises den gestrichelten Kreis ergibt.
Dann wäre der Winkel ϑ_0 zwischen der Einfallsebene und der durch die
z-Achse und den gebeugten Strahl bestimmten Ebene, den wir messen,
gegeben durch

$$\operatorname{tg}\vartheta_0 = \frac{\lambda}{d}\cdot\frac{1}{\cos\alpha_0}.$$

Beugung von Molekularstrahlen.   **121**

Wie gesagt, konnten wir diesen einfachen Fall aus apparativen Gründen nicht realisieren, sondern haben den Kristall um die y-Achse um den Winkel δ gekippt. Die Drehachse des Auffängers ist dann nicht mehr die z-Achse, sondern gegen die z-Achse um den Winkel δ geneigt (z'-Achse), und die Projektion des Auffängers ist kein Kreis mehr. Den von uns gemessenen Winkel ϑ' zwischen der Einfallsebene und der durch die z'-Achse und den gebeugten Strahl bestimmten Ebene erhalten wir durch die Gleichung

$$\operatorname{tg} \vartheta' = \operatorname{tg} \vartheta \cdot \frac{1}{\cos \delta - (\sin \delta) \cdot \sqrt{\operatorname{tg}^2 (\alpha_0 + \delta) - \operatorname{tg}^2 \vartheta}},$$

wobei

$$\operatorname{tg} \vartheta = \frac{y}{x} = \frac{\lambda}{d} \cdot \frac{1}{\cos (\alpha_0 + \delta)}$$

ist, denn im raumfesten Koordinatensystem x', y', z' ist $\operatorname{tg} \vartheta' = \dfrac{y'}{x'}$, woraus die obige Formel durch Einsetzen der ungestrichenen Koordinaten folgt. Da alle vorkommenden Winkel klein (maximal 20^0) sind, genügt für unsere Zwecke die Näherung

$$\operatorname{tg} \vartheta' = (\operatorname{tg} \vartheta_0) \cdot \left[1 + \delta \operatorname{tg} \alpha_0 \left(1 + \sqrt{1 - \frac{\operatorname{tg}^2 \vartheta_0}{\operatorname{tg}^2 \alpha_0}} \right) \right]^*,$$

Will man die Schwierigkeit, die darin liegt, daß der Auffängerkreis nicht als Kreis abgebildet wird, vermeiden, so muß man die stereographische Projektion, d. h. die Projektion von einem Pol der Einheitskugel auf die Äquatorebene, verwenden. Hierbei werden bekanntlich alle Kreise auf der Kugeloberfläche wieder als Kreise abgebildet. Fig. 29 zeigt als Beispiel diese Projektion für LiF und He von 180^0 K, Einfallswinkel $18^1/_2{}^0$, Kippung 3^0. P gibt den reflektierten, P_1 den gebeugten Strahl. Der Auffängerkreis liegt infolge der Kippung exzentrisch, sein Mittelpunkt liegt zwar auf der x-Achse, aber nicht im Nullpunkt, sondern nach links verschoben. Wir haben uns auch durch Ausführung der Projektion unter Berücksichtigung unserer Dimensionen von Strahl und Auffängerspalt überzeugt, daß der gemessene „Schwerpunkt" der Intensität praktisch,

---

* Der Kippwinkel δ selbst ist (nach freundlicher Mitteilung von Herrn W. Gordon) durch die Gleichung

$$\operatorname{tg} \delta = \frac{1 - \sqrt{1 - \operatorname{tg}^2 \vartheta_0}}{2 \operatorname{tg} \alpha_0}$$

gegeben. Für die bei unseren Versuchen auftretenden kleinen Winkel genügt die Näherung $\delta = \dfrac{\vartheta_0^2}{4 \alpha_0}$.

122   I. Estermann und O. Stern,

d. h. innerhalb $^1/_4^0$, denselben Beugungswinkel ergibt, den man unter Vernachlässigung der Dimensionen erhält.

Dreht man den Kristall in seiner Ebene um den Winkel ε, so wird

$$\cos \alpha_0 = \cos \alpha_{00} \cdot \cos \varepsilon,$$
$$\cos \beta_0 = \cos \alpha_{00} \cdot \sin \varepsilon,$$

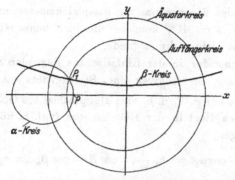

Fig. 29. Konstruktion des gebeugten Strahls in stereographischer Projektion für gekippten Kristall.

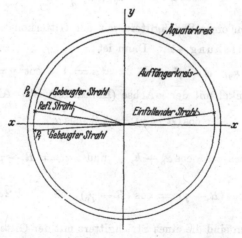

Fig. 30. Parallelprojektion für gedrehten Kristall.

wobei α_{00} ($= \alpha_0$ für $\varepsilon = 0$) der Winkel zwischen dem einfallenden Strahl und der Kristalloberfläche (Glanzwinkel) ist. Für kleine Drehwinkel ε ist der Effekt der, daß das Beugungsspektrum auf der einen Seite näher an den Auffängerkreis heranrückt (P_1 in Fig. 30, Parallelprojektion parallel zur z-Achse auf die $x-y$-Ebene mit im Kristall

Beugung von Molekularstrahlen.   123

festem Koordinatensystem) und daher bei kleineren **Kippwinkeln** gemessen wird, während das Beugungsspektrum auf der anderen Seite
vom Auffängerkreis nach dem Äquatorkreis hinrückt und daher große
Kippwinkel erfordert. Auch bricht das Spektrum hier schon bei viel
kürzeren Wellen ab als auf der anderen Seite, weil die den langen
Wellen entsprechenden Gitterpunkte schon außerhalb des Äquatorkreises
liegen. Fig. 30 zeigt den von uns als Beispiel gemessenen Fall $\varepsilon = 8^0$.
Für große ε, z. B. $\varepsilon = 45^0$, kommen die hier behandelten Beugungsspektren überhaupt nicht mehr zustande.

Die Berechnung der in der Einfallsebene liegenden Spektren zeigt,
daß diese vollständig den Spektren eines Strichgitters entsprechen.

1. **Fall: Drehung** 0^0, d. h. eine Hauptachse des Oberflächengitters
gleichnamiger Ionen liegt in der Einfallsebene (vgl. S. 96). Dann folgt
aus den Gleichungen

$$\cos \alpha - \cos \alpha_0 = h_1 \frac{\lambda}{d}, \quad \cos \beta - \cos \beta_0 = h_2 \frac{\lambda}{d}$$

wegen $h_2 = 0$, $\beta = \beta_0 = 90^0$

$$\cos \alpha = \cos \alpha_0 + h_1 \frac{\lambda}{d},$$

d. h. die Spektren eines Strichgitters mit der Gitterkonstante d.

2. **Fall: Drehung** 45^0. Dann ist

$\alpha_0 = \beta_0$, $h_1 = h_2$, $\alpha = \beta$ und $2 \cos^2 \alpha = 1 - \cos^2 \gamma = \cos^2 (R - \gamma)$,

wobei γ der Winkel mit der z-Achse (Einfallslot) ist. Also ist

$$\cos (R - \gamma) = \sqrt{2} \cdot \cos \alpha.$$

Wegen

$$\cos \alpha = \cos \alpha_0 + h_1 \frac{\lambda}{d} \quad \text{und} \quad \alpha_0 = R - \gamma_0$$

ist

$$\cos (R - \gamma) = \cos (R - \gamma_0) + h_1 \cdot \frac{\lambda}{d} \cdot \sqrt{2},$$

d. h. die Spektren sind die eines Strichgitters mit der Gitterkonstante $\dfrac{d}{\sqrt{2}}$.

Berechnung der Wellenlänge λ_m **größter Intensität.** Für
die Geschwindigkeitsverteilung im Molekularstrahl gilt nach **Maxwell**[*]

$$dn = C \cdot e^{-\frac{v^2}{\alpha^2}} \cdot v^3 \, dv$$

---

[*] Vgl. die Bemerkung von A. **Einstein** in ZS. f. Phys. **3**, 417, 1920.

124   I. Estermann und O. Stern,

(α ist die wahrscheinlichste Geschwindigkeit im ruhenden Gas). Nach de Broglie ist

$$\lambda = \frac{h}{m \cdot v} \quad \text{oder} \quad v = \frac{h}{m \cdot \lambda} \quad \text{und} \quad dv = -\frac{h}{m \cdot \lambda^2} \cdot d\lambda.$$

Setzt man

$$\lambda_\alpha = \frac{h}{m \cdot \alpha},$$

so ist

$$dn = C' \cdot e^{-\frac{\lambda_\alpha^2}{\lambda^2}} \cdot \frac{1}{\lambda^5} \, d\lambda = C' \cdot f(\lambda) \, d\lambda.$$

Für die Wellenlänge λ_m größter Intensität ist $\dfrac{dn}{d\lambda} = C' f(\lambda)$ ein Maximum, also

$$\frac{df(\lambda)}{d\lambda} = 0.$$

Daraus folgt

$$\frac{\lambda_m^2}{\lambda_\alpha^2} = \frac{2}{5}; \quad \lambda_m = \lambda_\alpha \cdot \sqrt{0,4}.$$

Es ist

$$\lambda_\alpha = \frac{h}{m\alpha} = 30,8 \cdot 10^{-8} \cdot \frac{1}{\sqrt{T \cdot m}} \, \text{cm},$$

also

$$\lambda_m = 19,47 \cdot 10^{-8} \cdot \frac{1}{\sqrt{T m}} \, \text{cm}.$$

Die Zahlenwerte für die Gitterkonstante d haben wir aus dem Landolt-Börnstein entnommen, es ist für

$$\text{NaCl}: d = 3,980 \cdot 10^{-8} \, \text{cm}$$

und für

$$\text{LiF}: d = 2,845 \cdot 10^{-8} \, \text{cm}.$$

Die Werte von λ_m und λ_m/d für die von uns untersuchten Fälle gibt Tabelle 5.

Tabelle 5.

Temperatur ^{0}K	He = 4,00			H_2 = 2,016		
	$\lambda_m \cdot 10^8$ cm	$\dfrac{\lambda_m}{d}$ für NaCl	$\dfrac{\lambda_m}{d}$ für LiF	$\lambda_m \cdot 10^8$ cm	$\dfrac{\lambda_m}{d}$ für NaCl	$\dfrac{\lambda_m}{d}$ für LiF
100	0,974	0,2446	0,3423	1,371	0,3450	0,4828
180	0,727	—	0,255	—	—	—
295	0,570	0,1432	0,2003	0,805	0,2024	0,2830
590	0,405	0,1018	0,1424	0,570	0,1432	0,2003

Beugung von Molekularstrahlen.   **125**

Mit Hilfe dieser Zahlen und der oben abgeleiteten Gleichung

$$\operatorname{tg} \vartheta' = (\operatorname{tg} \vartheta_0)\left[1 + \delta \operatorname{tg} \alpha_0 \left(1 + \sqrt{1 - \frac{\operatorname{tg}^2 \vartheta_0}{\operatorname{tg}^2 \alpha_0}}\right)\right]$$

sind die im Text angegebenen Beugungswinkel von λ_m berechnet. Wenn wir verlangen, daß die Maxima unserer Kurven mit den für λ_m berechneten Beugungswinkeln der Lage nach übereinstimmen, so setzen wir dabei voraus, daß die Dispersion konstant ist. Dies ist bei den von uns untersuchten Kreuzgitterspektren stets mit genügender Annäherung der Fall (vgl. S. 110). Auch bei den Strichgitterspektren ist in den von uns untersuchten Fällen die durch die variable Dispersion hervorgerufene Verschiebung des Intensitätsmaximums im allgemeinen klein. Die Berechnung dieser Verschiebung ist kurz folgende: Es ist

$$\cos(R - \gamma) = \cos(R - \gamma_0) \pm \frac{\lambda}{d} \sqrt{2}; \qquad (h_1 = \pm 1)$$

sowie

$$dn = C' \cdot e^{-\frac{\lambda_\alpha^2}{\lambda^2}} \cdot \frac{1}{\lambda^5} \cdot d\lambda = C' \cdot f(\lambda)\, d\lambda = C'' \varphi(\gamma)\, d\gamma.$$

Das Maximum dieser Kurve liegt bei

$$\frac{d\varphi(\gamma)}{d\gamma} = 0,$$

woraus sich ergibt, daß

$$2 \frac{\lambda_\alpha^2}{\lambda_m^2} - 5 = \pm \frac{\lambda_m}{d} \cdot \frac{\cos(R - \gamma_m)}{\sin^2(R - \gamma_m)}$$

ist, wobei γ_m der Beugungswinkel ist, dem die größte Intensität entspricht, λ_m die zugehörige Wellenlänge. Die hieraus berechnete Verschiebung des Intensitätsmaximums (für kleine Verschiebungen wurde eine Näherungsformel benutzt) vergrößert stets den Winkel $(R - \gamma_m)$ mit der Kristalloberfläche. Für $h = + 1$ (gebeugter Strahl zwischen Kristalloberfläche und reflektiertem Strahl) ist sie für den Einfallswinkel 45^0 zwar 11^0 ($R - \gamma_m = 19^0$ statt 8^0), aber schon für 55^0 Einfallswinkel nur noch 2^0 und für die größeren Einfallswinkel noch kleiner; für $h = -1$ (gebeugter Strahl auf der anderen Seite des reflektierten) ist sie durchweg höchstens 1^0 oder kleiner.

S41. Thomas Erwin Phipps und Otto Stern, Über die Einstellung der Richtungsquantelung, Z. Physik, 73, 185–191 (1932)

(Untersuchungen zur Molekularstrahlmethode aus dem Institut für physikalische Chemie der Hamburgischen Universität Nr. 17.)

Über die Einstellung der Richtungsquantelung.

Von T. E. Phipps[1]) Urbana, zurzeit in Hamburg und O. Stern in Hamburg.

(Untersuchungen zur Molekularstrahlmethode aus dem Institut für physikalische Chemie der Hamburgischen Universität Nr. 17.)

Über die Einstellung der Richtungsquantelung.

Von T. E. Phipps[1]) Urbana, zurzeit in Hamburg und O. Stern in Hamburg.

Mit 3 Abbildungen.   (Eingegangen am 9. September 1931.)

Es wird die Änderung der Richtungsquantelung („Umklappen" der Atome) bei Drehung des Feldes diskutiert; adiabatischer und nichtadiabatischer Fall; Einfluß von Zusammenstößen. Beschreibung einer Versuchsanordnung; vorläufige Ergebnisse.

I. Teil.   Von O. Stern.

Seitdem der direkte Nachweis der Richtungsquantelung durch magnetische Aufspaltung eines Silberatomstrahles gelungen war, ist wiederholt folgender Versuch vorgeschlagen worden: Man sende, wie bei den ursprünglichen Versuchen, einen Strahl von Silberatomen (oder Alkaliatomen) durch ein inhomogenes Magnetfeld, so daß er in zwei Strahlen aufgespalten wird. Dann blende man den einen der beiden Strahlen ab, so daß in dem übrigbleibenden Strahl alle Atome dieselbe Achsenrichtung haben (bzw. dieselbe Komponente des magnetischen Momentes). Diesen Strahl schicke man durch ein zweites inhomogenes Magnetfeld, bei dem die magnetische Feldstärke eine andere Richtung hat als bei dem ersten Feld. Die Frage ist nun, wie sich in dem zweiten Feld die Richtungsquantelung einstellt. Nach Entwicklung der neuen Quantenmechanik ist dieses Problem mehrfach theoretisch behandelt worden [Darwin[2]), Landé[3])] mit dem Resultat, daß sich ein Teil der Atome parallel, ein Teil antiparallel zur neuen Feldrichtung einstellt, z. B. für den Fall eines rechten Winkels der beiden Feldrichtungen die eine Hälfte parallel, die andere Hälfte antiparallel.

Es schien mir jedoch seit jeher sicher, daß bei wirklicher Ausführung dieses Versuches nichts derartiges zu erwarten wäre, sondern alle Atome der Drehung des Feldes folgen würden, ohne „umzuklappen". Denn bei den erwähnten Rechnungen war stets stillschweigend die Voraussetzung gemacht worden, daß die Änderung der Feldrichtung streng nichtadiabatisch erfolgt. In Wirklichkeit ist aber unter den experimentell herstellbaren Bedingungen gerade das Gegenteil der Fall, die Drehung der Feldrichtung muß mit großer Näherung als durchaus adiabatischer Prozeß betrachtet werden,

---

[1]) Guggenheim-Fellow 1931.
[2]) C. G. Darwin, Proc. Roy. Soc. London (A) 117, 258, 1928.
[3]) A. Landé, Naturwissensch. 17, 634, 1929.

weil das Atom eine große Anzahl von Larmordrehungen ausführt, während es eine Strecke durchfliegt, auf der sich die Feldrichtung merklich ändert. Denn die Periode der Larmordrehungen ist $7 \cdot 10^{-7} \cdot 1/H$ sec, z. B. für 1000 Gauß $7 \cdot 10^{-10}$ sec, und während dieser Zeit legt ein Atom von 10^5 cm/sec Geschwindigkeit $7 \cdot 10^{-5}$ cm zurück, d. h. das Feld müßte innerhalb dieser kleinen Strecke seine Richtung merklich ändern, ein experimentell kaum realisierbarer Fall. Allerdings wächst diese Strecke mit $1/H$, ist also bei 1 Gauß $7 \cdot 10^{-2}$ cm. Doch ist es schwierig, mit so schwachen Feldern zu arbeiten, weil zur magnetischen Ablenkung der Atome sehr starke Felder erforderlich sind.

Es wird also nicht leicht sein, die experimentellen Bedingungen so zu wählen, daß überhaupt merkliche Abweichungen vom adiabatischen Fall eintreten. Am zweckmäßigsten wird wohl die Versuchsanordnung so einzurichten sein, daß man den Strahl zunächst durch ein starkes inhomogenes Feld schickt, in dem er aufgespalten wird; sodann den einen der beiden Strahlen in einen Raum mit schwachem Feld, in dem dann die Drehung des Feldes erfolgt, und schließlich wieder in ein starkes inhomogenes Feld, um zu sehen, wie viele Atome „umgeklappt" sind. Falls man das schwache Feld gerade um 2π dreht, so haben die beiden starken Felder, die der Strahl vorher und nachher durchlaufen muß, dieselbe Richtung, können also bequem vom selben Elektromagneten erzeugt werden. Nach der obigen Abschätzung muß die Drehung des schwachen Feldes bei 1 Gauß Feldstärke auf einer Strecke von weniger als 1 mm erfolgen, wenn man eine merkliche Anzahl umgeklappter Atome erwarten will.

Um die Erfolgsaussichten dieses ziemlich schwierigen Versuches beurteilen zu können, schien es wichtig, diese rohe Abschätzung durch eine quantitative Berechnung zu ersetzen. Dies wurde erst durch die neue Quantenmechanik ermöglicht. Herr Heisenberg hat mir (September 1930) zunächst ausgerechnet, daß der Bruchteil z der umgeklappten Atome proportional $\left(\dfrac{T_l}{T_f}\right)^2$ ist (Näherung für $z \ll 1$), wobei T_l die Dauer einer Larmorperiode und T_f die Zeit ist, in der die Feldrichtung um 2π gedreht wird. Herr Pauli hat dann auf meine Bitte Herrn Güttinger veranlaßt, die genaue Berechnung durchzuführen (vgl. dieses Heft, S. 169). Güttingers Formel lautet in unserer Schreibweise

$$\frac{\left(\dfrac{1}{T_f}\right)^2}{\left(\dfrac{g}{T_l}\right)^2+\left(\dfrac{1}{T_f}\right)^2}\sin^2\left(\pi t\sqrt{\left(\dfrac{g}{T_l}\right)^2+\left(\dfrac{1}{T_f}\right)^2}\right),$$

Über die Einstellung der Richtungsquantelung. 187

wobei g der Landésche g-Faktor und t die Zeit der Einwirkung des Drehfeldes ist. In unserem Falle variiert t infolge der verschiedenen Geschwindigkeiten der Gasmoleküle stark, so daß wir $\sin^2$ durch seinen Mittelwert $1/2$ ersetzen können. Ferner ist $g = 2$. Für $T_l \ll T_f$ ergibt sich also $z = \frac{1}{8}\left(\frac{T_l}{T_f}\right)^2$. Für das obige Beispiel $T_l = 7 \cdot 10^{-7}$, $T_f = 10^{-6}$ sec würden sich etwa 6% umgeklappte Atome ergeben.

Professor Phipps aus Urbana hat im hiesigen Institut eine derartige Versuchsanordnung aufgebaut, die im zweiten Teil der Arbeit näher beschrieben ist. Leider mußte Herr Phipps vor Beendigung der Versuche nach Amerika zurück, ohne daß es gelungen war, den obigen Effekt zu verifizieren. Nur in einem Versuch ergab sich einwandfrei ein beträchtlicher Bruchteil umgeklappter Atome. Ich glaube jedoch, daß in diesem Falle das Umklappen der Atome nicht durch den obigen Mechanismus veranlaßt wurde, sondern die Wirkung schlechten Vakuums war, dessen Vorhandensein bei diesem Versuch wahrscheinlich war (s. II. Teil). Es ist nämlich zu erwarten, daß bereits ein sehr kleiner Gasdruck, der die Strahlbildung noch nicht merklich stört, schon einen beträchtlichen Teil der Atome zum Umklappen bringen sollte. Denn die dazu erforderliche Energie der Störung wird von der Größenordnung $\mu H = 10^{-20} H$ erg (μ Bohrsches Magneton) sein, z. B. 10^{-19} erg für $H = 10$ Gauß. Diese Energie ist sehr klein gegenüber der kinetischen Energie des Strahlatoms, die ja von der Größenordnung 10^{-13} erg ist. Andererseits ist der Ablenkungswinkel bei einem Zusammenstoß von der Größenordnung: Störenergie/kinetische Energie, gleich 10^{-6} in unserem Beispiel. Allerdings handelt es sich um zwei verschiedene Arten von Störung, so daß die Gleichsetzung der beiden ,,Störenergien'' höchstens größenordnungsmäßig richtig sein kann; doch müßten sie sich mindestens um den Faktor 10^4 unterscheiden, um unsere Überlegungen hinfällig zu machen. Man wird also annehmen können, daß das Atom bei einem Zusammenstoß, der es zum Umklappen bringt, in den meisten Fällen nur unmerkbar wenig aus seiner geradlinigen Bahn abgelenkt wird. Selbst bei Feldern von 1000 Gauß wäre dieser Ablenkungswinkel erst 10^{-4}. Auch stellen solche Zusammenstöße geradezu den Idealfall einer nichtdiabatischen Beeinflussung dar; selbst wenn man die Strecke, auf der sich das Störfeld merklich ändert, gleich 10^{-6} cm setzt, wird sie bei einer Geschwindigkeit von 10^5 cm/sec in 10^{-11} sec durchlaufen, eine Zeit, die selbst bei 1000 Gauß nur $1/70$ Larmorperiode ist.

Dieser Effekt sollte umgekehrt eine bequeme Methode zur Untersuchung der Störfelder ergeben, indem man die Zahl der umgeklappten Atome als

Funktion von Gasdruck p und Feldstärke H mißt. Die Abhängigkeit vom Gasdruck wird linear sein, wenigstens solange der Druck so gering ist, daß nur ein kleiner Bruchteil z der Atome umgeklappt wird. Um die Abhängigkeit von z von der Feldstärke ganz roh abzuschätzen, machen wir folgende vereinfachenden Annahmen. Bezeichnen wir mit σ den Abstand des Strahlatoms von dem störenden Molekül, so möge stets Umklappen erfolgen, wenn $\sigma < \sigma_0$, sonst nicht. Wir nehmen ferner an, daß im Abstand σ_0 die Störungsenergie $\varphi = \mu H$ ist, und weiter, daß φ einfach mit irgendeiner Potenz des Abstandes abnimmt, d. h. $\varphi = C/\sigma^m$, also $\mu H = C/\sigma_0^m$. Durch diese Gleichung ist σ_0 als Funktion von H bestimmt zu $\sigma_0 = (C/\mu H)^{1/m}$. Ist $n = p/kT$ die Zahl der störenden Moleküle in Kubikzentimeter, so ist die Zahl der umklappenden Zusammenstöße, die ein Strahlatom auf 1 cm Weg erleidet,

$$z = n \pi \sigma_0^2 = \frac{\pi C^{2/m}}{k T \mu^{2 m}} \frac{p}{H^{2/m}} = \text{const } \frac{p}{H^{2/m}}.$$

Die Versuche sollen mit verschiedenen Gasen durchgeführt werden; ihre Ergebnisse werden zeigen, ob die hier benutzte Idealisierung des Problems brauchbar ist und ob es sich lohnt, die rohe Abschätzung durch eine genauere Theorie zu ersetzen[1].

Die Methode sollte experimentell nicht schwierig durchzuführen sein, denn sie erfordert zwar im wesentlichen dieselbe Anordnung wie das erste Problem, doch braucht in dem Raum, in dem die Atome umklappen sollen, das Feld nicht so schwach zu sein, was die Abschirmungsschwierigkeiten (s. II. Teil) beträchtlich vermindert; auch fällt das Drehen des Feldes weg. Die Versuche sollen deshalb zunächst in dieser Richtung fortgeführt werden. Das bedeutend schwierigere ursprüngliche Problem soll natürlich auch weiter verfolgt werden, was aber voraussichtlich noch längere Zeit in Anspruch nehmen wird. Infolge der Abreise von Prof. Phipps schien es zweckmäßig, den jetzigen Stand der Sache zu veröffentlichen.

II. Teil. Von T. E. Phipps.

Fig. 1 zeigt schematisch die Versuchsanordnung,. Ein Molekularstrahl von Na (Atome und etwas Moleküle) wird durch den Ofenspalt ($Ofsp$) und Abbildespalt ($Abbsp$) erzeugt. Der Strahl geht zunächst durch das starke inhomogene Magnetfeld I und wird in drei Strahlen aufgespalten,

---

[1] Das optische Analogon zu diesen Versuchen wäre, mit einer Zeemankomponente Resonanzfluoreszenz anzuregen und durch Gasdruck das Auftreten der anderen Komponente(n) zu erzeugen (vgl. ähnliche Versuche mit Feinstrukturkomponenten).

Über die Einstellung der Richtungsquantelung.   189

deren mittlerer den nicht magnetischen Molekülen entspricht. Mit Hilfe
des von außen verschiebbaren Selektorspalts (*Ssp*) am Ende von Feld I
wird ein Teil des nach der einen Seite abgelenkten Atomstrahles ausgeblendet. Das zweite inhomogene Magnetfeld II stimmt mit dem ersten
bezüglich Bauart und Richtung überein. Beide Felder werden durch denselben großen Elektromagneten (von Hartmann und Braun) erzeugt,
zwischen dessen Polen der ganze Apparat eingebaut ist. In dem Raum
zwischen den beiden starken Feldern I und II befindet sich zur Erzeugung
des Raumes schwacher Feldstärke ein magnetischer Schutz *MS*, der aus
drei konzentrischen eisernen Hohlkugeln besteht. Vorversuche in einem

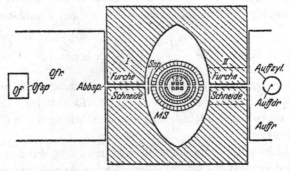

Fig. 1. *Of* Ofen; *Ofsp* Ofenspalt; *Ofr* Ofenraum: I., II. Erstes, zweites Magnetfeld; *Ssp* Selektorspalt; *MS* Magnetischer Schutz; 1, 2, 3 Kleine Magnete;
Auffzyl Auffängerzylinder; *Auffdr* Auffängerdraht; *Auffr* Auffängerraum.

starken Feld mit einem magnetischen Schutz, bestehend aus drei konzentrischen Zylindern, hatten ergeben, daß das Feld im Innern des Schutzes
auf etwa den tausendsten Teil herabgedrückt wurde. Wir erwarten demnach
im Innern des Kugelpanzers *MS* ein Feld von höchstens 1 Gauß, was
allerdings nicht durch Messungen kontrolliert wurde. Der Kugelpanzer
war an den Polschuhen des Feldes II befestigt und konnte zusammen mit
diesen entfernt werden.

Innerhalb des Kugelpanzers befanden sich die drei kleinen Elektro-
magnete 1, 2, 3. Die Richtungen der von ihnen erzeugten magnetischen
Felder standen sämtlich senkrecht zum Molekularstrahl und waren gegeneinander um je 120° verdreht (was die schematische Zeichnung nicht erkennen läßt). Vorversuche mit einer kleinen Magnetnadel (ein kurzes
Stückchen Eisendraht von 15 μ Dicke, das an einem Quarzfaden angekittet
war) hatten gezeigt, daß diese Anordnung tatsächlich eine Drehung des
schwachen Feldes (jedesmal um 120°) auf einer Strecke von der Größen-

13*

190   T. E. Phipps und O. Stern,

ordnung 1 mm ergibt. Nach Durchlaufen des Feldes II tritt der Strahl
in den Auffängerraum, wo er nach der Langmuir-Taylor-Methode ausgemessen wird.

Fig. 2, Kurve *A*, zeigt das Ergebnis eines Versuches, bei dem Selektorspalt, Kugelpanzer und Feld II herausgenommen waren, der Strahl also
nur durch Feld I ging. Das kleine Maximum in der Mitte rührt von den
Molekülen her und fällt zusammen mit der Lage des unabgelenkten Strahles
(für Feld I = 0). Sodann wurde der Selektorspalt eingesetzt; Kurve *B*
und *C* zeigen die Ergebnisse für zwei verschiedene Lagen des Selektor-
spaltes. Wie man sieht, enthält der Strahl in beiden Fällen nur Atome

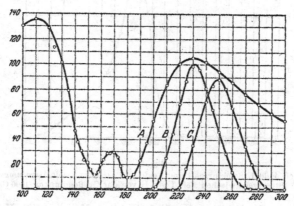

Fig. 2. Kurve *A*: Strahl durch Feld I, ohne Selektorspalt und Feld II.
Kurve *B* und *C*: Strahl durch Feld I und Selektorspalt (zwei verschiedene
Lagen), ohne Feld II.

einer Orientierung. Sodann wurde Feld II eingesetzt, jedoch ohne den
Kugelpanzer mit den kleinen Magnetchen. Fig. 3 zeigt das Resultat.
Der Pfeil gibt die ungefähre Lage der Stelle, bei der umgeklappte Atome
sich hätten zeigen müssen. Wie man sieht, ist keinerlei Unregelmäßigkeit
der Kurve an dieser Stelle zu erkennen, d. h. wenn überhaupt umgeklappte
Atome vorhanden sind, so ist ihr Betrag sicher weit unter 1%.

Nun wurde der Kugelpanzer mit den kleinen Magnetchen eingesetzt.
Ihre Magnetisierungsströme wurden so variiert, daß die dadurch erzeugte
Feldstärke sich etwa zwischen 0,1 und 10 Gauß bewegte. Tatsächlich
wurden bei dem ersten Versuch an der erwarteten Stelle umgeklappte
Atome in beträchtlicher Intensität (bis etwa 30%) beobachtet. Doch hing
ihre Intensität in unregelmäßiger und nicht reproduzierbarer Weise von der
Magnetisierungsstromstärke ab. Nach Öffnen des Apparates zeigte sich,
daß die Isolation der zu dünn gewählten Wicklungsdrähte der kleinen

Über die Einstellung der Richtungsquantelung.   191

Magnetchen verkohlt war. Sie wurden deshalb durch dickere Drähte ersetzt. Es wurden dann noch mehrere Versuche ausgeführt, bei denen es nicht gelang, den positiven Effekt des ersten Versuches zu reproduzieren. In keinem Falle gelang es, bei irgendeiner Stromstärke eine Spur umgeklappter Atome zu entdecken. Es ist deshalb wahrscheinlich, daß der positive Ausfall des ersten Versuches auf einem Störeffekt beruht. Vermutlich

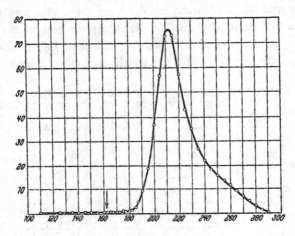

Fig. 3.
Strahl durch Feld I, Selektorspalt und Feld II. ∀ zu erwartende Lage umgeklappter Atome. (Streufeld zwischen Feld I und II von der Größenordnung 1000 Gauß.)

war infolge des Verkohlens der Isolation das Vakuum im Kugelpanzer schlecht geworden, was auch zu einem Umklappen der Atome Anlaß geben kann (vgl. I. Teil).

Das negative Ergebnis der anderen Versuche rührt vielleicht daher, daß der Kugelpanzer noch nicht genügend Schirmwirkung hatte oder die kleinen Magnetchen nicht vollständig entmagnetisiert waren, so daß das Feld im Innern höher als 1 Gauß war.

———————

S42. Immanuel Estermann, Otto Robert Frisch und Otto Stern, Monochromasierung der de Broglie-Wellen von Molekularstrahlen. Z. Physik, 73, 348–365 (1932)

(Untersuchungen zur Molekularstrahlmethode aus dem Institut für physikalische Chemie der Hamburgischen Universität, Nr. 18.)

Monochromasierung der de Broglie-Wellen von Molekularstrahlen.

Von **I. Estermann, R. Frisch** und **O. Stern** in Hamburg[1]).

348

(Untersuchungen zur Molekularstrahlmethode aus dem Institut für
physikalische Chemie der Hamburgischen Universität, Nr. 18.)

Monochromasierung der de Broglie-Wellen von Molekularstrahlen.

Von I. Estermann, R. Frisch und O. Stern in Hamburg [1]).

Mit 17 Abbildungen. (Eingegangen am 22. September 1931.)

Die de Broglie-Wellen wurden auf zwei Wegen monochromasiert: 1. Ein gewöhnlicher Molekularstrahl (mit Maxwellverteilung der Geschwindigkeiten) von
Heliumatomen wurde an einer LiF-Spaltfläche gebeugt; aus dem Beugungsspektrum wurden Strahlen bestimmter Richtung, also Wellenlänge, ausgeblendet
und die erfolgte Monochromasierung durch Beugung an einem zweiten Kristall
nachgewiesen. 2. Ein gewöhnlicher Molekularstrahl wurde durch ein Zahnradsystem geschickt, das nur Atome eines bestimmten Geschwindigkeitsbereichs
passieren ließ, und an einer LiF-Spaltfläche gebeugt. Die so gemessene Wellenlänge stimmte mit der aus der — grobmechanisch bestimmten — Geschwindigkeit berechneten ($\lambda = h/mv$) auf 1 % überein.

Einleitung. In einer früheren Arbeit [2]) konnte gezeigt werden, daß ein
Molekularstrahl von Heliumatomen oder Wasserstoffmolekülen von der
Spaltfläche eines Lithiumfluoridkristalls wie von einem Kreuzgitter gebeugt wird. Bei diesen Versuchen enthielt der Strahl Moleküle aller Geschwindigkeiten entsprechend dem Maxwellschen Verteilungsgesetz;
die daraus mit Hilfe der de Broglieschen Beziehung $\lambda = h/mv$ errechnete
wahrscheinlichste Wellenlänge stimmte überein mit der Wellenlänge des
Maximums der Beugungskurve, berechnet aus der Gitterkonstante des
Lithiumfluorids.

Bei der Wichtigkeit der fundamentalen de Broglieschen Beziehung
schien es wünschenswert, derartige Messungen auch mit „monochromatischen" Molekularstrahlen durchzuführen, d. h. mit Strahlen einheitlicher
Geschwindigkeit bzw. Wellenlänge. Natürlich ist es nicht möglich, streng
monochromatische Strahlen herzustellen, sondern es kann sich nur darum
handeln, einen bestimmten Wellenlängen- bzw. Geschwindigkeitsbereich

---

[1]) Vorgetragen: Teil I auf der Tagung des Gauvereins Niedersachsen der
Deutschen Physikalischen Gesellschaft in Hannover am 15. Februar 1931 (Ver-
handl. d. D. Phys. Ges. **12**, 18, 1931), Teil II auf der Tagung in Göttingen am
12. Juli 1931 (Verh. d. D. Phys. Ges. **12**, 41, 1931). Ferner Teil I und II auf
der Physikalischen Vortragswoche der Eidgenössischen Technischen Hochschule
in Zürich vom 20. bis 24. Mai 1931 (Phys. ZS. **32**, 670, 1931.)
[2]) U. z. M. Nr. 15; I. Estermann u. O. Stern, ZS. f. Phys. **61**, 95, 1930.

I. Estermann, R. Frisch und O. Stern, Monochromasierung usw. **349**

auszugrenzen. Zur Monochromasierung von Molekularstrahlen bieten sich zunächst zwei Wege.

1. Man läßt einen gewöhnlichen Molekularstrahl (mit Maxwellverteilung) auf eine LiF-Spaltfläche fallen und blendet aus dem Beugungsspektrum einen Strahl bestimmter Richtung, also bestimmter Wellenlänge bzw. Geschwindigkeit aus.

2. Kann man rein mechanisch einen monochromatischen Strahl herstellen, indem man einen gewöhnlichen Molekularstrahl durch ein System von zwei rasch rotierenden Zahnrädern schickt (analog der Foucaultschen Lichtgeschwindigkeitsmessung), das nur Moleküle einer bestimmten Geschwindigkeit hindurchtreten läßt.

Wir haben nach beiden Methoden monochromatische Heliumstrahlen hergestellt und mit einem LiF-Gitter analysiert. Die zweite Methode geht insofern über die erste hinaus, als sie eine sehr unmittelbare Prüfung der de Broglieschen Beziehung ermöglicht: Einerseits wird die Geschwindigkeit v der Moleküle auf grobmechanische Weise festgelegt, andererseits ihre Wellenlänge λ durch Beugung an einem LiF-Gitter gemessen. Wir konnten so direkt die de Brogliesche Beziehung $\lambda = \dfrac{h}{mv}$ prüfen und verifizieren.

I. Monochromasierung durch Beugung.

Prinzip der Anordnung. Wollte man die Monochromasierung mit dem Kristall so vornehmen, daß man mit einem beweglichen Spalt aus dem vom Kristall ausgehenden Strahlenbüschel die verschiedenen Wellenlängen ausblendet, so müßte man auch den zweiten Kristall, auf den dieser Strahl fällt, und den Auffänger bewegen, und zwar in recht komplizierter Weise. Diese Schwierigkeit wird durch die folgende Anordnung umgangen, bei der nur die Kristalle gedreht werden, während alles andere fest bleibt.

Um das Prinzip dieser Anordnung klar zu machen, betrachten wir zunächst nur einen Kristall. Der Kristall sei so zum einfallenden Strahl orientiert, daß die Einfallsebene seine Oberfläche in einer Würfeldiagonale des Kristalls, d. h. in einer Hauptachse des Oberflächengitters gleichnamiger Ionen schneidet. Wir wählen diese als X-Achse, die dazu senkrechte als Y-Achse; die Winkel des einfallenden Strahles mit diesen beiden Achsen bezeichnen wir mit α_0 und β_0, die des austretenden Strahles als α und β. Bei dieser Orientierung ist also $\beta_0 = 90^0$, α_0 der Einfallswinkel in unserer früheren Bezeichnung (also das Komplement des Winkels

350　　　　　　　I. Estermann, R. Frisch und O. Stern,

mit dem Einfallslot). Für den gebeugten Strahl gelten sodann die Gleichungen für die Beugung an einem Kreuzgitter, nämlich

$$\cos\alpha = \cos\alpha_0 + h_1\frac{\lambda}{d}, \cos\beta = \cos\beta_0 + h_2\frac{\lambda}{d}.$$

Wir betrachten die Spektren, für die $h_1 = 0$, also

$$\cos\alpha = \cos\alpha_0, \alpha = \alpha_0$$

ist; sie liegen alle auf dem Kegel $\alpha = \alpha_0$ um die X-Achse.

Dies bleibt auch dann der Fall, wenn wir den Kristall um die X-Achse
drehen, da α_0 und α hierbei nicht geändert werden. Wenn wir den Auffänger zunächst, d. h. für die Stellung $\beta_0 = 90^0$, so stellen, daß er den gespiegelten Strahl aufnimmt, also β auch gleich 90^0, und wir drehen dann
den Kristall um die X-Achse, so bekommen wir nacheinander alle auf dem
Kegel $\alpha = \alpha_0$ liegenden gebeugten Strahlen in den Auffänger. Denn wir
ändern dabei β_0 und damit in gleicher Weise auch β für den in den Auffänger

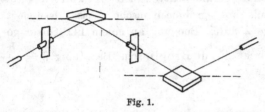

gelangenden Strahl, weil
in jeder Lage des Kristalls
$\beta + \beta_0 = 180^0$ ist. Die
Wellenlänge, die bei einer
bestimmten Drehung des
Kristalls, also einem be-

Fig. 1.　　　　　　stimmten Wert von β_0

in den Auffänger gelangt, ist für die erste Ordnung ($h_2 = \pm 1$)
der Beziehung $\cos\beta = \cos\beta_0 \pm d/\lambda$ gemäß $\lambda = |2\,d\cos\beta_0|$. Be-
zeichnen wir mit φ den Winkel, um den man den Kristall aus der spiegeln-
den Lage gedreht hat, so ist $\cos\beta_0 = \sin\varphi\sin\alpha_0$, also $\lambda = 2\,d\,|\sin\varphi|\cdot\sin\alpha_0$.
Bei den folgenden Versuchen war stets $\mathrm{tg}\,\alpha_0 = \frac{1}{3}$, d. h. $\sin\alpha_0 = \dfrac{1}{\sqrt{10}}$,
ferner ist für Lithiumfluorid $d = 2{,}84_5 \cdot 10^{-8}$ cm, also $\lambda = |\sin\varphi| \cdot 1{,}80_1$
$\cdot 10^{-8}$ cm.

Wenn wir nun an Stelle des Auffängers einen festen Spalt anbringen,
so gehen durch diesen bei Drehen des Kristalls, im folgenden als erster
Kristall bezeichnet, nacheinander Strahlen von verschiedener Wellenlänge,
aber fester Richtung. Den so erzeugten Strahl lassen wir auf einen zweiten
Kristall fallen, der ebenfalls um seine X-Achse drehbar ist, und analysieren
die von diesem gebeugten Strahlen in gleicher Weise mit einem festen
Auffänger. Diese Anordnung ist in Fig. 1 schematisch dargestellt.

Ausführung. Die ganze Anordnung wurde auf einer Stahlschiene Ss
($5 \times 27 \times 162$ mm³) montiert (Fig. 2 und 3) und justiert, sodann in den

Monochromasierung der de Broglie-Wellen von Molekularstrahlen.   351

Messingkasten Mk eingesetzt ($55 \times 80 \times 290$ mm³ licht). Der Kasten wurde durch eine oben aufgekittete Glasplatte Gp verschlossen und an die Vakuum-pumpen in der aus der Figur ersichtlichen Weise angeschlossen. Das Helium strömt aus dem „Ofenröhrchen" Or (1,3 mm Durchmesser, 10 mm lang) in den „Ofenraum", der durch die Wand W von dem „Strahlraum" getrennt wird.

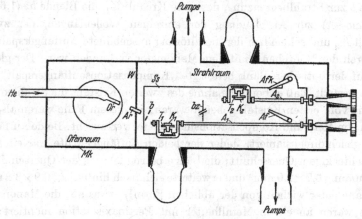

Fig. 2. Von oben gesehen.

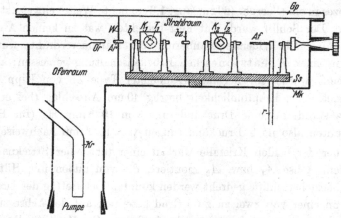

Fig. 3. Von der Seite gesehen.

In der Wand W befand sich in der Verlängerung des Ofenröhrchens und 15 mm von diesem entfernt das „Abbilderöhrchen" Ar (1,7 mm Durch-messer, 14 mm lang). Der Ofenraum wurde durch eine große Leyboldsche Stahlpumpe (15 Liter/sec Sauggeschwindigkeit) evakuiert, auf der er mit einem Rohr von etwa 5 cm Weite und 50 cm Länge aufgesetzt war. Das Konstantanrohr Kr dient zum Ausfrieren der Hg-Dämpfe mit flüssiger

352   I. Estermann, R. Frisch und O. Stern,

Luft. Der Druck im Ofenraum bei den Versuchen betrug meistens etwa
10^{-3} mm. Der Strahlraum wurde durch zwei mittlere Leyboldpumpen
(10 Liter/sec Sauggeschwindigkeit) über je eine Kühlfalle evakuiert; der
Druck betrug etwa 10^{-5} mm.

Auf der „optischen Bank" Ss waren der Reihe nach montiert: eine
Blende b zur Strahlbegrenzung, der erste Kristall K_1, die Blende bz (1,6 mm
Durchmesser) zur Ausblendung der einzelnen Wellenlängen, der zweite
Kristall K_2 und schließlich der kanalförmig ausgebildete Auffängerspalt Af,
der durch das Röhrchen r mit dem Manometer verbunden war. Der gleichfalls auf der optischen Bank befestigte „Kompensationsauffängerspalt" Afk
war so gestellt, daß er bei Fortnahme des zweiten Kristalls die Strahlen auf-
fing, die vom ersten Kristall gebeugt waren; in diesem Falle waren also die
Rollen von Meß- und Kompensationsmanometer vertauscht. Beide Auffänger
waren gleich dimensioniert. Jeder der beiden Auffängerspalte war ein Rohr
von rechteckigem Querschnitt; die Länge betrug 20 mm, der Querschnitt an
der Mündung $0,7 \times 2,0$ mm^2 und erweiterte sich nach hinten auf $0,9 \times 3,2$ mm^2.
Die Manometer wichen von der üblichen Form[1]) etwas ab; die Manometer-
drähte waren an einem Metallhalter mit Pertinaxisolation montiert; der
Metallhalter war oben als Schliff ausgebildet, mit dessen Hilfe das System
als Ganzes in ein Glasrohr (20 cm lang, 1,3 cm lichte Weite) eingesetzt werden
konnte. Der Schliff wurde mit Fett gedichtet, was zu keinen Anständen
Anlaß gab. Die Widerstandsänderung der Manometerdrähte wurde wie
früher in einer Wheatstoneschen Brückenschaltung gemessen; als Null-
instrument wurde ein Zernikegalvanometer Type Zb von Kipp & Zonen
verwendet. Die Empfindlichkeit betrug 40 cm Ausschlag (bei etwa 3 m
Skalenabstand) für eine Druckänderung von 10^{-6} mm Hg (für Helium);
wir konnten also noch Druckänderungen von 10^{-9} mm nachweisen.

Jeder der beiden Kristalle war an einer (aus einer Stricknadel her-
gestellten) Achse A_1 bzw. A_2 montiert, die von außen mit Hilfe eines
Schraubenzieherschliffs gedreht werden konnte. Der Betrag der Drehungen
wurde an einer von zwei zu zwei Grad geteilten, auf der Achse sitzenden
Trommel (in der Figur fortgelassen), abgelesen. Die Montage des Kristalls
auf der Achse geschah auf folgende Weise: Der Kristall wurde auf einem
kleinen elektrisch geheizten Tischchen T_1 bzw. T_2 festgespannt, dessen
Fuß als Schwalbenschwanz ausgebildet war und in eine entsprechende
Führung eines mit der Achse verbundenen Messingbügels eingeschoben
werden konnte. Dieses Einschieben geschah in dem im übrigen fertigen

---

[1]) U. z. M. Nr. 10; F. Knauer u. O. Stern, ZS. f. Phys. **53**, 766, 1928.

Monochromasierung der de Broglie-Wellen von Molekularstrahlen. **353**

Apparat durch die aus Fig. 2 ersichtlichen seitlichen Schliffstutzen. Die
Stutzen wurden sodann mit den aus Fig. 2 ersichtlichen Glasschliffen verschlossen und der Apparat sofort ausgepumpt, um die Kristalle vorm
Verderben zu schützen. Das Tischchen war in der Höhe verstellbar, so daß
die Kristalloberfläche genau in die Drehachse gebracht werden konnte; ferner
sorgte eine Anschlagleiste dafür, daß eine Hauptachse des Oberflächengitters (X-Achse) mit der Drehachse zusammenfiel. Die Justierung erfolgte teils optisch, teils mechanisch und wurde durch die Molekularstrahlen
selbst kontrolliert. Eine elektromagnetisch betätigte Klappe vor dem

Abbileröhrchen Ar er-
laubte es, den Strahl
abzusperren oder freizu-
geben.

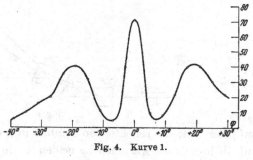

Fig. 4. Kurve 1.

Die   Heliumzufuhr
zum   Ofenröhrchen   er-
folgte aus einem großen
Glasballon (etwa 10 Liter)
über eine mit flüssiger
Luft gekühlte Spirale;
das Helium wurde aus
dem Apparat wieder in
die Vorratskugel zurück-
gepumpt.

Resultate. Kurve 1
(Fig. 4) stellt zunächst die
Beugungskurve des ersten
Kristalls dar; der zweite·
war entfernt. Wie auch
in allen folgenden Kurven

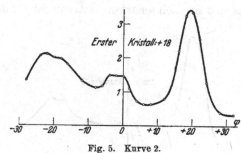

Fig. 5. Kurve 2.

ist die Ordinate die Intensität (Galvanometerausschlag in Zentimeter),
die Abszisse der Winkel φ, um den der Kristall aus der Reflexionsstellung
gedreht wurde. Die Kurve unterscheidet sich von den früher[1]) gewonnenen
nur dadurch, daß nicht der Auffänger gedreht wurde, sondern in der oben
beschriebenen Weise der Kristall. Wie man sieht, ist diese Kurve erwartungsgemäß mit den früheren identisch. Der Strahl in der Mitte ist
der gespiegelte Strahl, die Maxima auf beiden Seiten sind Beugungsspektren
erster Ordnung ($h_1 = 0$, $h_2 = \pm 1$), deren Intensitätsverteilung die

---

[1]) U. z. M. Nr. 15, I. Estermann u. O. Stern, l. c.

354   I. Estermann, R. Frisch und O. Stern,

Maxwellsche Geschwindigkeitsverteilung wiedergibt. Der Ort des Maximums (19^0 statt berechnet $18^1/_2^0$) entspricht der aus der Maxwellverteilung errechneten Wellenlänge maximaler Intensität.

Kurve 2 (Fig. 5) stellt die durch Drehen des *zweiten* Kristalls erhaltene Beugungskurve dar, wobei der auf diesen auffallende Strahl durch Beugung am ersten Kristall monochromasiert war. Der erste Kristall war um 18^0 aus seiner Reflexionsstellung herausgedreht ($\varphi = 18^0$). Der zweite Kristall wurde von 4 zu 4^0 durchgedreht. Wie man sieht, tritt erwartungsgemäß

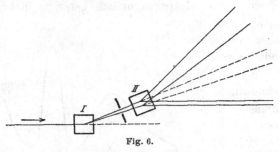

Fig. 6.

auf jeder Seite des reflektierten Strahles in etwa 18^0 Abstand ein Maximum auf. Jedoch ist das Aussehen der beiden Maxima ganz verschieden. Während das eine ziemlich scharf und intensiv ist, ist das andere wesentlich schwächer

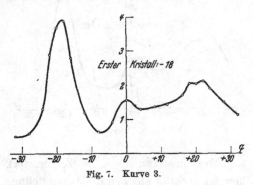

Fig. 7. Kurve 3.

und verwaschen. Die Erklärung dafür wird durch die stark schematisierte Fig. 6 veranschaulicht. Der (von links kommende) einfallende Strahl wird durch das Gitter I gebeugt; durch den Spalt wird ein Büschel ausgeblendet, dessen Grenzstrahlen mit der Richtung des einfallenden Strahles die Winkel α, bzw. $\alpha + \Delta\alpha$ bilden. (Die gestrichelte Linie deutet den reflektierten Strahl an.) Dieses Büschel fällt nun auf das Gitter II. Für die nach links abgelenkten Strahlen wird der Winkel mit der ursprünglichen Richtung dadurch verdoppelt, beträgt also 2α bzw. $2\alpha + 2\Delta\alpha$, während die nach rechts abgelenkten Strahlen dadurch wieder parallel zur ursprünglichen Richtung und zueinander werden.

Nimmt man den vom ersten Kristall nach der anderen Seite abgebeugten Strahl, so werden im Beugungsbild des zweiten Kristalls die beiden Seiten

Monochromasierung der de Broglie-Wellen von Molekularstrahlen.   355

vertauscht, was durch die Messung Kurve 3 (Fig. 7) bestätigt wird.   Die im
niedrigeren Maximum angedeutete Einsattelung ist reell, wir haben sie
mehrfach reproduziert; ihre Deutung steht noch aus (vgl. weiter unten).

Wir haben uns im folgenden
immer auf die Ausmessung der Seite mit
dem scharfen Maximum beschränkt.
Die Kurven 4 bis 9 (Fig. 8) geben die
Beugung am zweiten Kristall bei verschiedenen festgehaltenen Stellungen
des ersten Kristalls wieder (Abszisse
und Ordinate wie oben). Die jeweilige
Stellung des ersten Kristalls ist an
der Abszissenachse durch einen Pfeil
markiert und man sieht, daß die
Lage des Beugungsmaximums in
allen Fällen mit der Lage des Pfeils
übereinstimmt. In den beiden ersten
Kurven 4 und 5 sieht man außerdem
Andeutungen eines zweiten Maximums
etwa mit dem doppelten Abszissenwert, das wir als zweite Ordnung
auffassen möchten. Deutlicher ausgeprägt sind die kleinen Maxima in
den beiden letzten Kurven, die im
halben Abstand vom gespiegelten
Strahl liegen. Diese Maxima erklären
sich dadurch, daß durch den Zwischenspalt auch Strahlen der halben Wellenlänge auf den zweiten Kristall fallen,
die am *ersten* Kristall in zweiter Ordnung gebeugt worden sind.

Sehr charakteristisch ist die Abhängigkeit der *Intensität* der Beugungsmaxima von der Stellung des ersten
Kristalls. Sie rührt daher, daß die

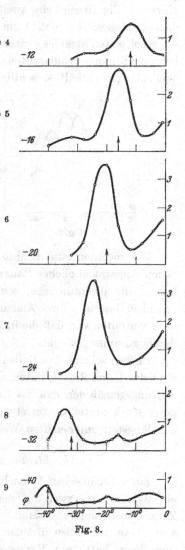

Fig. 8.

Intensität des vom ersten Kristall ausgehenden Büschels entsprechend
der Maxwellverteilung von der Wellenlänge, d. h. vom Beugungswinkel
abhängt. Die Höhe der Beugungsmaxima bei den verschiedenen Winkeln
sollte also direkt der Anzahl der nach dem Maxwellschen Verteilungs-

356   I. Estermann, R. Frisch und O. Stern,

gesetz vorhandenen Moleküle bestimmter Geschwindigkeit bzw. Wellenlänge entsprechen. In Fig. 9 haben wir die Kuppen aller Beugungsmaxima
eingetragen, die, wie man sieht, eine richtige Maxwellkurve ergeben (vgl.
Kurve 1); Fig. 10 zeigt eine zweite Messung der gleichen Art. Es sei hier auch
darauf hingewiesen, daß beim monochromasierten Strahl die Intensität
des gespiegelten Strahles kleiner ist als die des Beugungsmaximums, während
beim nichtmonochromasierten Strahl der gespiegelte Strahl, der ja alle
Wellenlängen enthält, wesentlich intensiver ist als das Beugungsmaximum.

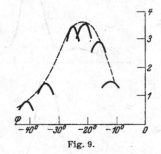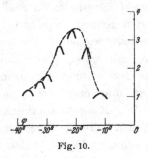

Fig. 9.   Fig. 10.

Wir möchten zum Schluß bemerken, daß wir inzwischen mit einem
neuen Apparat ähnlicher Bauart, aber höherer Auflösung Kurven erhalten
haben, die eigentümliche, scharfe Einsattelungen in der Maxwellkurve
erkennen lassen. Eine Andeutung davon sieht man schon in Kurve 1;
auch vermuten wir, daß die in Kurve 2 und 3 angedeuteten Einsattelungen
damit zusammenhängen.

Ebenso scheint das Reflexionsvermögen als Funktion der Wellenlänge
ähnliche Unregelmäßigkeiten aufzuweisen. Der allgemeine Gang ist erwartungsgemäß der, daß das Reflexionsvermögen bei zunehmender Wellenlänge stark ansteigt, von etwa 5% bei den kürzesten bis etwa 15% bei
den längsten untersuchten Wellenlängen.

II. Mechanische Monochromasierung[1]).

Zur mechanischen Monochromasierung wurde der Heliumstrahl durch
ein System von zwei auf derselben Achse sitzenden rasch rotierenden
Zahnrädern hindurchgesandt. Die Zahnräder hatten einen Durchmesser
von 19 cm und saßen in einem Abstande von 3,1 cm voneinander. Jedes
von ihnen hatte am Rande 408 äquidistante radiale Sägeschnitte von
0,4 mm Breite und $5^{1}/_{2}$ mm Tiefe. Die Zahnräder waren nicht gegeneinander

---

[1]) Herr Estermann konnte sich wegen einer Reise nach Amerika an den
endgültigen Messungen nicht mehr beteiligen.

Monochromasierung der de Broglie-Wellen von Molekularstrahlen. **357**

versetzt, so daß stets zwei entsprechende Schlitze gleichzeitig den (zur Rotationsachse parallel liegenden) Strahlweg passierten. Wenn also die Räder ganz langsam rotierten, so konnten Moleküle aller Geschwindigkeiten hindurchtreten und der Strahl wurde nur im Verhältnis Schlitzbreite: Schlitzabstand geschwächt. Bei etwas schnellerer Rotation der Zahnräder konnten die langsamen Moleküle, die durch eine Lücke des ersten Zahnrades gegangen waren, nicht mehr die entsprechende Lücke des zweiten Zahnrades erreichen. Bei noch schnellerer Rotation war dies auch für die rascheren Moleküle der Fall, dagegen konnten jetzt die langsameren Moleküle durch den nächstfolgenden Schlitz des zweiten Zahnrades hindurch. Je rascher die Räder rotierten, um so größer war auch die Geschwindigkeit der Moleküle, die auf diesem Wege ausgesiebt wurden. Bezeichnen wir mit ν die Tourenzahl, mit z die Zahl der Schlitze, so ist $1/\nu z$ die Zeit, in der sich ein Zahnrad um einen Schlitz weiterdreht. Vernachlässigen wir die Schlitzbreite, so können nur Moleküle mit der Geschwindigkeit v durch den nächstfolgenden Schlitz passieren, die gerade diese Zeit zum Durchlaufen des Abstandes l der beiden Zahnräder benötigen. v wird also bestimmt durch die Gleichung $\frac{l}{v} = \frac{1}{\nu z}$, $v = lz\nu$. In unserem Falle war $l = 3,1$ cm (innerer Abstand 3,0 cm plus eine Scheibendicke 0,1 cm), $z = 408$, somit $v = 1265 \cdot \nu$ cm/sec.

Der so monochromasierte Strahl fiel auf einen Lithiumfluoridkristall. Die von diesem erzeugte Beugungskurve wurde in derselben Weise aufgenommen, wie in I. beschrieben.

Ausführung des Apparates. Die schematische Fig. 11 zeigt den Aufbau des Apparates. Der Ofenraum war in derselben Weise wie oben eingerichtet. Die Ofendüse Or war abweichend vom früheren ein Rohr von rechteckigem Querschnitt ($0,4 \times 2,0$ mm^2) und war mit Hilfe eines Gewindes in der Längsrichtung verstellbar. Der Ofenraum war durch einen kanalförmigen Spalt s_1 von $0,4 \times 2$ mm^2 und 2 mm Tiefe vom Mittelraum getrennt, in dem die Zahnräder Z_1 und Z_2 liefen. Als Mittelraum diente eine umgebaute Gaede-Siegbahnsche Molekularpumpe (Leybold), auf deren Achse A statt der in der Pumpe rotierenden Scheibe die beiden Zahnräder montiert waren. Das Gehäuse war innen ausgedreht, um einen genügenden Abstand (3 cm) der Zahnräder zu ermöglichen (die Pumpenscheibe ist nur 1 cm dick). Das Gehäuse war an zwei gegenüberliegenden Stellen mit Bohrungen von 1 cm Durchmesser versehen, in die die Spalte zum Ofenraum und Strahlraum s_1 und s_2 eingesetzt wurden. Die vakuumdichte Verbindung zwischen dem Mittelraum und den beiden anstoßenden Räumen wurde durch Flansche mit Gummidichtung hergestellt. Die vakuumdichte Durch-

führung der Achse nach außen war unverändert gelassen: mit der eigent-
lichen in Kugeln gelagerten Achse war durch einen Kardan eine zweite
Achse gekuppelt, die durch ein ölgedichtetes Gleitlager nach außen führte
und durch eine Riemenscheibe von einem Elektromotor angetrieben wurde.
Der Vorraum V wurde durch eine kleine Stahlpumpe (Leybold, 2 Liter/sec
Sauggeschwindigkeit) über eine Kühlfalle ausgepumpt, wodurch es gelang,

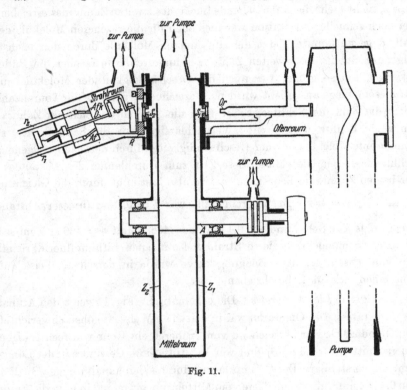

Fig. 11.

im Mittelraum ein Vakuum von etwa 10^{-5} mm aufrecht zu erhalten. Allerdings mußte die Achse dauernd in Rotation gehalten werden, da sonst
nach einigen Minuten das Öl aus dem Lager herausgepreßt wurde und
Luft eindrang.

Der „Molekularstrahlspektrograph" im Strahlraum war so gebaut:
Zur Erleichterung der Justierung wurde das Lager für die Drehachse D
des Kristalls und rechteckige Nuten (die dann durch Glasplatten abgedeckt
wurden) als Auffänger Af und Afk direkt in die Oberfläche einer plan-
geschliffenen Messingplatte eingefräst, so daß die richtige Lage dieser Teile
gegeneinander durch den Herstellungsvorgang selbst garantiert war.

Monochromasierung der de Broglie-Wellen von Molekularstrahlen.   359

Die Auffängerspalte waren durch die in die Messingplatte eingesetzten Röhrchen r_1 und r_2 mit der Leitung zu den Manometern verbunden. Der Kristall war an der Achse in derselben Weise wie oben befestigt. Ein Kunstgriff ermöglichte es, den Kristall aus dem Strahlwege zu entfernen und den direkten Strahl zu beobachten, der dann in den Auffängerspalt Afk des Kompensationsmanometers fiel. Das Entfernen des Kristalls aus dem Strahlweg geschah durch eine kleine auf der Achse D befestigte Nockenscheibe, die in einer bestimmten Lage des Kristalls ($\varphi = - 90^0$) die federnd in das

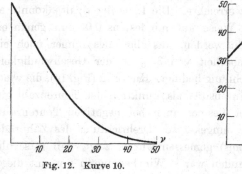

Fig. 12.   Kurve 10.

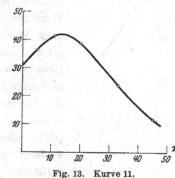

Fig. 13.   Kurve 11.

Lager gedrückte Achse etwas anhob. Die Messingplatte war mit einem kräftigen Ring R starr verbunden, der mit zwei Zug- und zwei Druckschrauben an dem Flansch des Mittelraumes befestigt und justiert wurde.

Die Evakuierung der einzelnen Räume erfolgte in der aus der Figur ersichtlichen Weise durch drei Stahlpumpen von Leybold. Die Manometer waren zunächst direkt an den aus dem Strahlraum austretenden Auffängerleitungen r_1 und r_2 mit Siegellack angekittet; es zeigte sich jedoch, daß bei rascher Rotation der Zahnräder der ganze Apparat, trotzdem er fest auf einem massiven Steinpfeiler aufgebaut war, etwas vibrierte, was heftige Störungen in den Manometerablesungen verursachte. Die Manometer wurden daher an einem etwa 20 kg schweren Bleiblock angekittet und durch je eine federnd ausgebildete Glasleitung mit dem Apparat verbunden, wodurch die Störungen weitgehend beseitigt wurden.

Resultate. Zunächst wurde die Intensität des direkten Strahles in Abhängigkeit von der Tourenzahl v der Zahnräder gemessen[1]. Kurve 10 (Fig. 12) zeigt den nach dem Maxwellschen Verteilungsgesetz zu erwartenden

---

[1] Die Tourenzahl wurde entweder mit einem Tourenzähler oder stroboskopisch mit Hilfe des Wechselstroms oder einer Stimmgabel gemessen.

360   I. Estermann, R. Frisch und ·O. Stern,

Intensitätsverlauf[1]).   In Wirklichkeit fanden wir (Kurve 11, Fig. 13), daß
die Intensität mit wachsender Tourenzahl zunächst anstieg und erst nach
Überschreitung eines Maximums bei etwa 13 Touren wieder abfiel. Dieses
Resultat zeigt, daß die Justierung nicht in Ordnung war, sondern der Strahl
etwas schief durch die Zahnräder hindurchging.   Die Justierung der den
Strahl bestimmenden Spalte s_1 und s_2 wurde daher unter Benutzung einer
Photozelle neu vorgenommen.   Die Spalte wurden solange verschoben,
bis die Intensität eines hindurchgeschickten Licht-
bündels, gemessen mit der Photozelle, den größten
Wert erreichte.   Die Lage der Spalte könnte auf
diese Weise auf mindestens 0,05 mm genau eingestellt werden, was allerdings immer noch eine
Unsicherheit von 3 % in der Geschwindigkeits-
berechnung bedingt. Kurve 12 (Fig. 14), die wieder
die Intensität als Funktion der Tourenzahl gibt,
wobei diesmal auch bei negativen Tourenzahlen
(d. h. umgekehrter Drehrichtung des Zahnrädersystems) gemessen wurde, zeigt, daß tatsächlich

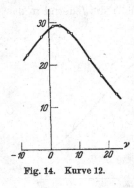

Fig. 14.   Kurve 12.

noch eine Abweichung vorhanden war.   Wir begnügten uns mit diesem
Genauigkeitsgrade der Justierung und berücksichtigten diesen Fehler bei
der Berechnung der Geschwindigkeit v der Moleküle durch die Formel
$v = l z \nu \cdot 0{,}969 = 1226\, \nu$ cm/sec[2]).

---

[1]) Dieser ergibt sich aus folgender einfacher Rechnung: Von den Molekülen
mit der Geschwindigkeit v, die durch einen Spalt des ersten Zahnrades hindurchgehen, gelangt der Bruchteil $\left(1 - \dfrac{l\,u}{b\,v}\,\nu\right)$ durch den entsprechenden Spalt des
zweiten Zahnrades, wobei l der Abstand der Zahnräder, u ihr Umfang und b
die Schlitzbreite ist.   Daher ist:

$$\frac{J}{J_0} = \int\limits_{\frac{l\,u}{b\,\alpha}\nu}^{\infty} \left(1 - \frac{l\,u}{b\,v}\,\nu\right) 2\,\frac{v^3}{\alpha^3}\, e^{-\frac{v^2}{\alpha^2}}\, d\,\frac{v}{\alpha} = e^{-y_0^2} - \frac{\sqrt{\pi}}{2}\,y_0 + y_0 \int\limits_0^{y_0} e^{-y^2}\, d y,$$

wobei $y_0 = \dfrac{l\,u}{b\,\alpha}\,\nu$ ist.

[2]) Der Faktor 0,969 ergibt sich auf folgende Weise: Sind die beiden Zahnräder um den Betrag δ (am Umfang gemessen) gegeneinander verdreht, so ergibt
eine analoge Rechnung wie in der vorigen Anmerkung

$$\frac{J}{J_0} = \left(1 + \frac{\delta}{b}\right) e^{-y_1^2} - 2\,\frac{\delta}{b}\, e^{-y_2^2} + y_0 \left[\frac{\sqrt{\pi}}{2} - 2 \int\limits_0^{y_2} e^{-y^2}\, d y + \int\limits_0^{y_1} e^{-y^2}\, d y\right],$$

wobei
$$y_0 = \frac{l\,u}{\alpha\,b}\,\nu,\; y_1 = \frac{l\,u}{\alpha\,(b + \delta)}\,\nu,\; y_2 = \frac{l\,u}{\alpha\,\delta}\,\nu$$

Monochromasierung der de Broglie-Wellen von Molekularstrahlen.   361

Sodann wurde zunächst bei ganz geringer Tourenzahl (etwa 3) die vom Kristall erzeugte Beugungskurve 13 (Fig. 15) aufgenommen, die, wie zu erwarten, eine normale Maxwellkurve darstellt. Kurve 14 (Fig. 15) wurde bei 28 Touren erhalten. Wie man sieht, ist hier das Maximum etwas nach links (nach kürzeren Wellenlängen) verschoben, weil hier die langsamen Moleküle zum Teil schon abgefangen wurden.

Die mit höherer Tourenzahl, also mit Monochromasierung, aufgenommenen Beugungskurven zeigen die Kurven 15 bis 18 (Fig. 15). Wie man sieht, rückt das Beugungsmaximum bei zunehmender Tourenzahl immer näher an den reflektierten Strahl heran, die de Broglie-Wellenlänge wird um so kürzer, je raschere Atome man nimmt.

Aus der Tourenzahl v wurde die Geschwindigkeit nach der Formel $v = 1226\,v$ cm/sec berechnet, daraus nach der de Broglieschen Beziehung die zugehörige Wellenlänge $\lambda = \dfrac{h}{mv} = \dfrac{80,5}{v} 10^{-8}$ cm. Der aus dieser Wellenlänge berechnete Beugungswinkel $\left(\sin\varphi = \dfrac{44,7}{v}\right)$ ist durch einen Pfeil gekennzeichnet. Die gemessenen Maxima liegen alle bei etwas zu kurzen Wellen. Das ist zu erwarten, weil wir uns bei den benutzten Tourenzahlen auf dem abfallenden Ast der Maxwellkurve befinden, d. h. in dem ausgeblendeten Geschwindigkeitsintervall die raschen Atome (kurzen Wellenlängen) stark überwiegen. Wir haben daher die Kurven 15 bis 18 in der Weise korrigiert, daß wir jeden Ordinatenwert durch den zur gleichen Abszisse gehörigen Ordinatenwert der nicht monochromasierten Kurve 13 dividierten, also gewissermaßen auf gleiche einfallende

ist. Differentiation nach v ergibt, daß J/J_0 ein Maximum hat für $y_2 = 1,09$ ($\delta \ll b$), also

$$v_{max} = 1,09\,\frac{a\,\delta}{l\,u}.$$

Aus der Kurve 12 ergibt sich $v_{max} = 3$, d. h. $\delta = 0,045$ mm. Bei der Monochromasierung ist also die Zeit, nach der ein durch den ersten Spalt hindurchtretendes Molekül durch den nächsten Spalt des zweiten Zahnrades passieren kann, nicht $1/z\,v$ wie auf S. 357, sondern $\dfrac{1}{z\,v} + \dfrac{\delta}{u\,v}$.

Die ausgeblendete Geschwindigkeit wird also

$$v = \frac{l}{\dfrac{1}{z\,v} + \dfrac{\delta}{u\,v}} = l\,z\,v\,\frac{1}{1 + \delta\,\dfrac{z}{u}} = l\,z\,v \cdot 0,969.$$

Es sei noch bemerkt, daß die Kurve 12 im Maximum flacher verläuft als die obige Formel verlangt, was offenbar von Teilungsfehlern unserer Zahnscheiben herrührt.

362   I. Estermann, R. Frisch und O. Stern,

Intensität aller Wellenlängen reduzierten. Dabei werden auch etwaige
Unregelmäßigkeiten in der Bewegungskurve (siehe Ende von Teil I)
eliminiert. Bei den so gewonnenen Kurven 15a bis 18a (Fig. 16) liegen

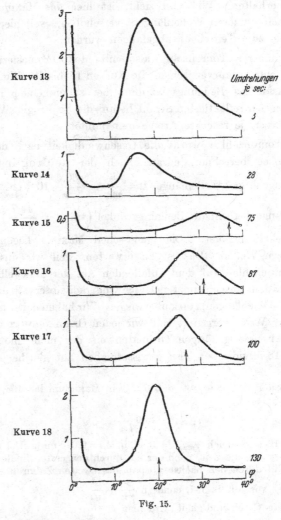

Fig. 15.

die Maxima innerhalb der Meßgenauigkeit an den berechneten Orten[1]); die
Meßgenauigkeit war bei den niedrigen Tourenzahlen wegen der geringen
Intensität und der breiten Form der Maxima nicht sehr groß (1 bis 2⁰).

---

[1]) Allerdings liegen die Abweichungen alle nach derselben Seite; vielleicht
ist uns noch ein kleiner systematischer Fehler entgangen.

Monochromasierung der de Broglie-Wellen von Molekularstrahlen.   363

Dagegen zeigte es sich, daß bei den höheren Tourenzahlen, in der Nähe des Maximums der Maxwellkurve, die Lage des Beugungsmaximums sehr genau bestimmt werden konnte. Da in dieser Gegend auch die eben

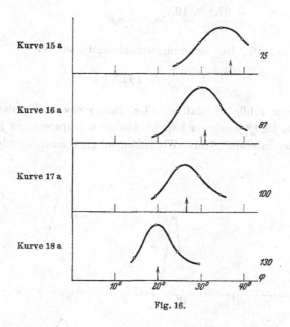

Fig. 16.

besprochene Korrektur klein wird, wurden bei 133,3 Touren einige Messungen mit besonderer Sorgfalt ausgeführt, um die de Brogliesche Beziehung

$$\lambda = \frac{h}{m\,v}$$ auch zahlenmäßig so genau wie möglich zu prüfen.

Es wurden beide Maxima und der gespiegelte Strahl ausgemessen[1]). Die Kurven 19 und 20 (Fig. 17) geben die Resultate zweier an verschiedenen Tagen mit verschiedenen Kristallen vorgenommenen Messungen wieder. Bei der Messung vom 16. Mai (Kurve 19) lag das eine Maximum bei — 27,5⁰ (Verdrehungswinkel von einem willkürlichen Nullpunkt aus gemessen), das andere bei + 10,3⁰. Falls die Maxima symmetrisch zum gespiegelten Strahl liegen, muß dieser also bei $\frac{-\,27,5 + 10,3}{2}$ = — 8,6⁰ liegen. Die direkte Messung ergibt in guter Übereinstimmung — 8,5⁰. Der Beugungs-

---

[1]) Der gespiegelte Strahl wurde bei niedriger Tourenzahl ausgemessen; seine Ordinatenwerte sind in verkleinertem Maßstab eingetragen.

24*

364   I. Estermann, R. Frisch und O. Stern,

winkel ist also $\dfrac{27{,}5 + 10{,}3}{2} = 18{,}9^0$. Die Messung vom 8. Juni (Kurve 20)

ergibt Beugungsmaxima bei $-27{,}3^0$ und $+10{,}7^0$, der gespiegelte Strahl daraus bei

$$\frac{-27{,}3 + 10{,}7}{2} = -8{,}3^0$$

direkt gefunden $-8{,}3^0$. Der Beugungswinkel ergibt sich zu

$$\frac{27{,}3 + 10{,}7}{2} = 19{,}0^0.$$

Wir können daraus schließen, daß wir den Beugungswinkel genauer als auf $^1/_2\%$ $(0{,}1^0)$ zu $18{,}9_5{}^0$ bestimmt haben. Die oben besprochenen Korrekturen auf gleiche Intensität aller Wellenlängen gibt eine Verschiebung

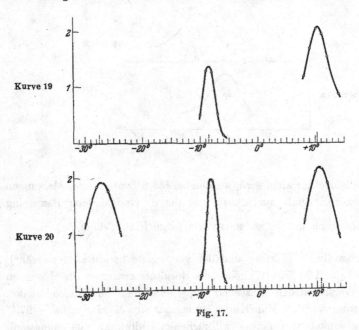

Fig. 17.

von $0{,}5^0$, d. h. für eine Tourenzahl von 133,3 sec ergibt sich aus der Messung ein Beugungswinkel von $19{,}4_5{}^0$, entsprechend einer Wellenlänge $\lambda = 0{,}600 \cdot 10^{-8}$ cm. Andererseits ergibt sich aus dieser Tourenzahl die Geschwindigkeit $v = 1226 \cdot 133{,}3 = 1{,}635 \cdot 10^5$ cm/sec; dieser Wert der Geschwindigkeit in de Broglies Formel ergibt

$$\lambda = \frac{h}{m\,v} = \frac{h\,N}{M\,v} = \frac{6{,}55 \cdot 10^{-27} \cdot 6{,}03 \cdot 10^{23}}{4{,}00 \cdot 1{,}63_5 \cdot 10^5} = 0{,}604 \cdot 10^{-8}\ \text{cm},$$

Monochromasierung der de Broglie-Wellen von Molekularstrahlen.   **365**

was einem Beugungswinkel von 19,6⁰ entsprechen würde. Diese Abweichung (19,4₅⁰ gef., 19,6⁰ ber.) liegt innerhalb unserer Fehlergrenze, die
mit Rücksicht auf die Unsicherheit der Korrekturen 1 bis 2% betragen
dürfte[1]).

---

[1]) Wir fanden zunächst, daß die von uns gemessenen Werte der Wellenlängen um 3% kleiner waren als die aus der de Broglieschen Formel errechneten, was außerhalb der Fehlergrenze unserer Messungen lag. Die Abweichung fand ihre Erklärung, als wir nach Abschluß der Versuche den Apparat
auseinandernahmen.

Die Zahnräder waren auf einer Präzisionsdrehbank (Auerbach-Dresden)
geteilt worden, mit Hilfe einer Teilscheibe, die laut Aufschrift den Kreisumfang
in 400 Teile teilen sollte. Wir rechneten daher mit einer Zähnzahl von 400.
Die leider erst nach Abschluß der Versuche vorgenommene Nachzählung ergab
jedoch eine Zähnzahl von 408 (die Teilscheibe war tatsächlich falsch bezeichnet),
wodurch die erwähnte Abweichung von 3% auf 1% vermindert wurde.

S43. Immanuel Estermann, Otto Robert Frisch und Otto Stern, Versuche mit monochromatischen de Broglie-Wellen von Molekularstrahlen. Physik. Z., 32, 670–674 (1931)

III. Molekularstrahlen-Probleme.

I. Estermann, R. Frisch und O. Stern (Hamburg), Versuche mit monochromatischen de Broglie-Wellen von Molekularstrahlen.

© Springer-Verlag Berlin Heidelberg 2016
H. Schmidt-Böcking, K. Reich, A. Templeton, W. Trageser, V. Vill (Hrsg.), *Otto Sterns Veröffentlichungen – Band 3*, DOI 10.1007/978-3-662-46960-6_16

aufspaltungen und Kernmomenten vermittels der Theorie berechneten magnetischen Momente der Kerne sind durchwegs von der Größenordnung von Protonenmagnetonen (vgl. hierzu Schluß). Über *Li* vgl. vorhergeh. Ref. ü. Vortr. Schüler.

4. Die Inversion der Dubletterme des *Cd*. Da der Schwerpunktsatz erfüllt ist, liegt kein zwingender Grund vor, nichtmagnetische Kräfte einzuführen. Man könnte die Inversion „erklären", indem man a) entweder annimmt, das Kernmoment rühre in der Hauptsache von negativ geladenen Teilchen im Kern her, d. h. von den Kernelektronen. Es wäre dann dies der erste Fall, daß die Kernelektronen sich durch ein magnetisches Moment (natürlich bloß von der Größenordnung eines Protonenmagnetons) bemerkbar machen, b) oder man nimmt an, es handele sich um eine Resonanz (Austausch) zwischen Hüllen- und Kernelektron. Der eine der Ref. (E. G) und E. Fermi (nach freundlicher mündlicher Mitteilung), haben nämlich unabhängig darauf hingewiesen, daß ein Austausch des Valenz(d-)elektrons mit dem äußersten ($p_{1/2}$-) Elektron der abgeschlossenen (Edelgas-) Schale der Alkaliatome höchstwahrscheinlich die Erklärung liefert, für die (z. B. von Millikan-Bowen (Phys. Rev. 25, 295, 1925), Paschen, Fowler in der Reihe *Na* I—*Cl* VII festgestellte) Inversion der Dubletts in ihrer Grobstruktur wasserstoffähnlicher (!) (d-) Terme. Die Übertragung auf die Kernverhältnisse ist aber natürlich mehr als problematisch. Mit dieser Reserve könnte eine Resonanz, wie auch Fermi bemerkte, auch bei den obigen *Tl*-Aufspaltungen eine Rolle spielen, c) schließlich kommt unter Voraussetzung der Existenz abgeschlossener Protonenschalen im Kern auch noch die übliche Erklärung der gewöhnlichen invertierten Multipletts in Frage.

5. Eine weitere Schwierigkeit bietet schließlich der Tatbestand der Isotopenverschiebungen dar. Diese wurden bisher bei *Ne*[1]), *Hg, Tl, Pb* nachgewiesen und scheinen somit eine allgemeine Erscheinung zu sein. Nach Pauli und Peierls lassen sie sich nicht deuten durch die Annahme nur wenig verschiedener Kernvolumina für die beiden (*Tl*-) Isotope. Ob eine andere Abänderung des Kernfeldes zu einer Interpretation führt, muß dahingestellt bleiben. Bemerkt sei jedoch, daß hier eine noch ernstlichere Schwierigkeit vorzuliegen scheint, als bei der „internal conversion". Während nämlich dort die Effekte immerhin noch proportional den entsprechenden Dichten [$\psi^2(o)$] waren, ist hier auch dies nicht mehr der Fall, da ja z. B. *S*-Terme

keine, die $P_{1/2}$ (!) Terme hingegen wohl eine Verschiebung aufweisen, obgleich natürlich $\psi^2(o)_S > \psi^2(o)_P$ ist. Auch zeigt die Verschiebung *Pb* 206—*Pb* 208 klar, daß dieser Effekt nichts mit Kernmomenten zu tun hat, da ja diese beiden Isotopen den Kernmoment Null haben.

III. Molekularstrahlen-Probleme.

I. Estermann, R. Frisch und O. Stern (Hamburg), Versuche mit monochromatischen de Broglie-Wellen von Molekularstrahlen.

1. Nahezu monochromatische Heliumatomstrahlen wurden in der Weise erzeugt, daß aus den von einem *LiF*-Kristall gebeugten Strahlen durch eine Blende, deren Stellung zum Kristall verändert werden konnte, annähernd monochromatische Bündel verschiedener Wellenlänge ausgeblendet wurden. Diese Bündel fielen auf einen zweiten *LiF*-Kristall. Die von diesem

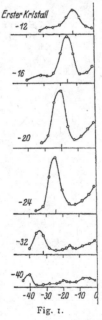

Fig. 1.

gebeugten Strahlen zeigten (auf einer Seite des reflektierten Strahls) scharfe Maxima, deren Lage mit der aus der Blendenstellung berechneten Wellenlänge im Einklang war (Fig. 1)[1]). Die

----

1) L. Pauling u. S. Goudsmit, The Structure of Line Spectra, McGraw-Hill, New-York, 1930, l. c. S. 203.

1) In sämtlichen Figuren sind als Abszissen die Beugungswinkel, als Ordinaten die gemessenen Intensitäten in willkürlichen Einheiten aufgetragen.

Physik.Zeitschr.XXXII,1931.   Züricher Vorträge über Kernphysik.   671

Höhe dieser Maxima entsprach in allen Fällen der nach der Maxwell-Verteilung zu erwartenden Intensität (Fig. 2). Die Maxima auf der anderen Seite des reflektierenden Strahls waren breiter

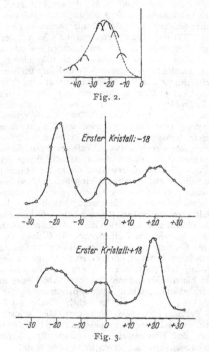

Fig. 2.

Erster Kristall: –18

Erster Kristall: +18

Fig. 3.

und flacher (Fig. 3). Dies rührt daher, daß die Dispersionen der beiden Kristalle sich im ersten Falle kompensieren, während sie sich im anderen Falle addieren. Ferner wurden Andeutungen von Beugung zweiter Ordnung beobachtet (Fig. 1)[1]).

2. Nahezu monochromatische Helium-Atom-Strahlen wurden in der Weise erzeugt, daß ein gewöhnlicher Helium-Atomstrahl durch ein System von zwei auf derselben Achse sitzenden rasch rotierenden Zahnrädern hindurchgeschickt wurde. Während im ursprünglichen Strahl alle Geschwindigkeiten entsprechend dem Maxwellschen Geschwindigkeitsverteilungsgesetz vertreten waren, kamen nur Atome eines bestimmten Geschwindigkeitsbereiches durch das Zahnrädersystem hindurch. Der so monochromatisierte Strahl fiel auf die Spaltfläche eines LiF-Kristalls.

1) Teil 1 wurde bereits am 14. Februar 1931 auf der Gauvereinstagung in Hannover vorgetragen.

Die hierbei erhaltenen Beugungskurven sind in der nachstehenden Fig. 4 wiedergegeben. Mit wachsender Tourenzahl der Zahnräder, also zunehmender Geschwindigkeit der Atome, rückt das Beugungsmaximum entsprechend der de Broglieschen Beziehung $\lambda = \dfrac{h}{mv}$ immer näher an den reflektierten Strahl heran. Die aus der

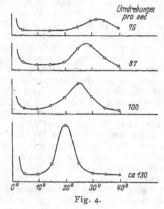

Umdrehungen pro sec
75
87
100
ca 130

Fig. 4.

Lage des Beugungsmaximums und der Gitterkonstante berechnete Wellenlänge stimmt mit der aus der Geschwindigkeit nach der Formel $\lambda = \dfrac{h}{mv}$ berechneten überein, wobei v aus der Tourenzahl, Zähnezahl und Abstand der Zahnräder errechnet ist. Fig. 5 zeigt das Resultat einer besonders sorgfältig bei 133 Touren pro Sekunde

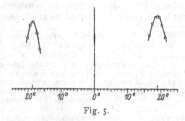

Fig. 5.

durchgeführten Messung; man ersieht aus ihr, daß sich der Beugungswinkel auf weniger als 1 Proz. genau bestimmen läßt. Da Tourenzahl und Dimensionen des Zahnrädersystems leicht genauer zu messen sind, ergibt sich die Möglichkeit einer sehr genauen Prüfung der de Broglieschen Beziehung, bzw. Messung der Gitterkonstante des Oberflächengitters von LiF. Von Zahlenangaben möchten wir vorläufig noch absehen, da wir den Abstand der Zahnräder erst nach Abschluß der Arbeit (Öffnung des Apparates) mit der erforderlichen — bei Beginn der Messungen nicht erwarteten — Genauigkeit bestimmen können.

Schluß.

I. α-T.-Probleme. Fragen, bei denen man den Kern aus α-T. und Protonen allein — also ohne freie (nicht in α-T. gebundene) Kernelektronen — aufgebaut denken kann (und dies muß angenommen werden, um überhaupt rechnen zu können, über ihre Richtigkeit entscheidet bloß der Erfolg), lassen sich im Prinzip mit den Mitteln der heutigen nichtrelativistischen (α-T. und Protonen sind ja schwer) Wellenmechanik behandeln. Denn in der nichtrelativistischen Theorie treten bekanntlich keine grundsätzlichen Schwierigkeiten auf. Das eigentliche Problem ist hier die Wechselwirkungsfrage. Diesbezüglich ist man heute in einer ähnlichen Sachlage, wie etwa bei der Frage der Wechselwirkung der Moleküle (bzw. Atome) vor der Wellenmechanik. Dort führte van der Waals, um dem Beobachtungsmaterial über Zustandsänderungen der Gase gerecht zu werden, rein phänomenologisch die nach ihm benannten Kräfte ein. Ebenso muß man bei den Kernen — um dem Beobachtungsmaterial über Streuung usw. (wie aus I. 1. ersichtlich) gerecht zu werden — gleichfalls zunächst rein phänomenologisch Anziehungskräfte einführen, die innerhalb der Kerndimensionen über die Coulombschen Kräfte dominieren[1]). Die Molekularkräfte lassen sich nun prinzipiell wellenmechanisch berechnen. Eine Hyperwellenmechanik der Kerne gibt es jedoch noch nicht. Nur soviel

---

1) Wie in I, 1, Autoref. C. erwähnt, wurden früher zur Deutung· der anomalen Streuung Potentialansätze von der Form: $U(r) = 2e^2 Z/r - a/r^n$ mit $n = 2, 3, 4$ herangezogen. $n = 2$ entspräche der Wechselwirkung einer elektrischen Ladung mit einem elektr. Moment, $n = 3$ der zweier elektrischer bzw. magnetischer Momente. Letzterer Fall ist wohl durch das Fehlen eines Kernmomentes bei α-T. ausgeschlossen. Elektr. Kernmomente hingegen könnten wohl existieren. Vielleicht hängen die Anomalien der Hyperfeinstruktur (vgl. Ref. ü. Vortr. Schüler ff.) mit ihnen zusammen. Allerdings dürfte dann die Wechselwirkung kaum in der obigen einfachen Weise beschreibbar sein. $n = 4$ entspricht der Polarisation und wurde deshalb als physikalisch begründbar vorgezogen. Bei einem Kernmodell aus α-T. u. Protonen allein könnte jedoch eine Polarisation nur unter Mitwirkung der in den α-T. gebundenen Kernelektronen passieren, über die wir nichts wissen (vgl. II). Natürlich hat es aber auf keinen Fall einen Sinn, den erwähnten Potentialansatz bis $r = 0$ fortzusetzen, denn es handelte sich hierbei bloß um die ersten Terme einer Entwicklung nach $1/r$.

ist wahrscheinlich, daß sie identisch sein dürfte mit der Theorie (gewöhnlich Quantenelektrodynamik) genannt, in der alle Schwierigkeiten der heutigen (relativistischen) Quantentheorie aufgeklärt werden können. Bei diesem Tatbestand bleibt nichts anderes übrig, als die Wechselwirkungen unter Vermittlung der Quantenmechanik rückwärts aus den Experimenten mehr oder minder approximativ zu entnehmen trachten — sei es analytisch — übersichtlich (wo es möglich ist), oder graphisch — numerisch (und leider unübersichtlich), wo der erste Weg ungangbar wird. Wie aus I. 1. ersichtlich, konnten eine Reihe von α-T.-Problemen unter Annahme des einfachen linear abgebrochenen Coulombberges, als Wechselwirkung zwischen Kerne und α-T., nicht ohne Erfolg behandelt werden. Hier wird noch zu untersuchen sein, wieweit Verfeinerungen dieses einfachen Ansatzes insbesondere die Werte der „Kernradien" usw. abändern, die in die Formeln als willkürliche Parameter eingehen und so bestimmt werden, daß möglichst gute Übereinstimmung mit der Erfahrung resultiert. (Es fehlt eben die Hyperwellenmechanik, welche die Kernkräfte und mit ihnen die Kernradien liefern sollte, so wie die Wellenmechanik (Coulombsches Gesetz), die Atom- bzw. Molekülradien zu berechnen gestattet. Ferner ist im Auge zu behalten, daß die (Gamow-)Berg-Modelle immer nur ein dreidimensional-statisches Abbild des in Wirklichkeit „vieldimensional-dynamischen Geschehens im wellenmechanischen" Mehr (-α-T. + Protonen) Problem darstellen. Und schließlich, daß bei jeder Diskrepanz mit der Erfahrung auch das Hereinspielen der rätselhaften Kernelektronen ernstlich erwogen werden muß.

II. Elektronen-Probleme: 1. Das gegenwärtig beste Mittel zur Beschreibung des Gebarens des Elektrons ist bekanntlich die Diracsche Wellengleichung. Diese Gleichung bringt jedoch, wie gleichfalls schon zur Genüge bekannt, trotz dem großen, durch ihre Auffindung erzielten Fortschritt auch bedeutende, von Dirac selbst zuerst betonte, Schwierigkeiten mit sich. Gemäß dem relativistischen Energie-Impulssatz:

$$-\frac{E^2}{c^2} + p^2 + m_0^2 c^2 = 0 \qquad (1)$$

gehören nämlich zu einem vorgegebenen Wert des Impulses p zwei Werte: $(+ E)$ und $(- E)$, von denen bloß $(+ E)$ physikalische Bedeutung hat. In der klassischen Theorie macht aber dies nichts. Ist nämlich dort die kinetische Energie: $E (\geqq m_0 c^2)$ ursprünglich positiv, so kann sie später nicht negativ sein $(\leqq - m_0 c^2)$. Die Größen der klassischen Theorie sind nämlich stetig veränderlich. In der Quantentheorie

gibt es jedoch unstetige Übergänge, denen
zufolge das Elektron aus einem Zustand posi-
tiver kinetischer Energie in einen solchen
negativer kinetischer Energie, d. h. negativer
Masse (!) springen kann. Das Energiespektrum
des (Coulombschen) Einelektronenproblems
wird somit gemäß der Diracschen Gleichung
(und natürlich auch schon gemäß der skalaren
Gordon-Kleinschen Gleichung) so ausschauen:

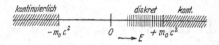

Die Assymmetrie: links nur kontinuierliches
Spektrum und rechts diskret (würde natürlich
für ein freies Elektron fortfallen) + kontinuierliches Spektrum rührt daher, daß dem Übergang $m \rightarrow (-m)$ quasi ein Übergang von an-
ziehenden zu abstoßenden Wirkungen entspricht.
Dies ist das Hauptübel der Diracschen
Theorie. Ein anderes Übel ist, daß in diese
Theorie die Masse als willkürlicher Parameter
eingeht. Es fehlt also — grob gesagt — ein
quantentheoretisches Analogon der bekannten
klassischen Theorie der elektromagnetischen
Masse. Natürlich ist dies auch ein „quanten-
elektrodynamisches Problem".

2. Praktisch liefert die Diracsche Gleichung
— bekanntlich in bemerkenswerter Übereinstimmung mit der Erfahrung — für das (statio-
näre Coulombsche) Einelektronenproblem
die Sommerfeldsche Feinstrukturformel
und für das (nichtstationäre) Problem der Comp-
tonstreuung die Klein-Nishinaformel.
Jedenfalls müssen die — nach der vorigen Diskussion sicherlich vorhandenen — Abweichungen
der Diracschen Theorie von der Erfahrung im
ersten Fall innerhalb der Meßgenauigkeit bzw.
Linienbreite, und im zweiten Fall in der Wellen-
längenskala jenseits der härtesten, uns heute zur
Verfügung stehenden, γ-Strahlen liegen. Diese
zwei Probleme sind aber auch gegenwärtig die
einzigen Prüfsteine der Diracschen Theorie[1]). Bei
allen anderen Problemen wird die Fragestellung
durch a) unsere Unkenntnis der Wechselwirkung von Elektron-Kern, b) der korrekten Berücksichtigung der endlichen Ausbrei-
tungsgeschwindigkeit der Wechselwirkung von
Elektron-Elektron (Retardierungsproblem)
getrübt und eigentlich illusorisch gemacht. So
können bei der „internal conversion" und bei den

Anomalien der Hyperfeinstruktur (vgl. II.) sowohl a) als auch b) hereinspielen[1]).

3. Direkte Gründe für das Versagen der
Diracgleichung im Kern stellen dar a) das
kontinuierliche β-Spektrum, b) die Existenz von Kernelektronen schlechthin und
c) die sog. Stickstoff(und Li 6)[2])-Katastrophe
— und dies letztere vielleicht am krassesten.
Scheint doch aus c) nach dem in der Einleitung
unter 4. Gesagten unmittelbar zu folgen, daß die
Kernzustände überhaupt durch Eigen-
funktionen nicht beschreibbar. (Es kann
dann selbstredend auch keine „Elektronenterme"
im Kern geben.) Es hört sich also alles (die gesamte heutige Wellenmechanik) auf[3]). (Hier muß
aber noch bemerkt werden, daß die Herunter-
drückung der Größe des magnetischen
Momentes des Elektrons in so starken
Feldern, wie sie sicherlich im Kern bestehen,
auch schon nach der Diracschen Theorie
plausibel erscheint. Denn nach Breit, Nature
122, 649, 1928, nimmt beim Diracschen (Coulombschen) Einelektronenproblem das magnetische Moment des Elektrons mit der Kernladung
ab. Und nach Fermi (Solvay-Kongreß 1930)
wird es sogar — allgemein für jedes Zentral-
feld — von der Größenordnung eines Protonenmagnetons — wenn man das Elektron in einen
Kasten von Kerndimensionen einsperrt. Leider
wird aber hier, nach dem soeben Gesagten, die

---

1) Die zuweilen geäußerte Meinung, die Erforschung der Hyperfeinstruktur verhelfe zur Ver-
allgemeinerung der Diracschen Theorie auf Mehr-
elektronen-Probleme, ist also zweifelhaft. Die Retar-
dierung kann a) bei der Berechnung von ψ^2 (o),
b) bei evtl. zeitlicher Inkonstanz des Kernmoments
hereinspielen. Der aus der Kernmitbewegung resul-
tierende Retardierungseffekt ist jedoch wohl ver-
nachlässigbar. — Vielleicht werden sich aber a) und b)
experimentell und evtl. auch theoretisch trennen
lassen. Bei der Wechselwirkung: Elektron— (schwe-
rem) Kern, läßt sich nämlich in praktisch ausreichen-
der Näherung der Kern als unendlich schwer, d. h.
fest betrachten und dann fällt der Retardierungseffekt fort. Bei der Streuung von Elektronen an Elektronen hingegen wird sich vielleicht der Retardierungseffekt in erster Näherung berechnen und bei
Streuung von schnellen Elektronen aus (Wasserstoff-)
Atomen, daß deren Kerne bzw. Elektronen gegenüber den Stoßelektronen als praktisch frei angesehen
werden können, prüfen lassen.

2) Da bei Li 6 noch keine Bandenuntersuchung
vorliegt, besteht noch die Möglichkeit, daß μ hier
sehr klein ist. Dasselbe gilt von der anscheinenden
Nichtbeobachtbarkeit einer Hyperfeinstruktur bei Ag
und Au (Frisch), trotzdem diese Kerne eine ungerade Anzahl von Protonen enthalten.

3) Vgl. hierzu auch L. Landau u. R. Peierls,
Zeitschr. f. Phys. 69, 56, 1931, die aus theoretischen
Überlegungen heraus deduzieren, in einer konsequent-
relativistischen Quantentheorie gäbe es keine „Eigen-
funktionen" usw.

---

1) Vgl. hierzu jedoch den Photoeffekt nach
Dirac; II. Ref. u. Vortr. Casimir B.: Das Beobachtungsmaterial ist aber hier weniger sicher, als
beim Comptoneffekt.

674 Wheeler, Zur allgemeinen Theorie der Lösungen stark. Elektrolyte. Physik. Zeitschr. XXXII, 1931.

Diracsche Gleichung nicht mehr gelten, so daß diesem Resultat keine allzu große Bedeutung beigemessen werden kann.)

Bezüglich der Zerstreuung harter γ-Strahlen an schweren Kernen scheint nur soviel sicher zu sein, daß dieser Effekt nicht auf die Wechselwirkung der γ-Strahlen mit α-T. oder überhaupt positiven T. zurückgeführt werden kann. Es bleibt einem daher nichts anderes übrig, als diesen Effekt gleichfalls aufs Konto der Kernelektronen zu schieben, bzw. die Möglichkeit ins Auge zu fassen, der Kern als Ganzer wirke als Streuer für die γ-Strahlen.

ORIGINALMITTEILUNGEN.

Zur allgemeinen Theorie der Lösungen starker Elektrolyte.

Von T. S. Wheeler.

Einleitung.

Wenn die hochverdünnte Lösung eines starken Elektrolyten in einem Volumen V die Ionen eines 1 g-Mol eines vollständig dissoziierten Salzes enthält, dann ist nach den Theorien von Milner[1] *), Debye-Hückel[2] und Ghosh[3] die elektrische Arbeit, die bei reversibler und isothermer Verdünnung bis auf unendliche Verdünnung frei wird, gegeben durch

$$W = K T^{\alpha} D^{\beta} c^{\gamma}, \qquad (1) **)$$

vorausgesetzt, daß die Ionen als sehr klein angenommen werden. Der Wert von K hängt vom Typus des betrachteten Salzes ab. Für verdünnte Lösungen ist es nicht notwendig, zwischen Verdünnung bei konstantem Druck und Verdünnung bei konstantem Volumen zu unterscheiden[4]).

Bei der üblichen Behandlung der Theorien werden Zahlenwerte für α, β und γ in (1) benutzt und infolgedessen bleiben dadurch einige grundlegende Beziehungen zwischen den Konstanten verborgen. Der Gegenstand dieser Arbeit ist die Aufdeckung dieser Beziehungen durch Behandlung von (1) in etwas allgemeinerer Weise.

Die allgemeinere Behandlung macht auch die Art und Weise deutlich, nach der die Werte von α, β und γ zu den Werten der Konstanten beitragen, die in verschiedenen thermodynamischen Größen, die von (1) abgeleitet sind, auftreten.

Die allgemeine Form der Arbeitsfunktion.

Wir betrachten eine verdünnte Lösung, die in einem Volumen V 1 g-Mol eines vollständig dissoziierten Salzes enthält, von dem jedes Molekül in m sehr kleine Ionen zerfällt. Um die Diskussion zu verallgemeinern, nehmen wir an, daß die Kraft zwischen irgendwelchen zwei Ionen 1

*) Literaturverzeichniss. am Schluß dieser Arbeit.
**) Über die Bezeichnungen vgl. S. 679.

und 2 gegeben sei durch

$$\text{Kraft} = (z_1^x e^x)(z_2^x e^x)/D^s r^n. \qquad (2)$$

Dies führt zum Coulombschen Gesetz für $x = s = 1$ und $n = 2$.

Aus Zweckmäßigkeitsgründen werden wir die Bezeichnungen „Potential, elektrische Arbeit, Dielektrizitätskonstante" und „Ladung" in Verbindung mit dem allgemeinen, hier postulierten Kräftegesetz in der Weise gebrauchen, wie es gewöhnlich bei dem Coulombschen Gesetz geschieht.

Wir nehmen nun an, daß die elektrische Verdünnungsarbeit*) nach (2) gegeben ist durch

$$W = \Phi(T, D, c),$$

wobei die Form der Funktion noch zu bestimmen ist.

Bedingungen, die die Form der Arbeitsfunktion bestimmen.

Die Funktion muß den folgenden Bedingungen Genüge leisten: 1. Jedes Glied muß von der Dimension einer Energie sein. 2. Es muß verschwinden, wenn $c = 0$ wird. 3. Aus der Definition der elektrischen Arbeit folgt rein thermodynamisch[5]), für irgendein Kräftegesetz zwischen den Ionen, und unter der Voraussetzung, daß eine endliche Potentialfunktion resultiert, daß

$$P/c = m R T + c(\partial W/\partial c)_{T, D}. \qquad (3)$$

Aus (3) ergibt sich ohne weiteres, daß $c(\partial W/\partial c)_{T, D}$ von der gleichen Dimension einer Energie wie W ist. 4. Da

$$(\partial(W/T)/\partial T)_V = -E/T^2 \ ^{6)} \qquad (4)$$

so ist

$$E = W - T(\partial W/\partial T)_{V, D} - T(\partial W/\partial D)_{V, T} (\partial D/\partial T)_V. \qquad (5)$$

*) Es wird angenommen, daß es für verdünnte Lösungen unnötig ist, zwischen Verdünnung bei konstantem Druck und bei konstantem Volumen zu unterscheiden, soweit die Arbeitsfunktion betrachtet wird. Diese Annahme ist implizit in den meisten Arbeiten über dieses Thema[4]) enthalten.

S44

S44. Otto Robert Frisch, Thomas Erwin Phipps, Emilio Segrè und Otto Stern, Process of space quantisation. Nature, 130, 892–893 (1932)

892   *NATURE*   [DECEMBER 10, 1932

Process of Space Quantisation

© Springer-Verlag Berlin Heidelberg 2016

H. Schmidt-Böcking, K. Reich, A. Templeton, W. Trageser, V. Vill (Hrsg.), *Otto Sterns Veröffentlichungen – Band 3*, DOI 10.1007/978-3-662-46960-6_17

It is proposed to publish a preliminary report on the three skeletons in the *Ceylon Journal of Science*. Detailed consideration will be left until a more complete study has been made, and opportunity for comparison with other reputed Veddah material in the various museums in Europe has been taken. It is also hoped that further new material will shortly be forthcoming from the Bintenne and Tammankaduwa districts of the Veddah country.

I may add that a complete collection of hair from various parts of the body in both sexes and at several ages was taken from the Dhanigala Veddahs. This will be studied and compared with the hairs of other Ceylon races. Further hairs were obtained from graves of Poromala and Handhi. I should be delighted to exchange samples of this for hair of other races with any anthropologist in possession of such material.

Anatomy Department,   W. C. OSMAN HILL.
  Medical College,
    Colombo, Ceylon.
      Oct. 27.

Dimensions of Fundamental Units

PROF. W. CRAMP has suggested[1] that the quantities Q, L and T have better claim to be regarded as fundamental than M, L and T. His argument is based on the assumption that Q shall be a function of M. Such an assumption would be a bombshell in modern physics. M, in common with L and T, is a quantity which varies with the velocity of the observer ; Q does not so vary.

The wiping out of all fractional indices from the dimensional expressions for the electrical quantities, current, flux, E.M.F., etc., by leaving Q in those expressions is scarcely noteworthy. Fractional indices come into the dimensional expressions for electrical quantities at the outset when, by writing $(Q \times Q/kL) = F = MLT^{-2}$ we find $Q = k^{\frac{1}{2}}M^{\frac{1}{2}}LT^{-1}$. If Q were left in, no fractional indices would appear and also no k ; and since, if we neglect both k and μ the ratio of the electromagnetic units to the electrostatic units is always a velocity, or a velocity squared, or the reciprocal of one of these—that is to say, contains no fractional indices—it follows that the presence of Q wipes out fractional indices from dimensional expressions in both the electromagnetic and the electrostatic systems.

                      F. M. DENTON.
Department of Electrical Engineering,
  University of New Mexico,
    Albuquerque.
      Oct. 19.

NATURE, 130, 368, Sept. 3, 1932.

MY old student, Prof. F. M. Denton, has, I know, given a good deal of attention to the theory of relativity, and this no doubt has led him to question the possibility of any dimensional relationship between M and Q. While not pretending to have the same knowledge of Einstein's theory, it does seem to me that there is little experimental evidence for the assumption that M varies with the velocity of the observer while Q does not. It would be interesting to know upon what grounds Prof. Denton makes so positive a statement.

The University,   WILLIAM CRAMP.
  Birmingham.
    Nov. 8.

Recalculation of Mass Defects

THE well-known mass defect curve of the old nuclear scheme calculated with regard to α-particles and protons presented a difficulty with its minimum of binding energy for tin and an increasing portion between tin and lead. On the other hand, the mass defect values against protons give a rather smoothly decreasing curve.[1] As has already been pointed out,[2] the number of α-particles must be considerably reduced from the point of view of the new scheme, which does not admit any electrons in nuclei, but only neutrons and protons (presumably joined as α-particles). The curve of mass defect against protons and neutrons (perhaps with a single 'central' α-particle) is very similar to the old curve against

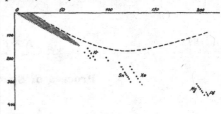

FIG. 1.

protons, but decreases less rapidly. Clearly the new mass defect values relatively to α-particles, neutrons and protons must lie somewhere between the old values computed relative to protons and α-particles respectively (because the number of α-particles is decreased). We may emphasise that this new mass defect curve shows no increasing portion between tin and lead. For illustration we give two typical values :
Old : $50Sn^{124} = 31\alpha + 12\varepsilon$; mass defect $= 0 \cdot 158$ (in mass units) ;
    $82Pb^{208} = 52\alpha + 22\varepsilon$; mass defect $= 0 \cdot 035$.
New : $50Sn^{124} = 25\alpha + 24\omega$ (ω = neutron) ; mass defect $= 0 \cdot 304$;
    $82Pb^{208} = 41\alpha + 44\omega$; mass defect $= 0 \cdot 366$.
On the accompanying graph (Fig. 1) are plotted the new mass defect values ; the dotted line shows the old smoothed curve.

The significant result mentioned above depends not on the doubtful decimals in the value of neutronic mass but only on the fact that the number of α-particles is diminished in comparison with the number usually admitted, some being split to neutralise the 'nuclear electrons'.

Phys. Tech. Institute,   D. IWANENKO.
  Leningrad-Lesnoi.
    Oct. 19.

[1] F. Houtermans' article on the constitution of nuclei in *Ergebnisse d. exakten Naturwiss*, Bd. 9, p. 124.
[2] D. Iwanenko, *Sow. Phys.*, 1, 820 ; 1932.

Process of Space Quantisation

THE following note is a report of researches into the process of space quantisation, carried out during the last two years in the Institute of Physical Chemistry in Hamburg.

The problem may be stated as follows. When a ray of potassium atoms is sent through an inhomogeneous magnetic field, it is split into two rays (space quantisation). If one of the rays is then screened out, all atoms in the remaining ray have the same axial direction (that is, the same component of magnetic moment in the direction of the field). The ray is then sent through a homogeneous magnetic field, the direction of which is changing with time (for example, a rotating field). After the ray has passed this rotating field, it goes through a second inhomogeneous field. This last field serves to determine whether all the atoms still have the same orientation (in which case they would be deviated towards the same side) or whether some of them have been re-oriented (*umgeklappt*).

The proportion of re-oriented atoms to those having the original orientation depends upon the ratio of the Larmor period, T_l, to the period of rotation of the field, T_f. If T_f is large compared with T_l, that is, if the atom completes many Larmor precessions during the interval required for an appreciable change of field direction—then the process is an adiabatic one and no re-orientation occurs. If an appreciable fraction of the atoms is to be re-oriented, T_f and T_l must be of the same order of magnitude.

Under usual experimental conditions, $T_f \gg T_l$; that is to say, the adiabatic case is realised, and no re-oriented atoms are observed. In order that the non-adiabatic case may be realised, the Larmor period T_l must be made as large as possible (that is, very weak fields must be employed), and T_f must be as small as possible. We have succeeded in producing these non-adiabatic conditions in the following manner. The ray passed through a region enclosed in an iron shield where there existed a very weak magnetic field, constant in space and in time. Its strength was a few tenths of a gauss. The variation of the field with time was brought about by causing the ray in its course through the shielded region to pass close to a wire. Atomic ray, wire, and lines of force were at right angles to one another. When a current flowed through the wire, its magnetic field was superposed upon the constant field inside the iron shield. In this way the field was made inhomogeneous in space, and atoms which passed near the wire experienced a change of field direction from point to point; this was equivalent to a variation of the field with time.

We found that with weak currents through the wire (that is, with no appreciable rotation of the field) there were no re-oriented atoms—just as was the case with a strong field (the adiabatic case). But when the constant field was only a few tenths of a gauss, and when the current in the wire was so adjusted that the field of the wire in the region where it was traversed by the ray was also of this order of magnitude, a noticeable part of the atoms (as much as one-third) was re-oriented. The number of re-oriented atoms, and the dependence of this number upon (1) the current in the wire, (2) the distance of the ray from the wire, and (3) the velocity of the atoms, agreed with the theoretical prediction.[1]

R. FRISCH.
T. E. PHIPPS.
E. SEGRE.
O. STERN.

Hamburg, Aug. 15.

[1] P. Güttinger, *Z. Phys.*, 73, 169; 1932; and E. Majorana, *Nuovo Cim.*, Nr. 2, 1932; where the theory is still better adapted to our experimental conditions.

Fundamental Frequencies of the Group SiO₄ in Quartz Crystals

THE particular properties of quartz crystals (SiO_2), as compared to those of carbon dioxide (CO_2) have led Sir William Bragg to the conception of considering a quartz crystal as one single molecule.

An analogous constitution is shown by the polymeric homologue series of silica esters, the Raman spectra of which I have recently investigated.[1] It has been observed that in these compounds four characteristic scattered frequencies must be attributed to the group SiO_4. Of these frequencies two are independent of the degree of polymerisation, while the other two show a continuous shift with the degree of polymerisation. The line 642 cm.⁻¹ of the monomeric ester which is shifted so far as 518 cm.⁻¹ is a conspicuous example of the last mentioned behaviour. The latter corresponds to a line of the decameric ester.

Making use of the above mentioned results, the fundamental frequencies of the SiO_4 group in quartz can be located. The results are seen from the following table.

	ν_1	ν_2	ν_3	ν_4
ν cm.⁻¹	502	800	1062–1086	1170–1208
$\lambda\mu$	19·92	12·5	9·4₁–9·2₁	8·54–8·28

With the aid of these four fundamental frequencies, the entire ultra-red spectrum of quartz below 10μ can be interpreted as a system of combination bands of the second to the fourth order. Attempts to determine the fundamental frequencies and to arrive at a system of combination bands have been made by Plyler[2] and Parlin.[3] The frequencies assumed by them differ partly from those arrived at above and consequently the values of the frequencies of the combination bands calculated by them agree less well with those observed than in our case.

A more detailed paper will appear in the near future.

Phys. Institute, University,   J. WEILER.
Freiburg i. Br., Germany.
Nov. 5.

[1] J. Weiler, *Helv. phys. Act.*, 5, 302; 1932.
[2] E. K. Plyler, *Phys. Rev.*, 33, 48; 1929.
[3] W. A. Parlin, *Phys. Rev.*, 34, 81; 1929.

Spectrum of Cosmic Radiation

IN the note published by me in NATURE of September 24 under the above title, I find I made a numerical error in the observed limits of the 'soft band'. The observed and calculated values should be:

n	1	2	3	4	5	6
$h\nu$ (calc.)	475	160	80	48	32	23
$h\nu$ (obs.)	~450*	~180	~100	~50	(~30)	~25

Thus, the observed values given under $n = 4$ and $n = 6$ (not 5 and 7 as stated before) are the limits of the 'soft band'. They are estimated approximatively from its penetrating power, measured by Prof. R. A. Millikan[1] in comparison with that of γ-rays of thorium C″, the observed ratio being between 12 and 6.† The value ~ 30 million volts is an average, being at the same time the energy of formation of helium: $h\nu = 0.032 \, H.c^2$.

With this correction the agreement becomes more complete, the lack of the observed value under $n = 4$, noted in the preceding letter, having disappeared.

ADAM ST. SKAPSKI.
Institute of Physical Chemistry,
Mining Academy,
Krakow–Poland,
Oct. 17.

* The probable value of the 'iron constituent'.
† The energy of γ-rays of thorium C″ being 2·5 million volts, the ratio 6 corresponds—from the Klein-Nishina formula—to 25 million volts.
[1] R. A. Millikan, NATURE, 128, 709, Oct. 24, 1931.

S45. Otto Robert Frisch und Otto Stern, Die spiegelnde Reflexion von Molekular-strahlen. Naturwissenschaften, 20, 721–721 (1932)

Heft 39.
23. 9. 1932]   Kurze Originalmitteilungen.   721

Die spiegelnde Reflexion von Molekularstrahlen.

© Springer-Verlag Berlin Heidelberg 2016
H. Schmidt-Böcking, K. Reich, A. Templeton, W. Trageser, V. Vill (Hrsg.), *Otto Sterns Veröffentlichungen – Band 3*, DOI 10.1007/978-3-662-46960-6_18

Heft 39.]
23. 9. 1932]
                              Kurze Originalmitteilungen.   721

Die spiegelnde Reflexion von Molekularstrahlen.

Wir haben die spiegelnde Reflexion von Molekularstrahlen aus He (vereinzelt auch H$_2$) an Kristallspaltflächen von LiF (auch NaF) mit folgender Anordnung untersucht. Einfallender Strahl und Auffänger blieben fest in der Reflexionsstellung, die reflektierende Kristallfläche wurde in ihrer Ebene gedreht. Wir fanden dabei, daß das Reflexionsvermögen sehr stark von der Orientierung des Kristalls abhängt, wie aus den folgenden Kurven ersichtlich ist, die als Beispiele aus einer großen Zahl von gemessenen Kurven ausgewählt sind. Ordinate ist die Intensität des reflektierten Strahls, Abscisse der Verdrehungswinkel des Kristalls, wobei als Nullstellung diejenige gilt, in der die Einfallsebene die Kristallfläche in einer Flächendiagonale (Hauptachse des Oberflächengitters gleichnamiger Ionen) schneidet. Die Kurven zeigen auffallende Unregelmäßigkeiten (Dellen), die, wie man sieht, um so ausgeprägter und schärfer werden, je flacher der Einfall ist.

Zum Beispiel bedingt bei einem Glanzwinkel von 2° eine Drehung des Kristalls in seiner Ebene um 1° eine Änderung des Reflexionsvermögens um einen Faktor 6. Auch bei den Beugungskurven haben wir ähnliche, wenn auch nicht so ausgeprägte Unregel-

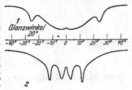

mäßigkeiten gefunden, die mit den obigen offenbar in Zusammenhang stehen. Bei NaF haben wir praktisch dieselben Kurven, bei H$_2$ (an LiF) etwas kompliziertere, aber von ähnlichem Typus.

Die Deutung dieser merkwürdigen Erscheinung ist uns bisher nicht gelungen; alle naheliegenden Erklärungsversuche (wie z. B. aus der Form der reflektierenden Oberfläche) ließen sich nicht durchführen. Momentan halten wir für wahrscheinlich, daß ein Zusammenhang mit der Adsorption besteht und daß das verschiedene Adsorptionsvermögen der beiden Ionengattungen des Gitters eine Rolle spielt.

Diese Versuche, die schon seit längerer Zeit im Gange sind (die Hauptresultate sind schon etwa 1 Jahr alt), sollen noch mit monochromasierten Strahlen wiederholt werden. Da dies noch einige Zeit dauern wird, um so mehr als wir augenblicklich mit anderen Versuchen beschäftigt sind, wollten wir durch diese kurze Mitteilung auf die uns sehr bemerkenswert erscheinenden Tatsachen hinweisen.

Hamburg, den 7. August 1932.   R. FRISCH.   O. STERN.

S46. Robert Otto Frisch und Otto Stern, Anomalien bei der spiegelnden Reflektion und Beugung von Molekularstrahlen an Kristallspaltflächen I. Z. Physik, 84, 430–442 (1933)

(Untersuchungen zur Molekularstrahlmethode aus dem
Institut für Physikalische Chemie der Hamburgischen Universität. Nr. 23.)

Anomalien bei der spiegelnden Reflexion und Beugung von Molekularstrahlen an Kristallspaltflächen. I[1]).

Von **R. Frisch** und **O. Stern** in Hamburg.

© Springer-Verlag Berlin Heidelberg 2016
H. Schmidt-Böcking, K. Reich, A. Templeton, W. Trageser, V. Vill (Hrsg.), *Otto Sterns Veröffentlichungen – Band 3*, DOI 10.1007/978-3-662-46960-6_19

430

(Untersuchungen zur Molekularstrahlmethode aus dem
Institut für Physikalische Chemie der Hamburgischen Universität. Nr. 23.)

Anomalien bei der spiegelnden Reflexion und Beugung von Molekularstrahlen an Kristallspaltflächen. I[1]).

Von **R. Frisch** und **O. Stern** in Hamburg.

Mit 18 Abbildungen. (Eingegangen am 28. April 1933.)

Die Reflexions- und Beugungskurven von Molekularstrahlen zeigen eigentümliche
scharfe Einsattelungen, die näher untersucht wurden. Die Deutung der sehr
charakteristischen Erscheinungen ist bisher nicht gelungen; sie dürften mit
Adsorption der Strahlmoleküle am Kristall zusammenhängen, und ihr Studium
läßt näheren Einblick in den Adsorptionsmechanismus erhoffen.

Wie in früheren Arbeiten[2]) gezeigt wurde, wird ein Molekularstrahl
(He, H_2), der auf eine Kristallspaltfläche (z. B. LiF) trifft, von dieser
gebeugt wie von einem Kreuzgitter. Arbeitet man mit einem nicht monochromasierten Molekularstrahl, in dem die Geschwindigkeiten der Moleküle
nach Maxwell verteilt sind, so entspricht dem ein kontinuierliches Spektrum
von de Broglie-Wellen; die Beugungskurve (Intensität als Funktion des
Beugungswinkels) sollte in diesem Sinne ein Abbild der Maxwellschen
Geschwindigkeitsverteilung sein. Dies gilt natürlich nur, sofern die Dispersion bei den in Betracht kommenden Wellenlängen annähernd konstant
ist; das war bei der meist untersuchten Ordnung (0, ± 1) bei nicht zu
flachem Einfall hinreichend erfüllt. Z. B. zeigt für diesen Fall die gestrichelte
Kurve in Fig. 1 die theoretisch zu erwartende Intensitätsverteilung (der
hier ziemlich kleine Einfluß der Dispersion ist berücksichtigt). Bei den
früheren Versuchen wurden auch immer derartige Kurven gefunden;
kleine Unregelmäßigkeiten wurden auf Versuchsfehler geschoben. Als
jedoch mit größerer Auflösung (engeren Spalten) gearbeitet wurde, zeigten
die Kurven systematische, durchaus reproduzierbare *Abweichungen von
der glatten Maxwellform*. Fig. 1 gibt ein Beispiel hierfür. Man sieht z. B.,
daß die gemessene Kurve bei etwa 26° eine auffallende Einsattelung („Delle")

---

[1]) Die wesentlichen Ergebnisse dieser Arbeit wurden auf der Tagung des
Gauvereins Niedersachsen der D. Phys. Ges. in Kiel am 15. und 17. Juli 1932
vorgetragen. Eine kurze Mitteilung erschien in den Naturwissensch. **20**, 721, 1932.

[2]) U. z. M. Nr. 15; I. Estermann u. O. Stern, ZS. f. Phys. **61**, 95, 1930.
O. Stern, Naturwissensch. **17**, 391, 1929.

Anomalien bei der spiegelnden Reflexion und Beugung usw.   **431**

zeigt; eine schwächere bei etwa 20⁰. Bei näherer Untersuchung dieser
Unregelmäßigkeiten in den Beugungskurven ergab sich die Vermutung,

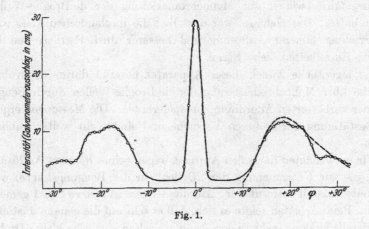

Fig. 1.

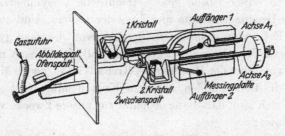

Fig. 2. Zweikristallapparat. Abbildespalt, Zwischenspalt, die Auffängerkanäle
(alle 1 mm breit und 0,4 mm tief), die Haltenut für den Ofen und die Lager-
nuten für die Kristallachsen wurden in die plangeschliffene Messingplatte eingefräst. Die Auffängerkanäle wurden durch (nicht gezeichnete) plangeschliffene
Glasplatten abgedeckt. Die schwarz gezeichnete Bohrung am Ende jedes Auf-
fängerkanales führt nach hinten zu einem Hitzdrahtmanometer. Der Strahl,
durch Ofenspalt und Abbildespalt definiert, trifft auf den 1. Kristall. Dieser
kann nun um die Achse A_1 gedreht werden, wobei nacheinander die verschiedenen gebeugten Strahlen der Ordnung (0, ± 1) durch den Zwischenspalt
auf den 2. Kristall fallen; hier werden sie wieder gebeugt und gelangen in
den Auffänger 1. Bei den jetzigen Versuchen war der 2. Kristall entfernt, so
daß die vom 1. Kristall gebeugten Strahlen direkt in den Auffänger 2 liefen.

daß diese Erscheinung in Zusammenhang steht mit dem eigentümlichen
Verhalten des Reflexionsvermögens bei Drehung des Kristalls in seiner
Ebene, wie es bereits früher[1]) beobachtet wurde. Wir haben deshalb auch
die spiegelnde Reflexion näher untersucht.

---

[1]) U. z. M. Nr. 15; I. Estermann u. O. Stern, l. c. S. 116.

432   R. Frisch und O. Stern,

I. Beugung.

Die ersten Versuche wurden mit einem Zweikristallapparat der gleichen Art ausgeführt, wie er zur Monochromasierung der de Broglie-Wellen[1]) gedient hatte. Das Gehäuse war dasselbe; die mechanischen Teile waren zur Erzielung höherer Auflösung und besserer Justierbarkeit neu konstruiert; Einzelheiten siehe Fig. 2.

Der eigentliche Zweck dieses Apparates bestand darin, die früheren Versuche über Monochromasierung der de Broglie-Wellen durch Beugung mit einer verbesserten Anordnung zu wiederholen. Die Messungen ergaben eine Bestätigung der früheren Versuche und sind nicht weiter publiziert worden.

Wir verwendeten dann den Apparat wegen seines höheren Auflösungsvermögens zur Untersuchung der „Dellen" in der Beugungskurve, wobei der zweite Kristall entfernt war. Auf diese Weise ist Kurve Fig. 1 gemessen worden. Beim Arbeiten zeigte es sich, daß es sehr auf die genaue Justierung des Kristalls ankam; insbesondere bedingte schon eine sehr kleine Drehung des Kristalls in seiner Ebene eine beträchtliche Unsymmetrie bezüglich Intensität der Beugungsmaxima und Lage der Dellen. Und zwar entfernt sich die eine Delle vom gespiegelten Strahl, wenn die dazu symmetrische (auf der anderen Seite vom gespiegelten Strahl) sich diesem nähert. Die Abhängigkeit vom Sinn der Drehung des Kristalls ist so, als ob die gebeugten Strahlen, die die Dellen bilden, mit dem Kristall mitgedreht würden.

Es zeigte sich also, daß dieser Apparat für unsere Zwecke verschiedene Nachteile aufwies:

1. Die Justierung der Kristalle konnte nicht im Vakuum geändert werden.

2. Da der Auffänger fest war und die Einstellung der verschiedenen gebeugten Strahlen durch Drehen des Kristalls um eine Hauptachse seines Oberflächengitters erfolgte, wurde dabei immer auch die Einfallsrichtung geändert.

3. Der Einfallswinkel konnte bei festgehaltener Einfallsebene nicht variiert werden.

Es wurde daher der in Fig. 3 dargestellte Apparat konstruiert, der folgende Bewegungsmöglichkeiten aufwies:

1. Der Kristall konnte im Vakuum in seiner Ebene gedreht werden, im übrigen war seine Lage festgelegt.

---

[1]) U. z. M. Nr. 18; I. Estermann, R. Frisch u. O. Stern, ZS. f. Phys. **73**, 348, 1931.

Anomalien bei der spiegelnden Reflexion und Beugung usw.   **433**

2. Auch der einfallende Strahl war fest; doch konnten drei verschiedene Einfallswinkel[1]) (11,6, 18,5 und 25,4⁰) benutzt werden. Zu diesem Zwecke waren drei Öfen in der aus der Fig. 3 ersichtlichen Weise vorgesehen (und entsprechend drei Abbildespalte). Die Öfen hatten getrennte Gaszuleitungen, so daß nach Belieben einer von ihnen benutzt werden konnte.

3. Der Auffänger — ein Röhrchen, das durch eine Rohrleitung mit Gelenken mit dem Meßmanometer verbunden war — konnte über einen

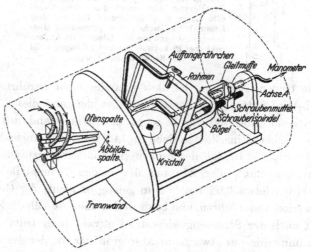

Fig. 3. Beugungsapparat. Der Apparat wurde in ein (gestrichelt gezeichnetes) zylindrisches Metallgehäuse eingesetzt, das durch die kreisförmige Trennwand wie üblich in Ofenraum (links) und Strahlraum geteilt wird. Beide Räume werden getrennt durch Stahlpumpen evakuiert. Die Verschiebung des Auffängers erfolgt durch zwei (nicht gezeichnete) Schliffe im rechten Gehäusedeckel; der eine dreht die Achse *A* und damit den mit ihr verbundenen Auffänger um diese Achse; der andere dreht die Schraubenspindel und verschiebt damit die Schraubenmutter und die mit ihr gekuppelte Gleitmuffe, die auf der Achse *A* gleitet und dabei durch Vermittlung eines (nur zur Häfte gezeichneten) Bügels den das Auffangeröhrchen tragenden Rahmen mehr oder weniger aufrichtet.

großen Teil der Halbkugel beliebig geschwenkt werden, wobei das Röhrchen stets auf den Kristall zeigte. Der Auffänger hatte zu diesem Zwecke zwei Bewegungsmöglichkeiten: 1. konnte er um die Achse *A* gedreht werden; der Betrag dieser Drehung, vom höchsten Punkt aus gerechnet, sei mit ψ bezeichnet; 2. konnte der Winkel ϑ zwischen Auffängerrichtung und Achse *A* verändert werden. Für $\psi = \pm 90^0$ lag der Auffänger in der Kristallebene; für $\psi = 0$ und $\vartheta = 90^0$ stand er senkrecht zu ihr.

---

[1]) Unter Einfallswinkel verstehen wir, wie bisher, immer das Komplement des Winkels mit dem Einfallslot (kleiner Einfallswinkel = flacher Einfall).

Auf die Konstruktion der Gelenke in der Rohrleitung mag etwas näher eingegangen werden. Es läge an und für sich nahe, einfach Schliffe zu verwenden; das ist aber nicht zweckmäßig, weil durch die Reibung immer Gas frei wird. Es wurde daher eine Konstruktion entwickelt[1]),

Fig. 4.   Gelenk in der Auffängerleitung. Das äußere Rohr ist aufgeschnitten gezeichnet. Die Abdichtung zwischen dem Inneren der Leitung und dem Außenraum besorgt der enge (~ 0,02 mm) Luftspalt $A—B$. Zentrierung wird durch das schwach geölte Lager $B—C$ gesichert. Die aus dem Lager beim Drehen frei gemachten Gasmengen können aus den Löchern im Außenrohr (bei B) entweichen und gelangen nicht in die Auffängerleitung.

bei der die beiden Teile des Gelenkes einander nicht berührten, aber so kleinen Abstand hatten, daß der Strömungswiderstand dieser Undichtigkeit hinreichend groß war (groß gegen den Widerstand des Auffangeröhrchens). Nähere Einzelheiten siehe Fig. 4. Ganz befriedigend arbeiteten die Gelenke nicht. Infolge des großen Strömungswiderstandes des Auffängerröhrchens mußte der Abstand der beiden Gelenkteile sehr klein gewählt werden (etwa 0,02 mm). Nun gelang es nicht, die Gelenke vollständig zentrisch auszuführen, und beim Drehen änderte sich die Zentrierung und damit auch der Strömungswiderstand etwas; da er trotz des kleinen Abstandes immerhin nur etwa zehnmal so groß war wie der des Auffängers, hatte das zur Folge, daß die Empfindlichkeit des Auffängers etwas von seiner Lage abhing. Da aber diese Unterschiede nur gering waren und nur langsam mit der Lage des Auffängers variierten, so hatten sie auf die Ergebnisse keinen merklichen Einfluß.

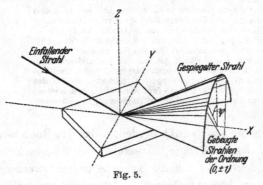

Fig. 5.

Ergebnisse. Der Kristall wurde zunächst, wie üblich, so gedreht, daß eine Hauptachse seines Oberflächengitters gleichnamiger Ionen in die Einfallsebene fiel. Der Auffänger wurde um diese Achse

---

[1]) Eine ähnliche Konstruktion war schon früher benutzt worden (I. Estermann u. O. Stern, nicht publiziert).

Anomalien bei der spiegelnden Reflexion und Beugung usw.   **435**

gedreht, wobei sein Winkel mit der Achse konstant und gleich dem Einfallswinkel blieb. Man erhält so zu beiden Seiten des gespiegelten

Strahles die gebeugten Strahlen der Ordnung (0, ± 1) (s. Fig. 5).

In Fig. 6 ist als Ordinate die Intensität, als Abszisse der Drehwinkel ψ des Auffängers aufgetragen. Wie man sieht, liegt die ausgeprägte Delle bei allen drei Kurven an derselben Stelle, $\psi =$ etwa 51°, trotzdem dieser Stelle jedesmal eine andere Wellenlänge entspricht. Es ist also so, als ob es eine *ausgezeichnete Ebene*

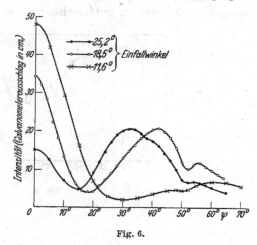

Fig. 6.

gibt, die die erwähnte Hauptachse enthält und mit der Einfallsebene einen Winkel von 51° bildet[1]), *in der die Atome den Kristall ungern verlassen.*

Wir haben nun mit diesem Apparat ebenfalls den Versuch gemacht, bei dem der Kristall in seiner Ebene verdreht war. (Der Unterschied gegen

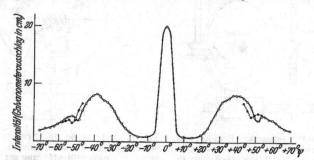

Fig. 7. Die gestrichelten Kurvenstücke zeigen den Einfluß einer kleinen Verdrehung (~ 2°) des Kristalls in seiner Ebene.

vorhin ist der, daß hier die Einfallsrichtung beim Ausmessen der Beugungskurve fest blieb.) Wie man aus Fig. 6 sieht, hat die Drehung denselben Einfluß wie oben: die Dellen werden „mitgenommen"; es sieht so aus, wie wenn die „verbotenen Ebenen" mit dem Kristall annähernd starr verbunden wären.

---

[1]) Das ist unseres Wissens keine im Kristallgitter irgendwie ausgezeichnete Ebene.

II. Reflexion.

Nach diesen Ergebnissen schien es uns wichtig, das Verhalten des gespiegelten Strahles zu untersuchen; es war zu erwarten, daß das Re-

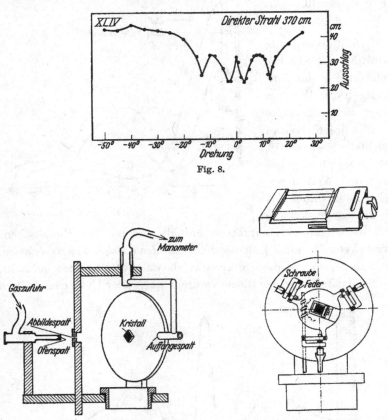

Fig. 8.

Fig. 9. Reflexionsapparat. Der Apparat paßt in dasselbe Gehäuse wie der Beugungsapparat (Fig. 3). Der Strahl läuft hier in der Gehäuseachse und trifft auf den Kristall, der um eine zum Strahl senkrechte Achse gedreht werden kann, so daß der Einfallswinkel variiert wird; um dieselbe Achse kann auch der Auffänger geschwenkt werden, der sich also in der Einfallsebene bewegt. Der Kristall kann außerdem in seiner Ebene gedreht sowie justiert werden, vgl. Fig. 10.

Fig. 10. Anbringung des Kristalls. Oben der schraubstockartige Kristallhalter, der (siehe unten) in eine Schlittenführung auf einer runden Platte eingesetzt wird. Die Platte ruht mit drei Fortsätzen auf drei Blattfedern, die durch Drehen der drei konisch zugespitzten Schrauben angehoben werden können; so kann der Kristall geneigt und gehoben werden. Das Ganze ist auf einen Teller montiert, der durch Schneckentrieb in seiner Ebene gedreht werden kann. Dadurch können auch die drei Schrauben mit dem Schraubenzieher (unten) in Eingriff gebracht und um die erforderliche Zahl von halben Umdrehungen gedreht werden.

flexionsvermögen kleiner wird, wenn die Einfallsrichtung (und damit auch die Richtung des gespiegelten Strahles) in eine solche verbotene Ebene

Anomalien bei der spiegelnden Reflexion und Beugung usw.   **437**

zu liegen kommt. Ein Verhalten der Spiegelung im erwarteten Sinne war sogar schon bei früheren Versuchen[1]) gefunden worden; es war die Änderung des Reflexionsvermögens untersucht worden, wenn der Kristall in seiner Ebene gedreht wurde; das Ergebnis einer solchen Messung sei hier noch einmal wiedergegeben (Fig. 8, l. c., S. 116).

Um diese Erscheinungen genauer zu untersuchen, mußte ein diesem Zweck angepaßter Apparat gebaut werden, der es insbesondere auch gestattete, den Einfallswinkel zu variieren. Da es uns wichtig schien, gerade auch bei kleinen Einfallswinkeln (flachem Einfall) zu arbeiten, mußte die Halterung der Kristalle so abgeändert werden, daß keine haltenden

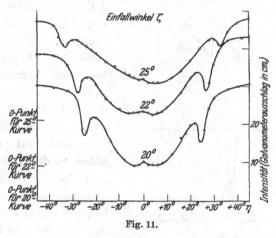

Fig. 11.

Teile über die Oberfläche hervorragten. Ferner mußte die Höhe und Neigung der Kristalloberfläche im Vakuum eingestellt werden können, da eine exakte Justierung erfahrungsgemäß nur mit den Molekularstrahlen selbst möglich ist. Die Konstruktion des Apparates und speziell des Kristallhalters ist aus den Fig. 9 und 10 ersichtlich.

Ergebnisse. Die Versuche wurden stets in folgender Weise ausgeführt: Nach Justierung des Kristalls wurde ein bestimmter Einfallswinkel eingestellt und der Auffänger in die Richtung des gespiegelten Strahles gebracht. Dann wurde der Kristall in seiner Ebene gedreht und die Reflexion in Abhängigkeit vom Drehwinkel η gemessen. Fig. 11 zeigt einige der so

---

[1]) U. z. M. Nr. 15; I. Estermann u. O. Stern, ZS. f. Phys. **61**, 95, 1930. Die dort diskutierte Möglichkeit, daß die Erscheinung dadurch verursacht wird, daß sehr nahe am gespiegelten Strahl liegende Spektren, die durch ein Gitter mit großer Gitterkonstante erzeugt werden, noch mit in den Auffänger gelangen, kann durch die jetzigen Messungen als ausgeschlossen gelten; außer vielleicht in einem Falle, siehe S. 440.

438   R. Frisch und O. Stern,

erhaltenen Kurven (Einfallswinkel $\zeta = 20$, 22 und 25°). Diese Kurven zeigen die Delle an der erwarteten Stelle, nämlich gerade dort, wo der gespiegelte Strahl in die verbotene Ebene fällt. Um zu sehen, wie genau das gilt, haben wir für eine Reihe von Einfallswinkeln die Lage der Delle

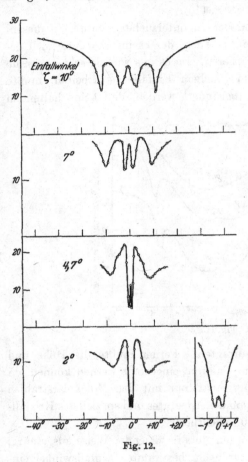

Fig. 12.

genau gemessen und daraus den Winkel berechnet, den eine Ebene, die durch die X-Achse und die Richtung des gespiegelten Strahles am Ort der Delle geht, mit der XZ-Ebene bildet. Tabelle 1 zeigt, daß dieser Winkel für Einfallswinkel von 25° bis herab zu 10° konstant ist[1]; bei noch kleineren Einfallswinkeln nimmt er zu, wobei die Delle breiter und flacher wird. Gleichzeitig tritt eine neue Delle auf (Fig. 12), die näher an der Nullstellung liegt und im Gegensatz zu der anderen um so schärfer und tiefer wird, je flacher der Strahl einfällt. Bei sehr flachem Einfall ist die Schärfe dieser Delle geradezu erstaunlich, z. B. bewirkt bei dem kleinsten untersuchten Einfallswinkel von 2° eine Drehung des Kristalls in seiner Ebene um 1° eine Änderung des Reflexionsvermögens

um einen Faktor 6. Dabei bedingt hier die endliche Auflösung des Apparates sicher schon eine merkliche Verflachung der Kurve; speziell der Wert bei 0° dürfte in Wirklichkeit. viel höher sein. Der Verdrehungs-

---

[1] Das bedeutet in erster Näherung nichts anderes, als daß der Abstand η der Delle von der Nullstellung dem Einfallswinkel ζ proportional ist. Es sei übrigens bemerkt, daß der hier gefundene Ebenenwinkel von 49° mit dem bei der Beugung gefundenen — die genaue Messung ergibt 50° — nicht genau übereinstimmt.

Anomalien bei der spiegelnden Reflexion und Beugung usw.   **439**

winkel wächst bei dieser Delle nicht proportional dem Einfallswinkel;
man kann ihr keine „verbotene Ebene" zuordnen.

Tabelle 1.

ζ	η	ψ	ζ	η	ψ
25^0	$32,5^0$	$48,9^0$	14^0	17^0	$49,0^0$
22	27,5	48,6	10	12	48,8
20	24,5	48,6	7	9,7	54
18	22	49,0	4,3	8	62

Um die Abhängigkeit der Erscheinung von der *Geschwindigkeit der*
Gasmoleküle zu untersuchen, wurden zunächst Versuche gemacht, bei
denen der Ofen auf etwa
600⁰ abs. geheizt wurde. Fig. 13
zeigt das Ergebnis. Man sieht,
daß die *Kurvenform* durch die
größere Geschwindigkeit der
Gasmoleküle so verändert wird,
als ob der Einfallswinkel vergrößert wäre, während die *Lage*
der Dellen sich nur wenig ändert.

Ein Einfluß der *Kristall-*
temperatur wurde nicht gefunden.

Schließlich wurden noch
einige Versuche gemacht, bei
denen der reflektierte Strahl
durch Beugung an einem
zweiten Kristall spektral zer-

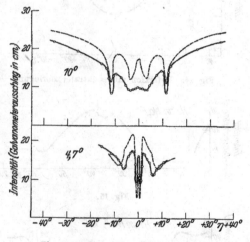

Fig. 13.   Einfluß der Strahltemperatur.
Ausgezogene Kurve: Ofen bei ~ 600⁰ abs.
Gestrichelte Kurve: Ofen bei Zimmertemperatur.

legt wurde. Diese Versuche wurden mit dem eingangs erwähnten Doppel-
kristallapparat gemacht, der zu diesem Zwecke etwas umgebaut wurde;
der erste Kristall stand nunmehr dauernd in der spiegelnden Stellung
(senkrecht zur Messingplatte), konnte aber in seiner Ebene gedreht werden.
Der Einfallswinkel war allerdings damit festgelegt, zu 18,5⁰.

Fig. 14 zeigt zunächst noch einmal eine Kurve ohne spektrale Zerlegung,
die mit diesem Apparat gemessen wurde; sie stimmt mit den früher gemessenen Kurven überein, bis auf das Fehlen der kleinen Erhebung in der

440 R. Frisch und O. Stern,

Nullstellung[1]). Fig. 14 zeigt dann einige Messungen, bei denen jeweils der zweite Kristall in einer bestimmten Stellung festgehalten war, also Moleküle einer bestimmten Geschwindigkeit ausgeblendet wurden. Wie

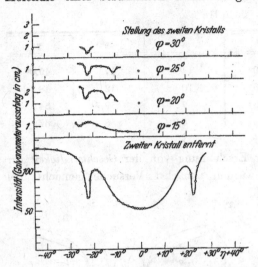

Fig. 14. Reflexion mit spektraler Zerlegung.

man sieht, tritt nun auch die zweite Delle (näher an der Nullstellung) hervor, die ohne Monochromasierung bei diesem Einfallswinkel nicht zu bemerken ist. Man sieht auch den Grund dafür ein: Ihre Lage ist stark von der Geschwindigkeit abhängig, und zwar so, daß sie mit wachsender Geschwindigkeit (abnehmender Wellenlänge) von der Nullstellung fortrückt. Bei der anderen Delle ist die Abhängigkeit im selben Sinne, aber sehr viel kleiner.

Versuche mit NaF *und mit* H_2. Nimmt man als Kristall NaF statt LiF, so erhält man ganz ähnliche *Beugungskurven*, die ebensolche Dellen aufweisen, nur etwas verschoben. Als Beispiel siehe Fig. 15; es ist bemerkenswert, daß der reflektierte Strahl sehr viel schwächer ist als bei LiF, während die Beugungsmaxima eher etwas stärker

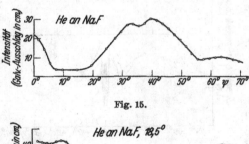

Fig. 15.

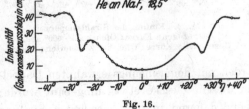

Fig. 16.

[1]) Bei diesem Versuch war der Auffängerspalt verhältnismäßig breit und kurz ($0,4 \times 1\,mm^2$), während er bei den früheren Messungen viel länger und schmaler war ($0,2 \times 2\,mm^2$). Es ist daher möglich, daß bei den früheren Messungen der in der Anmerkung auf S. 437 besprochene Fall vorlag, daß in der Nullstellung noch Beugungsspektren, die von einem Kreuzgitter mit großer Gitterkonstante erzeugt werden und daher nahe am gespiegelten Strahl liegen, mit in den Auffänger gelangen; das soll noch näher untersucht werden.

Anomalien bei der spiegelnden Reflexion und Beugung usw.   **441**

sind. Bei Variation des Einfallswinkels bleiben die Dellen auch hier an ihrem Platz. Auch die *Reflexionskurven* an NaF zeigen ganz den gleichen Charakter, vgl. Fig. 16. NaF verdirbt viel rascher als LiF; wir haben daher nur wenig Versuche damit gemacht.

Um die Strahlmoleküle zu variieren, wurden auch einige Versuche mit H_2 gemacht. Fig. 17 zeigt die *Beugung* von H_2 an LiF; die Delle liegt bei demselben Winkel, also *bei derselben Wellenlänge* wie bei He.

*Reflexions*versuche mit H_2 an LiF ergaben Kurven von gleichem Typus wie bei He, nur flauer und mit mehr Dellen, siehe z. B. Fig. 18. Ein Versuch mit H_2 an NaF ließ keine deutlichen Dellen erkennen.

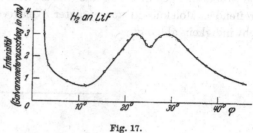

Fig. 17.

Eine befriedigende Deutung haben wir trotz langer Bemühungen nicht finden können, obwohl es sich um eine markante Erscheinung handelt, die offenbar einfachen Gesetzmäßigkeiten folgt, und von der man daher annehmen möchte, daß sie durch eine einfache Theorie zu deuten ist.

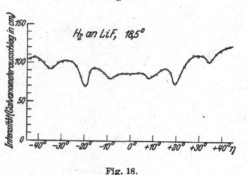

Fig. 18.

Eine grobmechanische Erklärung, Abblendung durch irgendwelche Hindernisse (Stufen auf dem Kristall, adsorbierte Fremdmoleküle oder dergleichen) ließ sich nicht durchführen. Ebenso versagte der Versuch einer rein wellenmäßigen Deutung mit Hilfe der Form der Gitterfurchen, wie man schon daraus sieht, daß die Erscheinung gerade bei flachstem Einfall besonders ausgeprägt ist, wo die Form der Gitterfurchen gar keinen Einfluß mehr haben sollte.

Es scheint uns sicher, daß zur Deutung der Erscheinung die Adsorption von Strahlmolekülen an der Kristalloberfläche herangezogen werden muß, ein Vorgang, bei dem sicher die Phase, wahrscheinlich auch die Energie geändert wird, so daß die betreffenden Moleküle für die spiegelnde Reflexion

442   R. Frisch und O. Stern.

bzw. Beugung ausfallen. Tatsächlich wissen wir ja, daß die spiegelnde Reflexion und Beugung am deutlichsten bei dem am schwächsten adsorbierbaren Helium auftritt, bei H_2 schon merklich schwächer ist und dann rapide abnimmt. Es ist wahrscheinlich, daß auch beim Helium ein gewisser Teil der Strahlmoleküle adsorbiert und diffus reemittiert wird; wenn wir die von uns beobachtete Erscheinung erklären wollen, so werden wir auf die Annahme geführt, daß die Adsorptionswahrscheinlichkeit eines auftreffenden Moleküls in ausgeprägter Weise von seiner Richtung und Geschwindigkeit abhängt.

S47. Otto Robert Frisch und Otto Stern, Über die magnetische Ablenkung von Wasserstoffmolekülen und das magnetische Moment des Protons I. Z. Physik, 85, 4–16 (1933)

(Untersuchungen zur Molekularstrahlmethode aus dem Institut für physikalische Chemie der Hamburgischen Universität. Nr. 24.)

Über die magnetische Ablenkung von Wasserstoffmolekülen und das magnetische Moment des Protons. I.

Von R. Frisch und O. Stern in Hamburg.

© Springer-Verlag Berlin Heidelberg 2016
H. Schmidt-Böcking, K. Reich, A. Templeton, W. Trageser, V. Vill (Hrsg.), *Otto Sterns Veröffentlichungen – Band 3*, DOI 10.1007/978-3-662-46960-6_20

4

(Untersuchungen zur Molekularstrahlmethode aus dem Institut für physikalische Chemie der Hamburgischen Universität. Nr. 24.)

Über die magnetische Ablenkung von Wasserstoffmolekülen und das magnetische Moment des Protons. I.

Von **R. Frisch** und **0. Stern** in Hamburg.

Mit 12 Abbildungen. (Eingegangen am 27. Mai 1933.)

Strahlen aus Wasserstoffmolekülen wurden nach der Methode von Gerlach und Stern magnetisch abgelenkt und so ihr magnetisches Moment bestimmt. Die Messungen an Parawasserstoff ergaben das von der Rotation des Moleküls herrührende magnetische Moment zu etwa 1 Kernmagneton ($^1/_{1840}$ Bohrmagneton) pro Rotationsquant. Die Messungen an Orthowasserstoff ergaben das magnetische Moment des Protons zu 2 bis 3 Kernmagnetonen (nicht 1 Kernmagneton, wie bisher vermutet wurde).

In den bisherigen Arbeiten des hiesigen Instituts ist seit jeher[1]) betont worden, daß die Molekularstrahlmethode die Möglichkeit gibt, sehr kleine Momente zu messen, die anderen Methoden nicht zugänglich sind. Den ersten Versuch in dieser Richtung stellt die Arbeit von Knauer und Stern[2]) dar, in der das magnetische Moment des H_2O-Moleküls in der erwarteten Größenordnung ($\sim {}^1/_{1000}$ Bohrmagneton) nachgewiesen wurde. Während aber damals selbst die Messung der Größenordnung nur durch einen besonderen Kunstgriff (Intensitätsmultiplikator) möglich war, gibt die inzwischen erfolgte Entwicklung der Molekularstrahlmethode, insbesondere der Methoden zur Intensitätsmessung[3]), die Möglichkeit einer quantitativen Messung solch kleiner Momente.

Gerade die Untersuchung des H_2 war schon lange beabsichtigt und zwar aus folgenden Gründen. Erstens sollte die Messung bei H_2 *experimentell* besonders gut durchführbar sein: Denn man kann bei Wasserstoff Strahlen von sehr tiefer Temperatur verwenden und damit besonders große Ablenkung erreichen, da die Ablenkung ceteris paribus der absoluten Temperatur umgekehrt proportional ist; außerdem war gerade bei Wasserstoff eine empfindliche und quantitative Meßmethode für die Intensität des Strahles im hiesigen Institut gut durchgearbeitet und vielfach erprobt. Zweitens sind aber die Versuche bei Wasserstoff auch vom *theoretischen*

---

[1]) Bereits U. z. M. Nr. 1; O. Stern, ZS. f. Phys. **39**, 751, 1926.
[2]) U. z. M. Nr. 3; F. Knauer u. O. Stern, ZS. f. Phys. **39**, 780, 1926.
[3]) U. z. M. Nr. 10; F. Knauer u. O. Stern, ZS. f. Phys. **53**, 766, 1929; U. z. M. Nr. 14; J. B. Taylor, ebenda **57**, 242, 1929.

Standpunkt besonders interessant, namentlich seit der Entdeckung des Ortho- und Parawasserstoffs. Vor allem bietet sich die Möglichkeit einer Messung des magnetischen Moments des Protons, einer Größe, die experimentell bisher nicht zugänglich war, dabei aber ihrer Art nach, als eine Eigenschaft der positiven Elementarladung, besonderes Interesse beansprucht.

Das mechanische Moment des Protons ist mit großer Sicherheit bekannt; es ist gleich dem des Elektrons $= \dfrac{1}{2} \dfrac{h}{2\pi}$. Das magnetische Moment des Elektrons ist $2\dfrac{e}{2mc} \cdot \dfrac{1}{2} \cdot \dfrac{h}{2\pi}$ (ein Bohrmagneton $= 0,9 \cdot 10^{-20}$ CGS für ein Elektron bzw. 5600 CGS pro Mol); nimmt man an, daß für das magnetische Moment des Protons dieselbe Formel gilt (eine Annahme, die durch die Diracsche Theorie des Elektrons nahegelegt wird), so würde dieses im Verhältnis der Massen, also 1840 mal kleiner sein ($0,5 \cdot 10^{-23}$ CGS für ein Proton bzw. 3 CGS pro Mol). Wir wollen diese Größe im folgenden wie bisher (U. z. M. Nr. 1, l. c.) als *ein Kernmagneton* bezeichnen.

Der unmittelbare Zweck der vorliegenden Arbeit war also die Untersuchung des Wasserstoffs mit dem Ziele einer Bestimmung des Protonenmoments. Darüber hinaus aber sollte ganz allgemein eine Apparatur zur Messung von magnetischen Momenten von der Größenordnung Kernmagneton entwickelt werden. In erster Linie sind Messungen von magnetischen Kernmomenten für Fragen der Kernstruktur von Wichtigkeit und könnten die Bestimmungen aus der Hyperfeinstruktur der Spektrallinien kontrollieren und ergänzen. Außerdem gibt es noch andere Fälle, wo Momente dieser Größenordnung auftreten, z. B. bei der Rotation von Molekülen, diamagnetische Momente usw.

Experimentelle Anordnung. Die experimentelle Anordnung war die übliche bei der magnetischen Ablenkung von Molekularstrahlen, nur mußte infolge des kleinen magnetischen Moments der Strahl sehr lang und schmal gemacht werden, und die Inhomogenität recht groß, also auch die Höhe des Strahles sehr klein, um gut meßbare Ablenkungen zu erhalten. Fig. 1 gibt einen schematischen Überblick über die Anordnung. Die Gesamtlänge des Strahles betrug etwa 30 cm, und zwar die Entfernung vom Ofenspalt zum Abbildespalt knapp 15 cm, die Länge des Feldes 10 cm und der Abstand des Auffängerspaltes vom Feldende 5 cm. Die Polschuhe zur Erzeugung des inhomogenen Feldes hatten die übliche Schneide-Furcheform; die Breite der Furche war 1 mm, der Abstand der Schneide von der Furchenebene 0,5 mm. Sie erzeugten eine Inhomogenität $\partial H / \partial s$ von etwa 2,2 · 10^5 Gauß pro Zentimeter.

6   R. Frisch und O. Stern,

Aus diesen Daten berechnet sich die Ablenkung nach der Formel:

$$s_\alpha = \frac{1}{2} g t^2 = \frac{1}{2} \frac{M}{M} \frac{\partial H}{\partial s} \frac{l^2}{\alpha^2} = \frac{M}{4RT} \frac{\partial H}{\partial s} l^2 \left(\begin{matrix} M = 3\,CGS \\ R = 8{,}3 \cdot 10^{-7} \\ l^2 = 200 \end{matrix} \right).$$

Bei einer Strahltemperatur von 90⁰ abs. beträgt für Moleküle mit der wahrscheinlichsten Geschwindigkeit α die Ablenkung 0,044 mm für ein Kernmagneton. Es wurden Strahlen verschiedener Breite verwendet, bis herab zu etwa 0,03 mm. Da die Strahlen nicht monochromatisiert waren, sondern Maxwellverteilung hatten, und das Aufspaltungsbild ziemlich

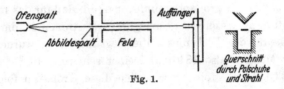

Fig. 1.

kompliziert ist, bekommt man keine wirkliche Aufspaltung in die einzelnen Komponenten, sondern das gesuchte magnetische Moment muß aus der Intensitätsverteilung der abgelenkten Moleküle erschlossen werden.

Infolge der großen Länge und geringen Höhe des Strahles war seine Intensität außerordentlich klein; in einem Auffänger mit idealem Spalt würde der durch den Strahl erzeugte Druck nur etwa $2 \cdot 10^{-8}$ mm betragen, entsprechend einem Galvanometerausschlag von 1,6 cm. Wir mußten daher den üblichen Kunstgriff anwenden, den Spalt kanalförmig zu gestalten, und mußten dabei das Verhältnis Kanallänge zu Kanalbreite besonders groß machen; der Faktor ϰ, um den der Druck durch diese Maßnahme vergrößert wird, betrug in unserem Falle etwa 50, der Ausschlag also etwa 80 cm, was genügende Intensität auch für die abgelenkten Moleküle ergibt. Dieser hohe ϰ-Faktor in Verbindung mit der kleinen Spaltöffnung hat aber zur Folge, daß es sehr lange dauert, bis der Enddruck im Manometer praktisch erreicht wird; diese Zeit hätte bei den üblichen Manometern mit etwa 20 cm³ Volumen etwa $^1/_2$ Stunde betragen. Wir mußten deshalb Manometer mit sehr viel kleinerem Volumen konstruieren. Die von uns angewandten Manometer hatten nur etwa $^1/_2$ cm³ Volumen, wodurch die Einstellzeit auf den 40. Teil, also auf $^3/_4$ Minute heruntergedrückt wurde.

Experimentelle Einzelheiten (siehe Fig. 2 und 3). Der „Ofen" bestand aus einem Kupferrohr, an dessen vorderem Ende der Ofenspalt saß, aus dem die H₂-Moleküle in das Vakuum eintraten, der also die Strahlenquelle

Über die magnetische Ablenkung von Wasserstoffmolekülen usw. I.   7

darstellt. Die H$_2$-Zufuhr erfolgte vom anderen Ende aus durch ein dünnwandiges Neusilberrohr (zur thermischen Isolierung des Ofens), das an

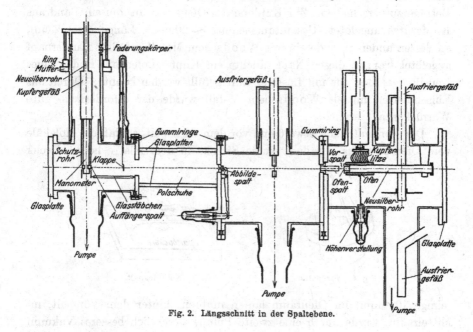

Fig. 2. Längsschnitt in der Spaltebene.

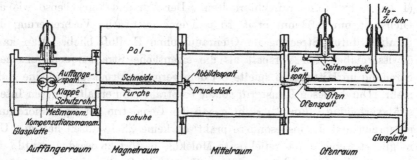

Fig. 3. Längsschnitt senkrecht zur Spaltebene.

einem Ende am Apparatgehäuse festgeklemmt war. Eine seitliche Ab-
zweigung aus biegsamem Bleirohr diente zur Verbindung mit dem H$_2$-
Vorratsgefäß; auf das rückwärtige Ende des Neusilberrohres war ein Glas-
fenster aufgekittet, um den Ofenspalt von hinten beleuchten zu können.

8   R. Frisch und O. Stern,

Die Elastizität des Neusilberrohres gestattete es, den Ofen mittels zweier
Mikrometerschrauben sowohl in der Höhe als auch seitwärts um kleine
Beträge zu verschieben. Zur Kühlung des Ofens war an ihm ein Band aus
Kupferlitze angelötet (Gesamtquerschnitt $\sim 20\,\mathrm{mm^2}$, Länge etwa 2 cm),
an dessen anderem Ende ein mit Woodschem Metall gefüllter Kupfernapf
angelötet war; in diesen Napf tauchte ein Kupferzapfen am Boden eines
Neusilbergefäßes, das mit flüssiger Luft gefüllt werden konnte. Durch das
Einschmelzen mittels Woodschem Metall wurde der erforderliche gute
Wärmekontakt erreicht.

Der *Vorspalt* stand etwa 6 mm vor dem Ofenspalt, so daß die Moleküle
vom Ofenspalt aus nur diese kurze Strecke in dem relativ hohen Druck

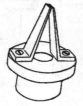   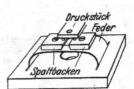

  Fig. 4. Vorspalt.   Fig. 5. Abbildespalt.

einige $10^{-4}\,\mathrm{mm}$) im Ofenraum laufen mußten; hinter dem Vorspalt, im
Mittelraum, wurde durch eine zweite Pumpe wesentlich besseres Vakuum
(1 bis $2 \cdot 10^{-5}\,\mathrm{mm}$) aufrechterhalten. Der Vorspalt war ebenso wie der
Ofenspalt nur 0,02 mm breit, so daß eine eventuelle Verbreiterung des
Strahles durch Streuung im Ofenraum ohne Einfluß blieb. Man kann
gewissermaßen den Vorspalt als die eigentliche Strahlenquelle ansehen;
Streuung im Mittelraum spielte bei dem geringen Druck darin keine Rolle
mehr. Durch diesen Kunstgriff gelang es Strahlen zu erhalten, deren Intensitätsverteilung („Form") recht genau der Geometrie der Spaltanordnung
entsprach und die insbesondere praktisch keine „Schwänze" hatten. Um
möglichst wenig durch reflektierte Moleküle gestört zu werden, wurde der
Vorspalt schnabelförmig ausgebildet (Fig. 4); die Spaltbacken waren dünne
geschliffene Stahlstreifen, die federnd gegeneinander drückten und durch
kleine Stückchen Platinfolie im richtigen Abstand (0,02 mm) gehalten
wurden; seitlich wurden sie mit Aluminiumfolie abgeschlossen (mittels
Picein). Der Vorspalt wurde an der richtigen Stelle festgeschraubt (siehe
unter Justierung) und konnte während des Versuchs nicht verschoben
werden.

Der *Abbildespalt* war so eingerichtet, daß man seine Breite während
des Versuchs verändern konnte; das erleichterte einmal das Auffinden

Über die magnetische Ablenkung von Wasserstoffmolekülen usw. I.   9

des Strahles, zweitens erwies es sich als sehr vorteilhaft, daß man Auf-
spaltungsversuche mit verschieden breiten Strahlen ohne großen Zeitverlust
vornehmen konnte. Die beiden Spaltbacken waren auf einem federnden
Blechstreifen montiert (Fig. 5) und konnten durch Druck mittels eines
geeignet geformten Druckstückes einander bis zur Berührung genähert
werden; Feder und Druckstück waren natürlich durchbrochen, um den
Strahl durchzulassen. Das Druckstück saß am kürzeren Ende eines zwei-
armigen Hebels, auf dessen längeres Ende eine Mikrometerschraube wirkte.
So konnte der Spalt sehr feinfühlig von 0,2 mm bis zu beliebig geringer
Breite verstellt werden.

Der *Auffangespalt* war ebenso wie der Ofenspalt 0,02 mm breit und
0,5 mm hoch. Er war kanalförmig ausgebildet mit einer Kanallänge von

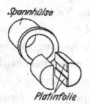

Fig. 6. Auffangespalt,
auseinandergenommen.

Fig. 7. Meßmanometer.

4 mm; Einzelheiten seiner Konstruktion siehe Fig. 6. Aus diesen Daten
berechnet sich der $\varkappa$-Faktor zu[1])

$$\varkappa = \frac{l}{b} \cdot \frac{1}{0,5 + 2,3 \log \dfrac{2\,a}{b}} = \sim 45$$

(b = Spaltbreite, a = Spalthöhe, l = Kanallänge). Dieser ungewöhnlich
große $\varkappa$-Faktor (bisher wurde er selten größer als 10 gewählt) in Verbindung
mit der kleinen Spaltöffnung bedingte, wie schon oben dargelegt, die Konstruktion von Manometern mit besonders kleinem Volumen.

Das *Meßmanometer* bestand aus einem Stück Messingrohr von 2 mm
lichter Weite und etwa 11 cm Länge, in dem axial der Hitzdraht aus-
gespannt war (Nickelband $3 \times 50\,\mu$, 10 cm lang). Seine Zuleitungen aus
Platindraht (eine davon als Spiralfeder ausgebildet, um ihn zu spannen)
waren durch konische Messingstopfen durchgelötet, die in die konisch
erweiterten Enden des Messingrohres eingesetzt waren, isoliert durch dünne
Galalithringe. Der Auffängerspalt war in eine seitliche Bohrung eingesetzt.
Das übliche, ganz gleich gebaute Kompensationsmanometer war mit dem

---

[1]) Berechnet nach M. v. Smoluchowski, Ann. d. Phys. **33**, 1559, 1910.

10   R. Frisch und O. Stern,

Meßmanometer der Länge nach verlötet, um besten Temperaturausgleich zu erzielen. Die Manometer waren an dem Boden eines kupfernen Kühlgefäßes angeschraubt, das oben einen langen Hals aus Neusilberrohr hatte und für die Messung mit flüssiger Luft gefüllt wurde. Ein kupfernes Schutzrohr, das ebenfalls am Boden des Kühlgefäßes angeschraubt war, schützte die Manometer vor Wärmezustrahlung; ein kleines Loch ließ den Molekularstrahl zum Auffangespalt durchtreten.

    Um die Intensitätsverteilung im Strahl ausmessen zu können, mußte der Auffänger quer durch den Strahl durchbewegt werden; doch betrug die ganze erforderliche Verschiebung nur einige Zehntel Millimeter, so daß eine geringe elastische Verbiegung des Neusilberrohres völlig ausreichte. Die Verschiebung erfolgte durch eine Mikrometerschraube, unter Zwischenschaltung eines beiderseits zugespitzten Druckstiftes, zur Vermeidung von Reibung

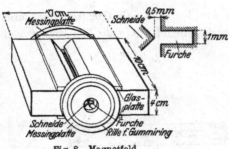

Fig. 8. Magnetfeld.

und Wärmezufuhr. Um ein Ausweichen der Manometer in der zur Verschiebung senkrechten Richtung (in Richtung des Strahles) zu verhindern, waren sie in dieser Richtung durch ein beiderseits zugespitztes Glasstäbchen abgestützt.

    Um die bei Kühlung erfolgende Längenänderung des Kühlgefäßes und der Manometer selbst (etwa 1 mm) zu kompensieren, konnten die Manometer der Höhe nach verschoben werden; zu diesem Zweck war in dem das Kühlgefäß tragenden äußeren Messingrohr ein Federungskörper aus gewelltem Tombakrohr eingeschaltet; der obere Teil des Rohres war durch vier Stäbe mit einem Ring verbunden, der auf dem unteren Teil verschiebbar war; der Ring saß auf einer großen Mutter auf und konnte durch Drehen derselben in der Höhe verschoben werden.

    Das *inhomogene Magnetfeld* wurde von zwei Polschuhen gebildet, deren Form und Dimensionen aus Fig. 8 hervorgehen. Sie waren an den Stirnseiten mit Messingplatten verschraubt, an die wiederum die anschließenden Gehäuseteile angeschraubt wurden; oben und unten waren sie mit Glasplatten abgedeckt, die mit Picein angekittet waren; ebenso waren alle anderen Fugen mit Picein überschmolzen. Mit dieser einfachen Konstruktion wurde eine völlig ausreichende Abdichtung erreicht, mit dem

weiteren Vorteil, daß man durch die Glasplatten die Polschuhe der ganzen
Länge nach überblicken konnte.

Die übrigen *Gehäuseteile* (vgl. Fig. 2 und 3), nämlich Ofenraum, Mittelraum und Auffängerraum, waren durch Flansche mit Gummiringdichtung
miteinander bzw. mit dem Magnetraum verbunden. Der *Ofenraum* enthielt
den oben beschriebenen Ofen mit Kühl- und Verschiebeeinrichtung sowie
ein Kühlgefäß zum Ausfrieren von Dämpfen; er wurde durch eine große
(dreistufige) Stahlpumpe ausgepumpt (Sauggeschwindigkeit mit Ver-
bindungsrohr 10 Liter/sec für Luft, also etwa 36 Liter/sec für H_2). Der
Mittelraum war so eingerichtet, daß man für Versuche mit „monochromatischen" Strahlen ein System von rasch rotierenden Zahnscheiben einbauen
konnte, das nur Moleküle eines engen Geschwindigkeitsbereiches passieren
läßt. Zu diesem Zweck war er ziemlich geräumig (9 cm Durchmesser)
und der Strahl lief nahe an der Wand (1 cm Abstand). Bei den vorliegenden
Versuchen wurde noch ohne „Monochromator" gearbeitet; statt seiner
wurde nur eine Platte eingesetzt, die den Vorspalt trug. Der Vorspalt
ragte durch ein Loch in der Zwischenwand in den Ofenraum; der Luftspalt
zwischen der Platte, die den Vorspalt trug, und der Zwischenwand wurde
mit Ramsayfett abgedichtet, so daß der Vorspalt selbst die einzige Verbindung zwischen Mittelraum und Ofenraum bildete. Auch der Mittelraum
enthielt ein Kühlgefäß. Er wurde durch eine zweite Pumpe evakuiert
(Sauggeschwindigkeit mit Saugleitung und Kühlfalle etwa 1 Liter/sec
für Luft). *Magnetraum* und *Auffängerraum* wurden gemeinsam durch eine
dritte Pumpe ähnlicher Sauggeschwindigkeit evakuiert; da sie mit dem
Mittelraum nur durch einen kleinen Kanal (etwa 1 mm Durchmesser,
2 mm lang) kommunizierten, konnte in ihnen während des Versuchs Hänge-
vakuum aufrechterhalten werden. Der Abbildespalt saß dicht am Anfang
des Magnetfeldes. Im Auffängerraum befand sich außer den schon besprochenen Manometern die elektromagnetisch betätigte Klappe zum
Absperren des Strahles, die am Ende eines langen Hebels saß, an dessen
anderem Ende, in hinreichendem Abstand vom Magnetfeld, ein Eisenanker
befestigt war.

Die *Justierung* geschah teils optisch, teils mit den Molekularstrahlen
selbst. Zunächst wurde der Abbildespalt am Magnetfeld befestigt, und zwar
so, daß seine Mittellinie zwischen der Furchenebene und der Schneide
lag, dicht (etwa 0,1 mm) über der Furchenebene; das war mittels eines
Mikroskops leicht zu kontrollieren. Dann wurde der Mittelraum mit dem
Vorspalt montiert; ein Lichtstrahl (Wolframpunktlampe) wurde durch
Vorspalt und Abbildespalt geschickt und der Vorspalt so lange verschoben,

12   R. Frisch und O. Stern.

bis der Lichtstrahl das Feld genau parallel zu den Polschuhkanten durchlief.
Nun wurde die Punktlampe an ihrem Ort belassen, der Ofenraum montiert
und der Ofen so lange verschoben, bis der Strahl seine größte Helligkeit
hatte. Damit waren diese drei Spalte in eine Linie gestellt und richtig
zum Feld justiert. Ihre gegenseitige Parallellage wurde dadurch gesichert,
daß jeder einzeln ins Lot gestellt wurde; darauf kam es nicht so sehr genau
an, da der Strahl ja nur $1/2$ mm hoch, das Verhältnis Länge zu Breite also
nur etwa 25 war; ein Fehler von 1^0 in der Vertikalstellung, der sicher nicht
vorkam, hätte noch nicht viel geschadet.

Die Justierung des Auffängers und die Feinjustierung des Ofens erfolgte mit dem Molekularstrahl selbst. Insbesondere mußte der Auffangespalt so gestellt werden, daß die Moleküle wirklich durch den Kanal durchlaufen konnten, ohne die Wand zu treffen; da die Kanallänge das 200fache
der Kanalbreite war, setzte schon eine Verdrehung um $1/200 = 0{,}3^0$ den
Druck im Auffänger auf die Hälfte herab; man mußte also auf wenige
Bogenminuten genau zielen; zu diesem Zweck war ein langer kräftiger
Arm mit Mikrometerverschiebung am Auffängerschliff befestigt.

Ergebnisse. Es wurden zuerst Strahlen aus gewöhnlichem H_2 bei tiefer
Temperatur (flüssiger Luft) untersucht. Zur Deutung dieser Versuche
ist folgendes zu sagen: Gewöhnlicher Wasserstoff besteht aus 25% Para-
wasserstoff und 75% Orthowasserstoff. Beim Para-H_2 stehen die beiden
Protonen antiparallel, er sollte also kein vom Kernspin herrührendes magnetisches Moment haben. Dagegen ist zu erwarten, daß die Rotation der
Moleküle ein magnetisches Moment erzeugt. Bei der Temperatur der
flüssigen Luft haben aber die Para-H_2-Moleküle fast alle (99%) die Rotationsquantenzahl 0; der Para-H_2 sollte also bei dieser Temperatur kein magnetisches Moment haben. Wir haben das durch Versuche an reinem Para-H_2
bestätigt.

Beim Ortho-H_2 stehen die beiden Protonen parallel, er hat also aus
diesem Grunde ein magnetisches Moment vom Betrag 2 Protonenmomente.
Außerdem gibt wiederum die Rotation einen Beitrag zum magnetischen
Moment; und in diesem Falle ist dieser Beitrag nicht durch Erniedrigung
der Temperatur wegzuschaffen, da der niedrigste Rotationszustand vom
Ortho-H_2 die Quantenzahl 1 hat. Da die Kopplung zwischen den beiden
Momenten (Rotation und Kernspin) sehr klein und in den zur Aufspaltung
benutzten Feldern von etwa 20 000 Gauß sicher völlig aufgehoben ist,
ist für einen Ortho-H_2-Strahl einheitlicher Geschwindigkeit bei tiefer
Temperatur das Aufspaltungsbild Fig. 9 zu erwarten. Jedes der beiden

Über die magnetische Ablenkung von Wasserstoffmolekülen usw. I. **13**

Momente hat drei Einstellungen im Feld (entsprechend der Quantenzahl 1); in der Figur ist angenommen, daß das Rotationsmoment viel kleiner ist als das Kernmoment. Bei den wirklich verwendeten Strahlen mit Maxwell-Ferteilung der Geschwindigkeiten entspricht jedem Strich der obigen *r*igur (außer dem Mittelstrich) eine Maxwellkurve; die gemessene Intensitäts-verteilung ist die Überlagerung dieser Kurven. Unter S_R bzw. S_P ist im Folgenden immer die Ablenkung für Moleküle der wahrscheinlichsten Geschwindigkeit verstanden.

Prinzipiell könnte man aus der gemessenen Intensitätsverteilung die beiden Unbekannten S_R und S_P (s. Fig. 9) errechnen; doch würde das eine sehr hohe Genauigkeit der Messungen voraus-setzen. Wir haben daher die eine Unbekannte, das Rotationsmoment, d. h. S_R, auf folgendem Wege be-stimmt. Wir haben reinen Para-H_2[1]) außer bei der Temperatur der flüssigen Luft auch bei höheren Temperaturen (festes CO_2, d. h. 195° abs. und Zimmer-temperatur, d. h. 292° abs.) untersucht. Bei der Temperatur der flüssigen Luft war er, wie erwähnt, unmagnetisch[2]); bei höheren Temperaturen zeigte er ein Moment, das von den dann auftretenden höheren Rotationsquantenzuständen herrührt. Wir haben die Häufigkeit dieser Quantenzustände nach der Boltzmannformel berechnet; bezeichnet man die Rotationsquantenzahl mit n, so ergibt für $T = 195°$ abs. die Rechnung 73% Moleküle mit $n = 0$, und 27% mit $n = 2$; bei Zimmertemperatur (292° abs.) findet man 52,5% mit $n = 0$, 46,1% mit $n = 2$, und 1,4% mit, $n = 4$. Unter der Voraussetzung, daß die auftretenden Komponenten des magnetischen Moments (vgl. Fig. 10) alle ganzzahlige Vielfache eines Grundmoments sind, das $n = 1$ entspricht, können wir dieses Grund-moment μ_R aus den Messungen entnehmen; es ergibt sich zu etwa ein Kernmagneton, eher etwas kleiner.

Auf die Art der Ausrechnung des Moments soll noch etwas näher ein-gegangen werden. Es wurde zunächst die Form des unaufgespaltenen Strahles ausgemessen. Unter Form des Strahles verstehen wir immer die Form der Kurve, die man erhält, wenn man den Auffänger quer durch den

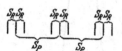

Fig. 9. Aufspaltungsbild von Orthowasserstoff

Fig. 10. Aufspaltungsbild für Parawasserstoff; oben $n = 2$, unten $n = 4$

---

[1]) Hergestellt von Herrn I. Estermann, wofür wir ihm besten Dank schuldig sind.

[2]) Ein kleiner Betrag von magnetischen Molekülen kam offenbar von einer geringen Verunreinigung (3 bis 4%) mit Ortho-H_2.

14   R. Frisch und O. Stern,

Strahl durchbewegt und die gemessene Intensität als Funktion der Auf-
fängerverschiebung aufträgt; Beispiel siehe Fig. 11. Die Form des Strahles
stimmte recht gut mit der geometrisch zu erwartenden Form überein,
falls das remanente Feld des Magneten durch einen schwachen Gegenstrom
(0,2 Amp.) beseitigt wurde. Sodann wurde das Feld eingeschaltet und die
Strahlform neuerdings ausgemessen (Fig. 11 und 12). Wie daraus das

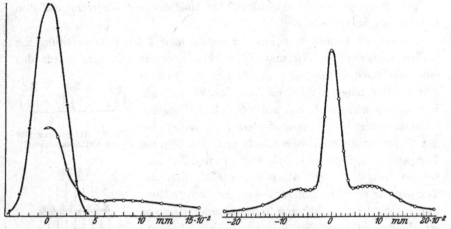

Fig. 11. Beispiel einer Messung   Fig. 12. Vollständiges Aufspaltungsbild
an gewöhnlichem Wasserstoff bei 95⁰ abs.;   von gewöhnlichem Wasserstoff bei 95⁰ abs.;
Stahlform ohne Feld (●) und mit Feld (○).   die Unsymmetrie ist apparativ bedingt.

Moment berechnet wurde, sei an dem Beispiel „Para-H_2 bei 195⁰ abs."
besprochen.

Wir greifen irgendeinen Punkt der gemessenen Kurve heraus, dessen
Abstand von der Mitte hinreichend groß gegen die Strahlbreite ist (praktisch
genügt ein Abstand gleich der Strahlbreite). Wir wissen nun, daß 73%
der Moleküle die Rotationsquantenzahl $n = 0$ haben, also unmagnetisch
sind und überhaupt nichts zur Intensität an dieser Stelle beitragen. Von
den restlichen 27% wird ein Fünftel ebenfalls nicht abgelenkt (s. Fig. 10,
oben), während zwei Fünftel in zwei Strahlen aufgespalten werden, genau
wie ein Strahl von Silberatomen, nur mit dem sehr viel kleineren Moment μ_R,
wie es durch die Rotation eines H_2-Moleküls mit einem Rotationsquant
erzeugt wird, und die restlichen zwei Fünftel genau so, nur mit dem doppelten
Moment.

Wir können nun dem Rotationsmoment versuchsweise irgendeinen
Wert erteilen, z. B. ein Kernmagneton; daraus können wir s_α, die Ablenkung
für Moleküle mit der wahrscheinlichsten Geschwindigkeit, berechnen

Über die magnetische Ablenkung von Wasserstoffmolekülen usw. I.   15

und daraus unter Berücksichtigung der Maxwellverteilung die Intensität in dem betreffenden Abstand von der Strahlmitte[1]). Für diese Berechnung haben wir angenommen, daß der ursprüngliche Strahl Rechtecksform besitzt mit einer Breite, die gleich der Halbwertsbreite des gemessenen Strahls ist; diese Vereinfachung ist in unserem Falle völlig unbedenklich, wie wir durch Kontrollrechnung sichergestellt haben. Es wurde nun μ_R so lange variiert, bis die berechneten Intensitäten mit den gemessenen übereinstimmten.

Ein zweiter Weg, auf dem wir diese Werte verifizierten, war der, die Intensität in der Mitte des Strahles mit und ohne Feld zu messen. Auch hier benutzten wir bei der Berechnung wieder die Vereinfachung, den unabgelenkten Strahl als rechteckig zu behandeln, was hier ebenfalls unbedenklich war, da wir diese Methode vor allem bei sehr breiten Strahlen verwendeten, die wirklich mit großer Annäherung Rechtecksform aufwiesen.

In prinzipiell der gleichen Weise wurden die Messungen an gewöhnlichem Wasserstoff ausgewertet. Wir nehmen an, daß μ_R auch das magnetische Rotationsmoment des einquantigen Ortho-H_2 ist. Rechnen wir mit diesem Wert des Rotationsmoments aus unseren Messungen an gewöhnlichem H_2 das von den Protonen herrührende Moment aus, so ergibt es sich zu etwa 5 Kernmagnetonen pro Ortho-H_2-Molekül. Das magnetische Moment eines Protons wäre also danach nicht ein Kernmagneton, sondern etwa 2 bis 3 Kernmagnetonen. Dieser Zahlenwert ist nicht sehr genau; doch scheint ein Wert von der Größe 1 mit den Messungen nicht vereinbar zu sein.

Zum Rotationsmoment sei noch folgendes gesagt: Wir machten anfangs nur Messungen mit gewöhnlichem H_2 und versuchten, für das Rotationsmoment einen theoretisch berechneten Wert zu verwenden. Auf Veranlassung von Herrn Fermi hatte Herr Bethe die Freundlichkeit, das elektrische Trägheitsmoment des H_2-Moleküls abzuschätzen. Aus seinen Rechnungen ergab sich unter der Annahme, daß das H_2-Molekül wie ein starrer Körper rotiert, für das Rotationsmoment ein Wert von etwa 3 Kernmagnetonen (für die Rotationsquantenzahl eins). Erst später kamen wir darauf, daß man in der oben beschriebenen Weise durch Messungen an reinem Parawasserstoff das Rotationsmoment direkt experimentell bestimmen kann. Es ergab sich, wie erwähnt, ein Wert von höchstens einem Kernmagneton. Da diese Diskrepanz weit außerhalb der Fehlergrenzen

---

[1]) Siehe z. B. U. z. M. Nr. 5; O. Stern, ZS. f. Phys. **41**, 563, 1927.

16   R. Frisch und O. Stern.

sowohl der theoretischen Abschätzung als auch unserer Messungen lag,
wandten wir uns neuerdings an Herrn Fermi, der dann folgendes herausbrachte: Die Annahme, daß das Wasserstoffmolekül wie ein starrer Körper
rotiert, ist unzutreffend; man muß sich vielmehr vorstellen, daß die Elektronenhülle bei der Rotation zurückbleibt („rutscht"). Eine Abschätzung
dieses Effektes, die Herr Wick[1]) auf Anregung von Herrn Fermi vornahm,
ergab, daß das Rotationsmoment zwischen 0,35 und 0,92 Kernmagnetonen
liegen sollte. Das ist mit unseren Messungen vereinbar; wir möchten vermuten, daß der wirkliche Wert näher an der oberen Grenze liegt.

---

[1]) ZS. f. Phys. **85**, 25, 1933.

S48. Otto Stern, Helv. Phys. Acta 6, 426–427 (1933)

426   O. Stern.

II. Vorträge über die Kernphysik und die Kosmische Strahlung.

Über das magnetische Moment des Protons
von O. STERN (Hamburg).

© Springer-Verlag Berlin Heidelberg 2016
H. Schmidt-Böcking, K. Reich, A. Templeton, W. Trageser, V. Vill (Hrsg.), *Otto Sterns
Veröffentlichungen – Band 3*, DOI 10.1007/978-3-662-46960-6_21

426   O. Stern.

II. Vorträge über die Kernphysik und die Kosmische Strahlung.

Über das magnetische Moment des Protons
von O. Stern (Hamburg).

Die Versuche, über die ich hier berichte, sind von Herrn Dr. Frisch, Dr. Estermann und mir ausgeführt.

Das Elektron hat einen Spin vom Betrage

$$\frac{1}{2} \cdot \frac{h}{2\pi}$$

und ein magnetisches Moment vom Betrage

$$2\frac{e}{2m_e c} \frac{1}{2} \frac{h}{2\pi} = 1 \text{ Bohrsches Magneton.}$$

Das Proton hat ebenfalls einen Spin vom Betrage

$$\frac{1}{2} \frac{h}{2\pi}.$$

Man sollte daher beim Proton ein magnetisches Moment vom Betrage

$$2\frac{e}{2m_p c} \frac{1}{2} \frac{h}{2\pi} = \frac{1}{1840} \text{ Bohrsches Magneton} = 1 \text{ Kernmagneton}$$

erwarten.

Die einzige zur Messung dieses Momentes zurzeit anwendbare Methode dürfte wohl die Ablenkung von H_2-Molekularstrahlen im inhomogenen Magnetfeld (Stern-Gerlach-Versuch) sein. Im H_2-Molekül sind die Spins der beiden Elektronen antiparallel gerichtet und heben einander auf. Das trotzdem vorhandene magnetische Moment des H_2-Moleküls hat zwei Ursachen: 1. Die Rotation des ganzen Moleküls, die wie ein Kreisstrom ein magnetisches Moment hervorruft, und 2. die magnetischen Momente der beiden Protonen.

Beim Para-Wasserstoff sind die Spins der beiden Protonen ebenfalls (wie die der beiden Elektronen) antiparallel gerichtet und heben einander auf, so dass nur das von der Molekülrotation herrührende magnetische Moment übrig bleibt. Bei tiefer Temperatur (flüssige Luft-Temperatur) befinden sich praktisch alle

Moleküle im Rotationsquantenzustand 0 und sind daher unmagnetisch. Dies konnte durch den Versuch bestätigt werden.
Bei höheren Temperaturen befindet sich ein Bruchteil der Moleküle, der nach dem Boltzmann'schen e-Satz berechnet werden
kann (bei Zimmertemperatur etwa die Hälfte) in höheren Quanten-
zuständen, hauptsächlich im 2. Rotationszustand. Man kann
daher aus der Ablenkung von Molekularstrahlen aus Para-Wasserstoff bei Zimmertemperatur dieses Rotationsmoment bestimmen.
Aus den Versuchen ergab sich ein Wert von 0,8—0,9 Kernmagnetonen pro Rotationsquant.

Beim Ortho-Wasserstoff ist der niedrigste mögliche Rotationszustand der einquantige, daher verschwindet das Rotationsmoment
auch bei den tiefsten Temperaturen nicht. Man kann daher das
magnetische Moment der beiden im Ortho-Wasserstoffmolekül
parallel gerichteten Protonen nur zusammen mit dem Rotationsmoment messen. Da das letztere jedoch aus den Versuchen mit
reinem Para-Wasserstoff bekannt ist, lässt sich das magnetische
Moment des Protons aus Ablenkungsversuchen an Strahlen aus
Ortho-Wasserstoff bzw. gewöhnlichem Wasserstoff, der aus 75%
Ortho- und 25% para-Wasserstoff besteht, bestimmen. Es ergaben sich fünf Kernmagnetonen für die zwei parallel gerichteten
Protonen, d. h. 2,5 (und nicht 1) Kernmagnetonen für das Proton.

Dieses Ergebnis ist ausserordentlich überraschend; es konnte
jedoch durch zahlreiche Versuche unter verschiedenen Versuchsbedingungen mit einer Fehlergrenze von höchstens 10% bestätigt
werden.

Propriétés et conditions des neutrons

par F. Joliot (Paris).

C'est un fait maintenant bien établi que les noyaux de certains
atomes légers émettent un rayonnement de neutrons lorsqu'on
les bombarde avec des rayons α suffisamment rapides. Nous nous
représentons actuellement le neutron comme une particule non
chargée de masse voisine de 1 et de dimensions très petites. Dans
son passage à travers la matière, il ne produit sensiblement pas
d'ionisation le long de sa trajectoire, sauf quand il remonte un
noyau atomique à une distance assez faible pour lui communiquer
par choc élastique une énergie suffisante pour le mettre en mouve-
ment. Ces chocs sont rares étant donné les faibles dimensions et
on comprend pourquoi une telle particule puisse traverser de
grandes épaisseurs de matière. Parfois, le choc contre un noyau

S49. Otto Robert Frisch und Otto Stern, Über die magnetische Ablenkung von Wasserstoffmolekülen und das magnetische Moment des Protons. Leipziger Vorträge 5, p. 36–42 (1933), Verlag: S. Hirzel, Leipzig

LEIPZIGER VORTRÄGE 1933

MAGNETISMUS

HERAUSGEGEBEN VON

PROFESSOR DR. P. DEBYE

DIREKTOR DES PHYSIKALISCHEN INSTITUTS

DER UNIVERSITÄT LEIPZIG

Über die magnetische Ablenkung von Wasserstoffmolekülen und das magnetische Moment des Protons.

Von

R. Frisch und O. Stern,[1]) Hamburg.

(Vorgetragen von O. Stern.)

H. Schmidt-Böcking, K. Reich, A. Templeton, W. Trageser, V. Vill (Hrsg.), *Otto Sterns Veröffentlichungen – Band 3*, DOI 10.1007/978-3-662-46960-6_22

LEIPZIGER VORTRÄGE 1933

MAGNETISMUS

HERAUSGEGEBEN VON

PROFESSOR DR. P. DEBYE

DIREKTOR DES PHYSIKALISCHEN INSTITUTS

DER UNIVERSITÄT LEIPZIG

MIT 47 FIGUREN

VERLAG VON S. HIRZEL IN LEIPZIG 1933

Über die magnetische Ablenkung von Wasserstoffmolekülen und das magnetische Moment des Protons.

Von
R. Frisch und O. Stern,[1]) Hamburg.

(Vorgetragen von O. Stern.)

Mit 5 Figuren.

Der Zweck der Versuche, die Herr R. Frisch und ich unternommen haben, war, das magnetische Moment des Protons zu bestimmen. Wiewohl diese Versuche noch keineswegs abgeschlossen sind, möchte ich doch schon über einige Resultate berichten, die mir von Interesse zu sein scheinen.

Das mechanische Moment des Protons ist mit großer Sicherheit bekannt: es ist gleich dem des Elektrons $= \dfrac{1}{2} \dfrac{h}{2\pi}$. Das magnetische Moment des Elektrons ist $2 \dfrac{e}{2mc} \cdot \dfrac{1}{2} \cdot \dfrac{h}{2\pi}$ (ein Bohrmagneton $= 0{,}9 \cdot 10^{-20}$ C.G.S. für ein Elektron, bzw. 5600 C.G.S. pro Mol); nimmt man an, daß für das magnetische Moment des Protons dieselbe Formel gilt, so würde dieses im Verhältnis der Massen, also 1840 mal kleiner sein $(0{,}5 \cdot 10^{-23}$ C.G.S. für ein Proton, bzw. 3 C.G.S. pro Mol). Wir bezeichnen diese Größe als ein Kernmagneton.

Zur direkten Messung solch kleiner Momente ist z. Zt. wohl nur die Methode der Ablenkung von Molekularstrahlen im inhomogenen Magnetfeld brauchbar[2]). Ablenkungsversuche an freien Protonen sind wegen der Lorentzkraft nicht durchführbar (und

---

1) Erscheint demnächst Z. Physik.

2) Die Hyperfeinstruktur der Spektrallinien gestattet in einigen Fällen, magnetische Momente von Kernen zu bestimmen; die bisher vorhandenen Unstimmigkeiten scheinen neuerdings behoben zu sein (freundl. persönliche Mitteilung von Herrn Fermi). Doch ist diese Methode z. Zt. noch nicht auf das Proton anwendbar.

zwar, wie Bohr gezeigt hat, prinzipiell nicht). Wasserstoffatome zu benutzen ist praktisch nicht möglich, weil ja das Elektronenmoment, das sie tragen, 2000 mal größer ist als das zu messende Kernmoment. Das einfachste System, an dem man die Messungen ausführen kann, ist wohl das H_2-Molekül, das kein Elektronenmoment hat.

Die Versuche wurden, entsprechend der ursprünglichen Anordnung von Gerlach und Stern, so gemacht, daß ein Strahl von H_2-Molekülen durch ein inhomogenes Magnetfeld geschickt und die Ablenkung der Moleküle gemessen wurde. Der Unterschied gegen die ursprüngliche Anordnung bestand nur darin, daß das Feld länger und die Inhomogenität größer gemacht wurde, um trotz der kleinen Momente eine meßbare Ablenkung zu erhalten. Daß auf diesem Wege eine Messung von Momenten von der Größenordnung Kernmagneton möglich ist, wurde schon durch frühere Versuche gezeigt[1]). Während aber damals nur die Größenordnung bestimmt werden konnte, ist inzwischen die experimentelle Methodik soweit entwickelt worden, daß eine quantitative Messung möglich ist. Die wesentliche Verbesserung besteht darin, daß wir jetzt eine Methode haben, die Intensität von H_2-Strahlen quantitativ zu messen. Diese ebenfalls von Herrn Knauer und mir[2]) entwickelte Methode besteht darin, daß man den Strahl in ein im übrigen geschlossenes Gefäß laufen läßt, in dem er einen Druck erzeugt, der durch ein empfindliches Hitzdrahtmanometer gemessen wird.

Die verwandte Apparatur ist in Fig. 1 schematisch dargestellt. Das Feld hat eine Länge von 10 cm; die Furche war 1 mm breit, die Schneide 0,5 mm von der Furchenebene entfernt. Die so erzeugte Inhomogenität war etwa $2 \cdot 10^5$ Gauß/cm. Sie bewirkt für H_2-Moleküle von der Geschwindigkeit 900 m/sec (wahrscheinlichste Geschwindigkeit bei der Temperatur der flüssigen Luft) eine Ablenkung von 0,04 mm pro Kernmagneton. Die Breite der Spalte war bei den einzelnen Versuchen verschieden, im allgemeinen einige Hundertstel mm. Allerdings war die so erreichbare Intensität der Strahlen sehr klein; bei Benützung eines spaltförmigen Auf-

---

1) U. z. M. Nr. 3, F. Knauer und O. Stern, Z. Physik **39**, 780, 1926.
2) U. z. M. Nr. 10, F. Knauer und O. Stern, Z. Physik **53**, 766, 1929.

38 R. Frisch und O. Stern:

fängers hätte der Strahl einen Druck von nur etwa $2 \cdot 10^{-8}$ mm im Auffänger erzeugt (Meßgrenze etwa $2 \cdot 10^{-9}$ mm). Um größeren Druck zu erhalten, wurde der stets benutzte Kunstgriff[1]) anwendet, einen Kanal als Auffangespalt zu benützen, der die hinein-

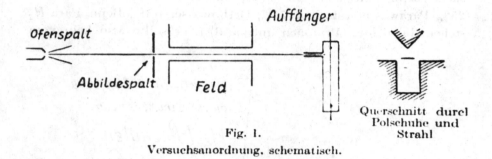

Fig. 1.
Versuchsanordnung, schematisch.

fliegenden Moleküle nicht stört, den ausströmenden jedoch einen hohen Strömungswiderstand entgegensetzt. In unserem Fall wurde durch Benützung eines besonders engen und langen Kanals (0,02 mm breit, 0,5 mm hoch und 4 mm lang) der Druck ungefähr auf das

Fig. 2.
Manometer mit kleinem Volumen, Längsschnitt.

50fache erhöht. Das hat aber zur Folge, daß es sehr lange dauert, bis der Enddruck praktisch erreicht ist; in unserem Falle hätte es bei der üblichen Größe der Manometer (etwa 20 cm³) etwa ½ Stunde gedauert. Wir bauten deshalb Manometer mit kleinerem Volumen, deren Konstruktion aus Fig. 2 ersichtlich ist. Ihr Volumen war nur etwa 0,5 cm³, so daß die Einstellzeit auf etwa $^{30}/_{40} = ^3/_4$ Minuten herabgedrückt wurde. Der Auffangespalt war beweglich

---

1) U. z. M. Nr. 10, l. c.

Über die magnetische Ablenkung usw.   39

und konnte quer durch den Strahl durchgeschoben werden; ein
Beispiel einer so erhaltenen Kurve zeigt Fig. 3.

Es wurden zuerst Strahlen aus gewöhnlichem H_2 bei tiefer
Temperatur (flüssiger Luft) untersucht. Zur Deutung dieser Versuche ist folgendes zu sagen: Gewöhnlicher Wasserstoff besteht aus
25% Parawasserstoff und 75% Orthowasserstoff. Beim Para-H_2
stehen die beiden Protonen antiparallel, er sollte also kein vom

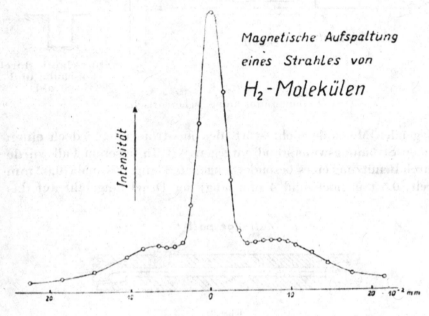

Fig. 3.
Beispiel einer Aufspaltungskurve.

Kernspin herrührendes magnetisches Moment haben; dagegen ist
zu erwarten, daß die Rotation der Moleküle ein magnetisches
Moment erzeugt. Bei der Temperatur der flüssigen Luft haben
aber die Para-H_2-Moleküle fast alle (99%) die Rotationsquantenzahl 0; der Para-H_2 sollte also bei dieser Temperatur kein magnetisches Moment haben. Wir haben das durch Versuche an reinem
Para-H_2 bestätigt. Beim Ortho-H_2 stehen die beiden Protonen
parallel; er hat also aus diesem Grunde ein magnetisches Moment
vom Betrag 2 Protonenmomente. Außerdem gibt wiederum die
Rotation einen Beitrag zum magnetischen Moment; und dieser

40   R. Frisch und O. Stern:

Beitrag ist in diesem Falle nicht durch Erniedrigung der Temperatur wegzuschaffen, da der niedrigste Rotationszustand vom Ortho-H_2 die Quantenzahl 1 hat. Da die Koppelung zwischen den beiden Momenten (Rotation und Kernspin) sehr klein und in den zur Ablenkung benützten Feldern von etwa 20000 Gauß sicher völlig aufgehoben ist, ist für einen Ortho-H_2-Strahl einheitlicher Geschwindigkeit bei tiefer Temperatur nebenstehendes Aufspaltungsbild zu erwarten (Fig. 4). Jedes der beiden Momente

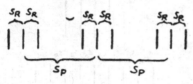

Fig. 4.
Theoretisches Aufspaltungsbild eines Strahles von Ortho-H_2-Molekülen einheitlicher Geschwindigkeit bei tiefer Temperatur (Rotationsquantenzahl = 1).

hat 3 Einstellungen im Feld (entsprechend der Quantenzahl 1); in der Figur ist angenommen, daß das eine magnetische Moment der Rotation und die von ihm herrührende Ablenkung s_R viel kleiner ist als die andere s_p. Bei den wirklich verwendeten Strahlen mit Maxwellverteilung der Geschwindigkeiten entspricht jedem Strich der obigen Figur (außer dem Mittelstrich) eine Maxwellkurve; die gemessene Intensitätsverteilung ist die Überlagerung dieser Kurven.

Prinzipiell könnte man aus der gemessenen Intensitätsverteilung die beiden Unbekannten s_P und s_R (siehe Fig. 4) entnehmen; doch würde das eine sehr große Genauigkeit der Messungen voraussetzen. Wir haben daher die eine Unbekannte, das Rotationsmoment, d. h. s_R, auf folgendem Wege bestimmt. Wir haben reinen Para-H_2 außer bei der Temperatur der flüssigen Luft auch bei höheren Temperaturen (festes CO_2, d. h. 195⁰ abs. und Zimmertemperatur, d. h. 292⁰ abs.) untersucht. Bei der Temperatur der flüssigen Luft war er, wie erwähnt, unmagnetisch[1]); bei höheren Temperaturen zeigte er ein Moment, das von den dann auftretenden höheren Rotationsquantenzuständen herrührt. Wir haben die Häufigkeit dieser Quantenzustände nach der Boltzmann-Formel berechnet; bezeichnet man die Rotationsquantenzahl mit n, so ergibt für $T = 95⁰$ die Rechnung 73% Moleküle mit $n = 0$ und

---

1) Ein kleiner Betrag von magnetischen Molekülen kam offenbar von einer geringen Verunreinigung (3 bis 4%) mit Ortho-H_2.

27% mit $n = 2$; bei Zimmertemperatur (292°) findet man 52,5%
mit $n = 0$, 46,1°, mit $n = 2$, und 1,4°, mit $n = 4$. Unter der
Voraussetzung, daß die auftretenden Komponenten des magnetischen Moments alle ganzzahlige Vielfache (vgl. Fig. 5) eines Grundmoments sind, das $n = 1$ entspricht, können wir dieses Grund-
moment aus den Messungen entnehmen; es ergibt sich zu etwa
1 Kernmagneton, eher etwas klei-
ner. Wir nehmen an, daß das auch
das magnetische Rotationsmoment des einquantigen Orthowas-
serstoffs ist. Rechnen wir mit
diesem Wert des Rotationsmoments aus unseren Messungen an
gewöhnlichem H_2 das von den
Protonen herrührende Moment
aus, so ergibt es sich zu etwa
4 Kernmagnetonen pro Ortho-
H_2-Molekül. Das magnetische
Moment eines Protons wäre also

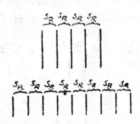

Fig. 5.
Theoretisches Aufspaltungsbild
eines Strahles von Para-H_2-Mole-
külen einheitlicher Geschwindigkeit für die Rotationsquantenzahl 2 (oben) und 4 (unten).

danach nicht 1 Kernmagneton, sondern etwa 2 Kernmagnetonen.
Dieser Zahlenwert ist nicht sehr genau, er könnte auch 3 betragen; doch scheint ein Wert von der Größe 1 mit den Messungen nicht vereinbar zu sein.

Zum Rotationsmoment sei noch folgendes gesagt: Wir machten
anfangs nur Messungen mit gewöhnlichem H_2 und versuchten für
das Rotationsmoment einen theoretisch berechneten Wert zu verwenden. Auf Veranlassung von Herrn Fermi hatte Herr Bethe
die Freundlichkeit, das elektrische Trägheitsmoment des H_2-Mole-
küls abzuschätzen. Aus seinen Rechnungen ergab sich unter der
Annahme, daß das H_2-Molekül wie ein starrer Körper rotiert, für
das Rotationsmoment ein Wert von etwa 3 Kernmagnetonen (für
die Rotationsquantenzahl 1). Erst später kamen wir darauf, daß
man in der oben beschriebenen Weise durch Messungen an reinem
Para-H_2 das Rotationsmoment direkt experimentell bestimmen
kann. Es ergab sich, wie erwähnt, ein Wert von höchstens 1 Kernmagneton. Da diese Diskrepanz weit außerhalb der Fehlergrenzen
sowohl der theoretischen Abschätzung wie unserer Messungen lag,
wandten wir uns neuerdings an Herrn Fermi, der dann folgendes

42 R. Frisch und O. Stern: Über die magnetische Ablenkung usw.

herausbrachte: Die Annahme, daß das H_2-Molekül wie ein starrer Körper rotiert, ist unzutreffend; man muß sich vielmehr vorstellen, daß die Elektronenhülle bei der Rotation zurückbleibt (,,rutscht''). Eine Abschätzung dieses Effekts, die Herr Wick auf Anregung von Herrn Fermi vornahm, ergab, daß das Rotationsmoment zwischen 0,35 und 0,92 Kernmagnetonen liegen sollte. Das ist mit unseren Messungen vereinbar; wir möchten vermuten, daß der wirkliche Wert näher an der oberen Grenze liegt.

S50. Otto Robert Frisch und Otto Stern, Beugung von Materiestrahlen. *Handbuch der Physik* XXII. II. Teil. Berlin, Verlag Julius Springer. 313–354 (1933)

Kapitel 5.

Beugung von Materiestrahlen.

Von

R. FRISCH und O. STERN, Hamburg.

© Springer-Verlag Berlin Heidelberg 2016
H. Schmidt-Böcking, K. Reich, A. Templeton, W. Trageser, V. Vill (Hrsg.), *Otto Sterns Veröffentlichungen – Band 3*, DOI 10.1007/978-3-662-46960-6_23

Kapitel 5.

Beugung von Materiestrahlen.

Von

R. FRISCH und O. STERN, Hamburg.

Mit 55 Abbildungen.

I. Einleitung.

1. De Broglie-Wellen. LOUIS DE BROGLIE stellte im Jahre 1924 die Theorie auf[1], daß jeder bewegten Masse ein Wellenvorgang entspricht, daß also ein Strahl bewegter Partikel auch Welleneigenschaften zeigt, wie ein Lichtstrahl. Die Wellenlänge λ dieses Wellenvorganges steht nach DE BROGLIE mit dem Impuls der Partikel mv im Zusammenhang $\lambda = h/mv$ (h = PLANCKsches Wirkungsquantum). Die physikalische Bedeutung der Wellen ist nach einer später entwickelten (BORN[2]) und jetzt wohl allgemein angenommenen Ansicht die, daß das Quadrat des Absolutwerts der Amplitude die Wahrscheinlichkeit dafür gibt, ein Materieteilchen anzutreffen, ebenso wie das Quadrat des Lichtvektors die Lichtintensität, d. h. die Wahrscheinlichkeit, ein Lichtquant anzutreffen, angibt.

Die Bahn eines Teilchens in einem Kraftfeld entspricht von diesem Standpunkt aus dem Weg eines Lichtstrahls in einem Medium mit variablem Brechungsindex; und zwar steht der Brechungsindex μ mit der potentiellen Energie V und mit der Gesamtenergie E des Teilchens in dem Zusammenhange $\mu = \sqrt{1 - \dfrac{V}{E}}$ (NEWTONsche Näherung).

Diese Theorie bildet den Ausgangspunkt der Entwicklung der Wellenmechanik durch SCHRÖDINGER und andere[3], die die Grundlage der ganzen modernen Atomtheorie geworden ist und hier die glänzendste experimentelle Bestätigung erfahren hat. Der folgende Artikel beschäftigt sich jedoch im wesentlichen nur mit der direkten experimentellen Prüfung der obigen einfachen Grundformeln (speziell $\lambda = h/mv$) und den damit zusammenhängenden Erscheinungen. Es handelt sich also um den Nachweis und die Untersuchung von Beugungserscheinungen bei Strahlen bewegter Materie.

2. Wellenlängen. Betrachten wir die in Frage kommenden Wellenlängen. Für *Elektronen* der „Voltgeschwindigkeit" V beträgt ihre wirkliche Geschwindigkeit $v = \sqrt{\dfrac{2eV}{m}}$, ihre Wellenlänge $\lambda = \dfrac{h}{mv} = \dfrac{h}{\sqrt{2meV}}$ (m und e sind Masse und Ladung des Elektrons). Setzt man die Zahlenwerte ein und mißt V in Volt, λ in Å, so ergibt sich die bequeme Formel $\lambda = \sqrt{\dfrac{150}{V}}$, also bei 150 Volt wird die Wellenlänge gerade $1 \cdot 10^{-8}$ cm. Für *Ionen* mit dem Molekulargewicht M ist

---

[1] L. DE BROGLIE. Thèses. Paris 1924 (Edit. Mousson & Co.); Ann. d. phys. Bd. 3, S. 22. 1925.
[2] M. BORN, ZS. f. Phys. Bd. 38, S. 803. 1926. [3] Siehe ds. Handb. Bd. XXIV/1.

die Masse $1820 \cdot M$ mal größer, die Wellenlänge bei derselben Voltgeschwindigkeit daher $\sqrt{1820 M} = 43 \sqrt{M}$ mal kleiner. Größere Wellenlängen erhält man wieder bei *ungeladenen Molekülen* von Temperaturgeschwindigkeit, also bei Molekularstrahlen. Hier ergibt sich ein kontinuierliches Wellenlängenspektrum entsprechend der MAXWELLschen Geschwindigkeitsverteilung. Fassen wir N Strahlmoleküle ins Auge, so ist die Zahl derer mit einer Geschwindigkeit zwischen v und $v + dv$ nach MAXWELL $N(v) = N \cdot 2 e^{-\frac{v^2}{\alpha^2}} \cdot \frac{v^3}{\alpha^4} \cdot dv \left(\alpha = \sqrt{\frac{2RT}{M}}\right)$ = wahrscheinlichste Geschwindigkeit, R Gaskonstante, T abs. Temperatur; v^3 statt v^2, weil von den raschen Molekülen mehr ausströmen). Die Zahl derer mit einer Wellenlänge zwischen λ und $\lambda + d\lambda$ ergibt sich also nach DE BROGLIE zu $N(\lambda) = N \cdot 2 e^{-\frac{\lambda_\alpha^2}{\lambda^2}} \cdot \frac{\lambda_\alpha^4}{\lambda^5} \cdot d\lambda \left(\lambda_\alpha = \frac{h}{m\alpha}\right)$. Dem Maximum dieser Kurve entspricht die „Wellenlänge größter Intensität" $\lambda_m = \lambda_\alpha \cdot \sqrt{0,4} = \frac{19,47}{\sqrt{T \cdot M}} \cdot 10^{-8}$ cm. Z. B. wird für Helium von Zimmertemperatur $\lambda_m = 0,57 \cdot 10^{-8}$ cm.

Man sieht, daß die verfügbaren Wellenlängen praktisch höchstens einige Ångströmeinheiten erreichen. Man wird also zum Nachweis von Beugungserscheinungen ähnliche Methoden anwenden wie bei Röntgenstrahlen; d. h. es kommt Beugung an Kristallgittern, an künstlichen Strichgittern und an einzelnen Molekülen in Frage. Beugung an einem Spalt, die wohl auch nachweisbar wäre, ist bisher nicht erhalten worden.

3. Historisches. Die erste Andeutung für die Wellennatur von Materiestrahlen brachten die Versuche von DAVISSON und KUNSMAN[1] über die Reflexion von *Elektronen* an Metallkristallen, die zuerst ELSASSER[2] in diesem Sinne gedeutet hat. Den ersten eindeutigen Beweis brachten später Versuche von DAVISSON und GERMER[3] an Nickel-Einkristallen. Diese Versuche sind analog dem Nachweis der Wellennatur der Röntgenstrahlen durch die Versuche von LAUE, FRIEDRICH und KNIPPING[4]. Kurz darauf gelang es G. P. THOMSON[5], auch „Debye-Scherrer-Ringe" mit Elektronenstrahlen an Metallfolien zu erzeugen. Aus der späteren lebhaften Entwicklung sei nur hervorgehoben: E. RUPPS Nachweis der Beugung am künstlichen Strichgitter[6], S. KIKUCHIS Kreuzgitterspektren an Glimmerblättchen[7], MARK und WIERLs Untersuchungen von Molekülstrukturen durch Beugung an einzelnen Molekülen[8]. Weitere Untersuchungen galten den Abweichungen vom einfachen Beugungsgesetz („Brechungsindex") für verschiedene Kristallgitter[9] und dem Auftreten verbotener (halbzahliger) Beugungsordnungen; ferner der Präzisionsprüfung der DE BROGLIEschen Gleichung $\lambda = h/mv$ [10].

---

[1] C. J. DAVISSON u. C. H. KUNSMAN, Science Bd. 64, S. 522 (1921); Phys. Rev. Bd. 22, S. 242. 1923.

[2] W. ELSASSER, Naturwissensch. Bd. 13, S. 711 (1925).

[3] C. J. DAVISSON u. L. H. GERMER, Nature Bd. 119, S. 558. 1927; Phys. Rev. Bd. 30, S. 705. 1927.

[4] W. FRIEDRICH, P. KNIPPING u. M. v. LAUE, Münchener Ber. 1912, S. 303; Ann. d. Phys. Bd. 41, S. 971. 1913.

[5] G. P. THOMSON u. A. REID, Nature Bd. 119, S. 890. 1927.

[6] E. RUPP, Naturwissensch. Bd. 16, S. 656. 1928; ZS. f. Phys. Bd. 52, S. 8. 1929.

[7] S. KIKUCHI, Proc. Imp. Ac. Bd. 4, S. 271, 275, 354 u. 471. 1928; Jap. Journ. of Phys. Bd. 5, S. 83 (1928).

[8] H. MARK u. R. WIERL, Naturwissensch. Bd. 18, S. 205. 1930; R. WIERL, Phys. ZS. Bd. 31, S. 366 u. 1028. 1930; Ann. d. Phys Bd. 8, S. 521. 1931.

[9] C. J. DAVISSON u. L. H. GERMER, Proc. Nat. Acad. Amer. Bd. 14, S. 317 u. 619. 1928; E. RUPP, Ann. d. Phys. Bd. 1, S. 773 u. 801. 1929; ZS. f. Phys. Bd. 61, S. 587. 1930.

[10] G. P. THOMSON, Proc. Roy. Soc. London Bd. 119, S. 651. 1928; M. PONTE, Ann. de phys. Bd. 13, S. 395. 1930.

Für Strahlen aus *Molekülen* erfolgte der erste Nachweis ihrer Wellennatur durch STERN und seine Mitarbeiter[1], und zwar durch Versuche mit Molekularstrahlen von He und H_2. Später gelang es JOHNSON[2], Versuche mit H-Atomen durchzuführen. Schließlich wurde durch ESTERMANN, FRISCH und STERN[3] die DE BROGLIESche Gleichung an „monochromasierten" Molekularstrahlen verifiziert.

Über Beugung von *Protonen* liegt außer schwer deutbaren Versuchen von J. DEMPSTER[4] eine Arbeit von SUGIURA[5] vor, die das Auftreten von Beugungserscheinungen auch in diesem Falle wahrscheinlich macht.

II. Beugung von Elektronenstrahlen.

4. Allgemeines. Die Verhältnisse bei der Beugung von Elektronenstrahlen an Kristallgittern liegen ganz ähnlich wie bei Röntgenstrahlen; hier wie dort handelt es sich im allgemeinen um Raumgitterinterferenzen. Das Auftreten eines gebeugten Strahles ist an die Bedingung geknüpft, daß sich die von allen Gitterpunkten gestreuten Teilwellen gegenseitig durch Interferenz verstärken. Die elementare Theorie der Beugung ergibt drei Gleichungen (entsprechend der dreifachen Periodizität des Raumgitters), wobei in jeder Gleichung noch eine ganze Zahl, die Ordnungszahl der Beugung in bezug auf die betreffende Gittertranslation, willkürlich ist. Z. B. lauten für das einfach kubische Gitter die drei Gleichungen

$$\cos\alpha_2 - \cos\alpha_1 = k\,\frac{\lambda}{d},$$

$$\cos\beta_2 - \cos\beta_1 = l\,\frac{\lambda}{d},$$

$$\cos\gamma_2 - \cos\gamma_1 = m\,\frac{\lambda}{d}$$

($\alpha, \beta, \gamma =$ Winkel des Strahls zur X, Y, Z-Achse, Index 1 bezeichnet den einfallenden, 2 den austretenden Strahl, d ist die Gitterkonstante).

Bekanntlich kann man jede Raumgitterbeugung auch als Reflexion an irgendeiner Netzebene auffassen, wobei dann zum üblichen Reflexionsgesetz noch die BRAGGsche Bedingung $2d'\sin\vartheta = n\lambda$ hinzutritt, die ausdrückt, daß die von zwei benachbarten Netzebenen (mit dem Abstand d') reflektierten Wellen in Phase (und zwar um n ganze Wellenlängen verschoben) sind (ϑ ist der Glanzwinkel). Für den obigen Fall des kubischen Gitters kann man sie auch in der Form schreiben $\sin\vartheta = \frac{\lambda}{2d}\sqrt{k^2 + l^2 + m^2}$; dies ist eine Umformung der drei obigen Gleichungen, die vor allem dann von Vorteil ist, wenn man nur die Ablenkung des Strahles aus seiner ursprünglichen Richtung wissen will (Debye-Scherrer-Methode).

In prinzipiell gleicher Weise kann man auch die Beugung an beliebigen nichtkubischen Gittern ableiten; diesbezüglich sei auf den Artikel von P. P. EWALD im Bd. XXIII/2 ds. Handb., 2. Aufl. verwiesen.

5. Brechungsindex. Ein wesentlicher Unterschied gegenüber den Röntgenstrahlen ist, daß die Elektronen beim Eindringen in das Kristallgitter im allgemeinen eine merkliche Geschwindigkeitsänderung erfahren, wie gerade die Versuche über Elektronenbeugung zeigen. Das heißt, daß das Potential im

---

[1] F. KNAUER u. O. STERN, ZS. f. Phys. Bd. 53, S. 779. 1929; O. Stern, Naturwissensch. Bd. 17, S. 391. 1929; I. ESTERMANN u. O. STERN, ZS. f. Phys. Bd. 61, S. 95. 1930.
[2] T. H. JOHNSON, Phys. Rev. Bd. 35, S. 1299. 1930.
[3] I. ESTERMANN, R. FRISCH u. O. STERN, ZS. f. Phys. Bd. 73, S. 348. 1931.
[4] A. J. DEMPSTER, Phys. Rev. Bd. 34, S. 1493. 1929; Bd. 35, S. 298 u. 1405. 1930; Nature Bd. 125, S. 51 u. 741. 1930.
[5] Y. SUGIURA, Sci. Pap. Inst. phys. chem. Res. Tokyo Bd. 16, S. 29. 1931.

Innern ein anderes ist als außen. Setzt man das äußere Potential $= 0$, so hat das innere Potential V_0 bei Metallen Werte von der Größenordnung 10 bis 20 Volt, d. h. die Elektronen werden beim Eintritt in das Metall um diesen Betrag beschleunigt. Im Bilde der Wellenvorstellung berücksichtigt man das (siehe Ziff. 1), indem man dem Metall einen Brechungsindex für Elektronenwellen zuschreibt; sein Wert ergibt sich aus seiner Definitionsgleichung

$$\mu = \frac{\lambda_{\text{außen}}}{\lambda_{\text{innen}}} = \sqrt{\frac{V_0 + E}{E}} = \sqrt{1 + \frac{V_0}{E}} \quad (E \text{ in Elektronenvolt}).$$

Der Brechungsindex hängt also außer vom inneren Potential auch von der Geschwindigkeit der Elektronen ab (Dispersion); für rasche Elektronen $(E \gg V_0)$ wird er Eins.

Es sei betont, daß V_0 nicht identisch ist mit der Austrittsarbeit A, die man etwa durch den Photoeffekt ermittelt; denn die Elektronen im Metall haben, da sie entartet sind, stets eine beträchtliche (Nullpunkts-) Energie E_0, um die also A kleiner ist als V_0. Tatsächlich ergeben sich aus den experimentellen Werten von A und V_0 Werte für E_0, die mit den Vorstellungen der Metalltheorie in Einklang sind.

6. Bragg-Methode, fester Einfall. Die einfachsten Verhältnisse liefert folgende Anordnung. Ein Strahl von Elektronen fällt unter dem festen Einfallswinkel γ auf eine Einkristalloberfläche. Der Auffänger ist so aufgestellt, daß er die Zahl der spiegelnd reflektierten Elektronen zu messen gestattet. Wird nun die Beschleunigungsspannung der Elektronen variiert, so ist besonders kräftige Reflexion zu erwarten bei denjenigen Spannungen, bei denen die von den verschiedenen der Oberfläche parallelen Netzebenen reflektierten Strahlen um ganze Vielfache der Elektronenwellenlänge gegeneinander verschoben sind. Die mathematische Bedingung (Bragg) dafür lautet (s. Abb. 1) $2 d \cos \gamma = n \lambda$

Abb. 1. Braggsche Reflexion. Gangunterschied (stark ausgezogen) $= 2 d \cos \gamma$.

$$= \frac{n h}{m v} = \frac{n h}{\sqrt{2 e m V}} = n \sqrt{\frac{150}{\text{Volt}}},$$

wobei n die Ordnungszahl und d den Abstand der zur Oberfläche parallelen Netzebenen bedeutet. Wieweit diese Voraussage vom Experiment bestätigt wird, zeigt Abb. 2, die aus einer Arbeit von Davisson und Germer[1] entnommen ist. Man sieht, daß bei hohen n die gemessenen Maxima mit den von der Theorie geforderten (durch $\downarrow$ gekennzeichnet) gut übereinstimmen.

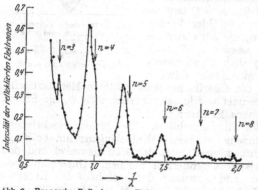

Abb. 2. Braggsche Reflexion von Elektronen an der (111)-Fläche eines Nickel-Einkristalls. Einfallswinkel $\gamma = 10°$ (nach Davisson und Germer).

Die mit abnehmender Ordnungszahl immer größer werdende Abweichung ist offenbar durch Berücksichtigung des mehrfach erwähnten Brechungsindex μ zu deuten. Dadurch nimmt die Braggsche Beziehung die Form an (s. Abb. 3) $n \lambda = 2 d \sqrt{\mu^2 - \sin^2 \gamma}$ oder, wenn man $\mu = \sqrt{1 + \frac{V_0}{E}}$ setzt (Ziff. 5),

[1] C. J. Davisson u. L. H. Germer, Proc. Nat. Acad. Amer. Bd. 14, S. 619. 1928.

Tabelle 1. Spannungen der Beugungsmaxima, Wellenlängen, Ordnungszahlen, Brechungsindex und inneres Potential für eine Reihe von Metallen nach E. Rupp. Einfallswinkel $\gamma = 10°$.

	V Volt	λ Å	n	μ	V_0 Volt
Ni	67	1,49	3	1,12	17
	142	1,03	4	1,05	16
	218	0,83	5	1,03	14
Pb	32	2,16	3	1,15	10
	62	1,55	4	1,09	12
	105	1,19	5	1,06	12
Cu	65	1,52	3	1,10	14
	125	1,09	4	1,06	15
	208	0,84	5	1,03	13
Al	46	1,80	3	1,17	17
	92	1,28	4	1,09	17
	158	0,97	5	1,05	18
Ag	48	1,77	3	1,15	15
	96	1,25	4	1,08	15
	166	0,95	5	1,04	13
Au	45	1,82	3	1,16	16
	92	1,28	4	1,09	16
	160	0,97	5	1,04	13

$n\lambda = 2d \sqrt{\cos^2\gamma + \dfrac{V_0}{E}}$. Um einen Überblick zu bekommen, wieweit diese Formel den Tatsachen gerecht wird, ist es das Einfachste, mit ihrer Hilfe für jedes einzelne Maximum den Wert von V_0 zu berechnen. Tabelle 1 zeigt einige Ergebnisse einer derartigen Untersuchung von Rupp[1]; man sieht, daß sich tatsächlich für jedes Metall ein von der Wellenlänge einigermaßen unabhängiger Wert von V_0 ergibt.

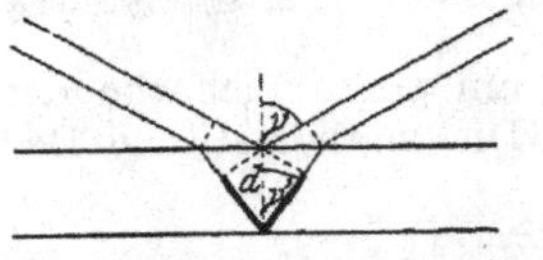

In der Kurve (Abb. 2) sieht man außerdem auch kleine Maxima, die genau an den (für $\mu = 1$) berechneten Stellen liegen. Es scheinen also hier Wellen miteinander interferiert zu haben, die zwar an verschiedenen Netzebenen gestreut worden sind, aber nicht durch das Metall gegangen sind. Das ist stets dort der Fall, wo die Oberfläche eine Stufe aufweist (eine Netzebene abbricht). Daß die Oberfläche eines geätzten Metallkristalls, wie er in diesen Versuchen verwendet wurde, sicher sehr viele solche Stufen hat, spricht für diese meist gegebene Erklärung.

Abb. 3. Braggsche Reflexion für $\mu > 1$. Gangunterschied (stark ausgezogen)
$= \mu \cdot 2d \cos\gamma' = 2\mu d \sqrt{1 - \sin^2\gamma'}$
$= 2d\sqrt{\mu^2 - \sin^2\gamma}$ (da $\sin\gamma \approx \mu\sin\gamma'$)

7. Bragg-Methode, variabler Einfallswinkel. Die bisher beschriebene Methode liefert nur Beugung einzelner diskreter Wellenlängen; um beliebige Wellenlängen untersuchen zu können, muß man den Einfallswinkel und den Winkel des Auffängers zum Kristall veränderlich machen. Untersuchungen dieser Art wurden von Davisson und Germer[2] durchgeführt. Ihr Ergebnis ist in Abb. 4 veranschaulicht. Jeder beobachtete Strahl ist als ein (je nach der Intensität mehr oder weniger dicker) Punkt in das Diagramm eingetragen; seine Ordinate gibt die aus der Spannung errechnete Wellenlänge, seine Abszisse den Kosinus des Einfallswinkels γ (in der Abb. versehentlich mit α bezeichnet) an. Ferner sind die Geraden $\lambda = \dfrac{2d \cos\gamma}{n}$ ($n = 2, 3, 4, \ldots, 8$)

[1] E. Rupp, Ann. d. Phys. Bd. 1, S. 801. 1929.
[2] C. J. Davisson u. L. H. Germer, Proc. Nat. Acad. Amer. Bd. 14, S. 619. 1928.

eingezeichnet, auf denen die Beugungsmaxima liegen würden, wenn der Brechungsindex gleich Eins wäre. Für kurze Wellen liegen die Punkte nun tatsächlich in

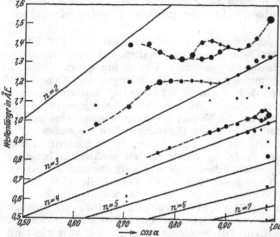

der Nähe dieser Geraden, hingegen treten bei den größeren
Wellenlängen starke und unregelmäßige Abweichungen
auf, so daß es schwierig ist,
hier die richtige Zuordnung
zu treffen. Davisson und
Germer haben die Zuordnung so vorgenommen, daß
der Brechungsindex beim
Übergang von einer Ordnung
zur nächsten keinen Sprung
macht, und erhalten so eine
Abhängigkeit des Brechungsindex von der Wellenlänge,
die durch Abb. 5 graphisch
dargestellt wird. Man sieht,
daß nur bei höheren Spannungen (kúrzen Wellen) der
Brechungsindex so verläuft,
wie er es tun müßte, wenn
V_0 konstant wäre (punktierte
Linie); sein Verlauf bei klei

Abb. 4. Braggsche Reflexion von Elektronen an der (111)-Fläche eines Nickel-Einkristalls. Jedes beobachtete Maximum ist als ein (je nach der Intensität mehr oder weniger dicker) Punkt in das Diagramm eingetragen; seine Ordinate gibt die aus der Spannung errechnete Wellenlänge, seine Abszisse den Kosinus des Einfallswinkels an (nach Davisson und Germer).

neren Spannungen erinnert an die optische anomale Dispersion. Eine Deutung
auf Grund der modernen Metalltheorie wurde von Morse[1] versucht.

8. Laue-Methode.
Bisher wurde nur die Reflexion
von Elektronen an den zur
Oberfläche parallelen Netzebenen untersucht. Zum
Studium der Reflexion an
anderen Netzebenen eignet
sich folgende vielbenutzte
Anordnung: Der Elektronenstrahl fällt *senkrecht* auf
eine Einkristallfläche; der
Winkel γ des Auffängers zur
Einfallsrichtung ist veränderlich, ferner kann der Kristall
um den einfallenden Strahl,
also in seiner Ebene, gedreht

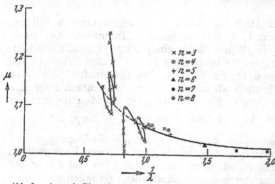

Abb. 5. „Anomale Dispersion" langsamer Elektronen in Nickel (nach Davisson und Germer).

werden, so daß die Beugung in verschiedenen Azimuten untersucht werden kann.

Für die Theorie dieser Versuche geht man am besten auf die Interferenz
der von den einzelnen. Gitterpunkten gestreuten Wellen zurück. Betrachtet
man zunächst nur die an der Oberfläche liegenden Gitterpunkte, so erhält man
ein normales Kreuzgitterspektrum. Ein etwaiger Brechungsindex spielt dabei
keine Rolle, da die Wellen ja nicht ins Kristallgitter eingedrungen sind. Aber
auch die tieferen, zur Oberfläche parallelen Netzebenen erzeugen, wie man

---

[1] Ph. M. Morse, Phys. Rev. Bd. 35, S. 1310. 1930.

leicht zeigen kann, unabhängig vom Brechungsindex jede für sich dasselbe Kreuzgitterspektrum wie die oberste. *Die dem Oberflächengitter entsprechenden Kreuzgitterformeln liefern daher — unabhängig von dem Verhalten der Elektronen im Kristallinnern — Angaben über die Lage der gebeugten Strahlen bei gegebener Wellenlänge.*

Die Interferenz *zwischen* den einzelnen Netzebenen hat nun zur Folge, daß nur diejenigen Strahlen merkliche Intensität erhalten, bei denen auch die von Punkten *verschiedener* Netzebenen gestreuten Wellen um ganze Vielfache der Wellenlänge gegeneinander verschoben sind. Es gelangen also (genau wie bei den Röntgenstrahlen) infolge der „Raumgitterbedingung" nur einzelne diskrete Wellenlängen zur Beugung. Hierbei ist nun der Brechungsindex zu berücksichtigen, also zu beachten, daß die Wellen im Kristallinnern eine andere Wellenlänge und im allgemeinen eine andere Richtung haben als außen.

Dies geschieht am einfachsten auf folgende Weise. Beim Eintritt in den Kristall ändert der Strahl seine Richtung nicht, da wir senkrechte Inzidenz annahmen. Für die Richtung und Wellenlänge der auftretenden gebeugten Strahlen im Kristallinnern spielt der Brechungsindex μ keine Rolle; er bestimmt ja nur das Verhältnis zwischen Wellenlänge außen und Wellenlänge im Kristall. Beim Austritt eines gebeugten Strahls aus dem Kristall nimmt die Wellenlänge wieder ihren ursprünglichen Wert an, steigt also auf das μfache; außerdem wird der Strahl natürlich gebrochen. Die Brechung brauchen wir aber nicht im Detail auszurechnen, sondern wir können jetzt die Kreuzgitterformeln benützen, um aus der Wellenlänge die Richtung der gebeugten Strahlen zu finden. Es ergibt sich also folgendes Vorgehen: Aus Kreuzgitter- und Raumgitterbedingung – für $\mu = 1$ – berechnet man Wellenlängen und Richtungen der auftretenden gebeugten Strahlen im Kristallinnern; dann multipliziert man die Wellenlängen mit μ und ändert die Richtungen so, daß die Kreuzgitterformeln erfüllt bleiben.

Ähnlich kann man bei der Diskussion von Versuchsresultaten verfahren. Ein Beispiel sei einer Arbeit von H. E. FARNSWORTH[1] entnommen. Der Elektronenstrahl fiel senkrecht auf die Würfelfläche eines Kupferkristalls (flächenzentriert, $d = 3,603$ A). Beugung wurde beobachtet in den beiden Azimuten 100 (in Richtung der Würfelkante) und 111 (in Richtung der Diagonale). Sieht man zunächst von der Flächenzentriertheit ab und betrachtet ein einfach kubisches Gitter mit der Konstante d, so ergibt sich die Kreuzgitterbedingung für das 100-Azimut zu $n_1 \lambda = d \sin\gamma$, für das 111-Azimut zu $n_1 \lambda = \dfrac{d}{\sqrt{2}} \sin\gamma$; die Raumgitterbedingung lautet für beide $n_2 \lambda = d(1 + \cos\gamma)$. Diese Bedingungen sind für beide Azimute in die Diagramme Abb. 6 eingetragen. Die von FARNSWORTH gemessenen Beugungsmaxima liegen, wie man sieht, tatsächlich fast alle in der Nähe der Geraden, die die Kreuzgitterbedingung darstellen; sie fallen aber nicht auf die Schnittpunkte mit den krummen Linien, die die Raumgitterbedingung wiedergeben. Der Brechungsindex errechnet sich einfach als Quotient aus gemessener und „theoretischer" Wellenlänge. Berechnet man daraus weiter das innere Potential V_0 (oder auch direkt als Differenz zwischen gemessener und „theoretischer" Voltgeschwindigkeit), so findet man bei passender Zuordnung der gemessenen zu den theoretischen Maxima ähnliche Zahlenwerte wie früher. Die Werte von V_0 wachsen mit steigender Elektronengeschwindigkeit von etwa 6 auf 30 Volt; „anomale Dispersion" ist hier nicht erkennbar.

---

[1] H. E. FARNSWORTH, Phys. Rev. Bd. 34, S. 679. 1929. (Die hier gegebene Diskussion weicht etwas von der FARNSWORTHschen ab.)

9. Halbzahlige Maxima. Aus dem bisher betrachteten einfach kubischen Gitter entsteht das wirkliche Cu-Gitter, welches flächenzentriert ist, durch

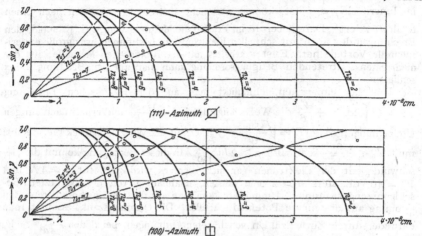

Abb. 6. Beugung von Elektronenstrahlen bei senkrechtem Einfall auf die Würfelfläche eines Cu-Kristalls (nach H. E. Farnsworth) in den beiden Hauptazimuten. Die Geraden entsprechen der Kreuzgitterbedingung $n_1\lambda = d\sin\gamma$ für das (100)-Azimut bzw. $n_1\lambda = \dfrac{d}{\sqrt{2}}\cdot\sin\gamma$ für das (111)-Azimut. Die krummen Linien entsprechen der Raumgitterbedingung $n_2\lambda = d(1 + \cos\gamma)$ für $\mu = 1$. Die Kreise geben die beobachteten Beugungsmaxima wieder.

Einfügen von drei weiteren gleichartigen kubischen Gittern. Dabei müssen manche Beugungsordnungen ausgelöscht werden, wie man sich am zweidimensionalen Beispiel leicht klarmachen kann (Abb. 7). Und zwar können beim

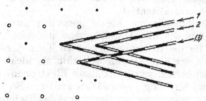

Abb. 7. Durch Einfügen eines zweiten gleichartigen Gitters wird die angedeutete Beugung ausgelöscht (Veranschaulichung der „verbotenen" Beugungsordnungen).

flächenzentrierten Gitter nur die Ordnungen auftreten, für die entweder alle drei Indizes gerade oder alle ungerade sind (wenn man die Indizes auf die Hauptachsen bezieht, wie üblich). Die Maxima, für die das nicht zutrifft, die also „verboten" sind, sind in dem Diagramm (Abb. 6) durch Unterbrechung der sich in ihnen schneidenden Linien gekennzeichnet. H. E. Farnsworth (und mit ihm die meisten Autoren) geht bei der Ableitung der Beugungsmaxima von vornherein vom flächenzentrierten Gitter aus; er benutzt als „Gitterkonstante" nicht die Identitätsperiode, sondern den Abstand benachbarter Netzebenen. In dieser Darstellung erhalten die verbotenen Maxima halbzahlige Indizes. Es fällt auf, daß bei den Versuchen auch verbotene Maxima beobachtet werden; auch andere Autoren haben vielfach das Auftreten von verbotenen bzw. halbzahligen Beugungsmaxima festgestellt. Ihre Deutung steht noch nicht völlig fest; Tatsache ist, daß ihre Intensität im allgemeinen vom Gasbeladungszustand des Gitters abhängt und sich durch sorgfältiges Entgasen stark herunterdrücken läßt[1]. Es wird daher vermutet, daß Gasatome, die in regelmäßiger Weise in den Kristall eingebaut sind, ein Gitter mit dem doppelten Netzebenenabstand bilden, das die fraglichen Beugungsmaxima hervorruft.

---

[1] Siehe u. a. H. E. Farnsworth, Phys. Rev. Bd. 35, S. 1131. 1930.

10. Totalreflexion. Da der Kristall einen Brechungsindex >1 hat, so werden die Strahlen beim Austritt vom Lot gebrochen, und diejenigen, für die im Innern $\sin\gamma < \dfrac{1}{\mu}$ ist, können gar nicht austreten, sie werden nach innen totalreflektiert[1]. Darauf beruht im Prinzip die Methode von A. G. Emslie[2], den Brechungsindex auch mit schnellen Elektronen zu bestimmen, was große experimentelle Vorteile hat. Emslie arbeitet mit der Braggschen Methode; aus der niedrigsten auftretenden Beugungsordnung kann man auf den Brechungsindex schließen.

Um das einzusehen, eliminiert man aus der Braggschen Beziehung $n\lambda = 2d\sqrt{\cos^2\gamma + \dfrac{V_0}{E}}$ die Wellenlänge durch $\lambda = \sqrt{\dfrac{150}{E}}$ und erhält nach einigen Umformungen $\cos\gamma\sqrt{E} = \sqrt{\dfrac{150 n^2}{4 d^2} - V_0}$. Damit der Wurzelausdruck reell bleibt, muß $V_0 < \dfrac{150 n^2}{4 d^2}$ sein, also $n > 2d\sqrt{\dfrac{V_0}{150}}$. In dieser Bedingung kommt die Geschwindigkeit der Elektronen gar nicht vor; es wird z. B. für $d = 4$ Å und $V_0 = 10$ Volt stets $n > 2$ sein müssen, unabhängig von der benützten Beschleunigungsspannung. Umgekehrt kann man aus der niedrigsten auftretenden Ordnung auf das innere Potential schließen. Die Ordnungszahl bestimmt man entweder durch Zurückzählen von höheren Ordnungen, bei denen $\dfrac{150 n^2}{4 d^2} \gg V_0$ ist und man die Ordnung daher ohne Kenntnis von V_0 berechnen kann; oder man kann durch genaue Ausmessung zweier Ordnungen, etwa der $n$ten und der $(n + 1)$ten, die beiden Unbekannten n und V_0 bestimmen. Die notwendige Voraussetzung der obigen Methode, daß V_0 konstant, also $\cos\gamma\sqrt{E}$ bei festgehaltenem n von der Beschleunigungsspannung unabhängig ist, ist bei den von Emslie benutzten hohen Spannungen offenbar erfüllt; sie wurde von ihm an Kalkspat, Bleiglanz und Antimon im Spannungsbereich von 10 bis 45 kV geprüft und richtig gefunden. Er fand für Kalkspat 22 Volt, für Bleiglanz 19,2 Volt und für Antimon 25 Volt als inneres Potential.

11. Auflösungsvermögen. Bisher hatten wir nur ideale unendlich ausgedehnte Kristalle betrachtet; jetzt wollen wir die Abweichungen ins Auge fassen, die von der endlichen Größe der für die Beugung wirksamen Teile des Kristallgitters herrühren. Zunächst wollen wir den Kristall weiterhin als ideal und unendlich ausgedehnt annehmen, jedoch berücksichtigen, daß die Elektronenwellen im Kristall durch Absorption bzw. Streuung geschwächt werden. Betrachten wir die Braggsche Anordnung (Spiegelung an den zur Oberfläche parallelen Netzebenen) und nehmen wir zur Vereinfachung an, daß die Elektronen nur eine bestimmte Anzahl k von Netzebenen durchdringen. Dann ergibt sich ähnlich wie beim optischen Gitter, daß nicht nur eine einzige Wellenlänge $\lambda = \dfrac{d\cos\gamma}{n}$ reflektiert wird, sondern im wesentlichen ein Wellenbereich zwischen $\lambda + \Delta\lambda$ und $\lambda - \Delta\lambda$; $\lambda/\Delta\lambda$, das Auflösungsvermögen, ist gleich $n \cdot k$, Ordnungszahl mal der Anzahl der wirksamen Netzebenen. Die genauere Theorie[3] ergibt dafür bei reinen Metallen in einigen durchgerechneten Fällen Werte von der Größenordnung 100; die gemessenen Werte[4] sind durchweg kleiner (10 bis 50), weil alle Fehlerquellen, wie mangelnde Parallelität und Homogenität des Elek-

---

[1] C. J. Davisson u. L. H. Germer, Phys. Rev. Bd. 30, S. 705. 1927; W. Elsasser, Naturwissensch. Bd. 16, S. 720. 1928.
[2] A. G. Emslie, Nature Bd. 123, S. 977. 1929.
[3] H. Bethe, Ann. d. Phys. Bd. 87, S. 55. 1928.
[4] C. J. Davisson u. L. H. Germer, Phys. Rev. Bd. 30, S. 705. 1927; G. P. Thomson, Proc. Roy. Soc. London Bd. 119, S. 651. 1928; E. Schöbitz, Phys. ZS. Bd. 32, S. 37. 1931.

tronenstrahls, endliche Auffängeröffnung, Kristallfehler usw. den Wellenbereich verbreitern und also ein kleineres Auflösungsvermögen vortäuschen.

In dem eben besprochenen Braggschen Falle ändert sich nur die Intensität, nicht die Richtung der gebeugten Strahlen, wenn man die Wellenlänge (innerhalb des Auflösungsvermögens) verändert; das wird anders, wenn man die Reflexion an solchen Netzebenen betrachtet, die nicht zur Oberfläche parallel sind. Um

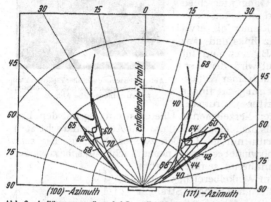

Abb. 8. Auflösungsvermögen bei Laue-Beugung. Räumliche Intensitätsverteilung (Polardiagramm) der gebeugten Elektronen. Die Zahlen neben den Kurven geben die jeweilige Voltgeschwindigkeit an (nach Davisson und Germer).

hier das Verhalten zu überblicken, müssen wir wieder die Zerlegung in Raumgitter- und Oberflächengitterbedingung vornehmen und das endliche Auflösungsvermögen der *Raumgitterbedingung* beachten. Wir müssen also z.B. in Abb. 6 die krummen Linien durch Bänder endlicher Breite ersetzen; die Geraden, die der Kreuzgitterbedingung entsprechen, müssen jedoch dünn bleiben, da die Kristalloberfläche praktisch unendlich ausgedehnt ist. Bei Veränderung der Wellenlänge wird sich also der gebeugte Strahl so verschieben, daß die Kreuzgitterbedingung erfüllt bleibt. Ein Beispiel dafür gibt Abb. 8 (nach Davisson und Germer[1]); man sieht deutlich, wie mit steigender Spannung, also abnehmender Wellenlänge, der gebeugte Strahl näher an den einfallenden heranrückt.

12. Kreuzgitterspektren. Je dünner die wirksame Schicht des Gitters wird, desto mehr tritt die Raumgitterbedingung in den Hintergrund; schließlich bleibt ein reines Kreuzgitterspektrum. Ein solches wurde von Davisson und Germer[1] an Nickelkristallen (111 Fläche) beobachtet und auf ein Flächengitter von adsorbierten Gasatomen zurückgeführt; eine Stütze für diese Deutung ist die Tatsache, daß dieses Spektrum sowohl bei Entgasung als auch bei allzu starker Gasbedeckung der Oberfläche verschwindet.

Aber auch bei richtigen Raumgittern kann unter Umständen die Raumgitterbedingung so in den Hintergrund treten, daß man den Eindruck von Kreuzgitterspektren bekommt. Derartige Erscheinungen wurden von G. P. Thomson beob-

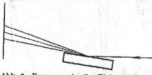

Abb. 9. Beugung schneller Elektronen an Metall-Einkristallen (Versuchsanordnung von G. P. Thomson).

achtet[2]. G. P. Thomson arbeitete mit schnellen Elektronen und einer Anordnung, die an die Braggsche erinnert (Abb. 9); die gebeugten Strahlen wurden photographisch nachgewiesen. Nach der strengen Braggschen Bedingung sollte nur bei ganz bestimmten Wellenlängen überhaupt Beugung stattfinden; der Versuch ergab jedoch, daß bei jeder beliebigen Wellenlänge und Kristallstellung stets eine ganze Anzahl gebeugter Strahlen auftritt, die auf der photographischen Platte ein gitterartiges Muster bilden (Abb. 10).

Zur Erklärung nimmt G. P. Thomson an, daß die geätzte Oberfläche des Kristalls stark aufgerauht und in lauter einzelne kleine Blöcke aufgelöst ist,

[1] C. J. Davisson u. L. H. Germer, Phys. Rev. Bd. 30, S. 705. 1927.
[2] G. P. Thomson, Proc. Roy. Soc. London Bd. 133, S. 1. 1931.

durch die die Elektronen hindurchgehen. Betrachtet man in einem derartigen Block eine einzelne zum Strahl annähernd senkrecht stehende Netzebene, so liefert diese in bekannter Weise ein Kreuzgitterspektrum.

Durch das Zusammenwirken aller übereinander-liegenden Netzebenen sollte wieder eine Wellen-längenauslese erfolgen. Nun ist aber, wie man sich leicht überzeugt (Abb. 11), der Gangunterschied zwischen den an der obersten und untersten Netz-ebene gebeugten Strahlen viel kleiner als etwa zwischen einem Gitterpunkt ganz links und ganz rechts; bei hinreichend kleinen Blöcken und für nicht zu große Ablenkungswinkel wird der erst-genannte Gangunterschied unterhalb einer Wellen-länge bleiben, so daß keine Auslöschung stattfinden

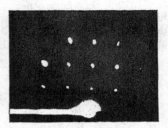

Abb. 10. Beugung schneller Elektronen an Metall-Einkristallen (nach:G. P. Thomson, Anordnung siehe Abb. 9).

kann. Man erhält also das Kreuzgitterspektrum der zum Strahl annähernd senkrechten Netzebenen in Übereinstimmung mit dem Ex-periment. Bei Drehen des Kristalls um kleine Winkel um eine Achse senkrecht zum Strahl verschiebt sich das Spektrum nur um Größen zweiter Ordnung, also sehr wenig; bei weiterer Drehung verschwindet es und ein neues taucht auf, sobald wieder eine dichtbesetzte Netzebene annähernd senkrecht zum Strahl zu stehen kommt. Aus dem Winkelbereich, den die zu einem solchen Kreuzgitterspektrum gehörigen Strahlen einnehmen, hat G. P. Thomson die ungefähre Größe der ein-zelnen Blöcke berechnet; sie ergab sich zu ca. $2 \cdot 10^{-6}$ cm.

Sehr schöne Kreuzgitterspektren (Abb. 12) erhielt Kikuchi[1], als er ganz dünne Glimmerblättchen mit schnel-len Elektronen durchstrahlte. Der Grund ist offenbar wie-derum der[2], daß die Ausdehnung des Gitters in der Ein-fallsrichtung zu klein ist, als daß die Raumgitterbedingung bei den kleinen Ablenkungswinkeln wirksam werden könnte. Allerdings sind die Dicken der Glimmerblättchen von einigen 10^{-6} cm (geschätzt aus der Interferenzfarbe bzw. deren Verschwinden) immer noch viel zu groß für die obige Erklärung; man muß also wohl annehmen, daß das Gitter durch mechanische oder thermische Beanspruchung teilweise zerstört, nämlich in viele sehr dünne Schichten, vielleicht sogar einzelne Netzebenen, aufgespalten ist, die gegeneinander etwas verlagert sind, so daß sie nicht mehr richtig miteinander interferieren können. Unter Umständen genügt zur Erklärung auch schon die Annahme einer Kräuselung des Glimmerblätt-chens, wodurch die der Raumgitterbedingung ent-sprechenden Kreise (siehe unten) sich überlagern und verwaschen, während die Kreuzgitterpunkte kaum beeinflußt werden. Eine derartige ther-mische Beanspruchung hat E. Rupp[3] wahrschein-lich gemacht; er zeigte, daß man bei derselben

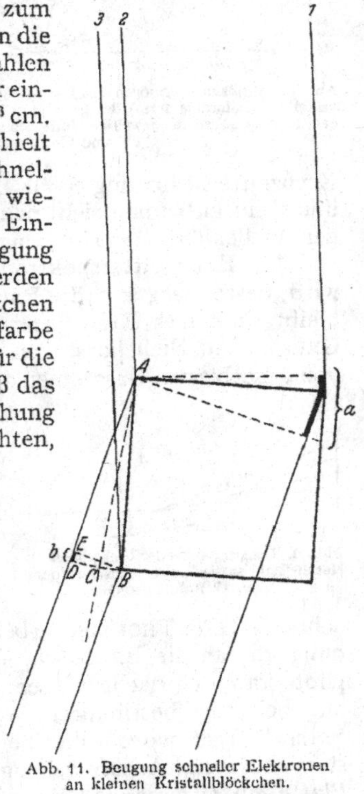

[1] S. Kikuchi, Proc. Imp. Ac. Bd. 4, S. 271, 275, 354 u. 471. 1928; Jap. Journ. Phys. Bd. 5, S. 83. 1928. Siehe auch Phys. ZS. Bd. 31, S. 777. 1930.

[2] F. Kirchner u. W. L. Bragg, Nature Bd. 127, S. 738. 1931.

[3] E. Rupp, ZS. f. Phys. Bd. 58, S. 766. 1929.

Abb. 11. Beugung schneller Elektronen an kleinen Kristallblöckchen.
a = Gangunterschied zwischen den Strahlen 1 und 2.
b = Gangunterschied zwischen den Strahlen 2 und 3.
($\sphericalangle CAB = \sphericalangle 3 BA$, $BC \perp CA$, $BE \perp EA$, $DA = CA$).

dünnen Folie bei schwachen Elektronenströmen ein Raumgitterbild, bei starken Strömen, die die Folie bedeutend mehr erwärmen, ein Flächengitterbild bekommt.

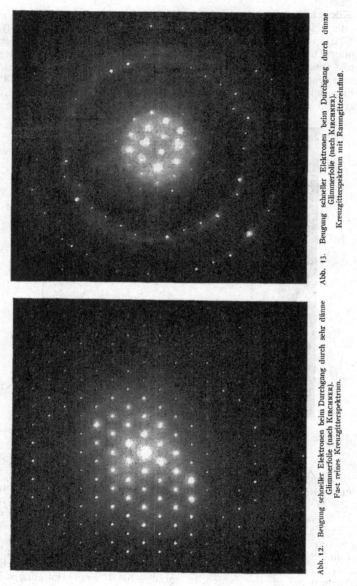

Abb. 13.   Beugung schneller Elektronen beim Durchgang durch dünne Glimmerfolie (nach Kirchner). Kreuzgitterspektrum mit Raumgittereinfluß.

Abb. 12.   Beugung schneller Elektronen beim Durchgang durch sehr dünne Glimmerfolie (nach Kirchner). Fast reines Kreuzgitterspektrum.

Geht man zu dickeren Folien über, so macht sich die Raumgitterbedingung bemerkbar, indem die auf bestimmten Kreisen um den Durchstoßpunkt gelegenen Flecken verstärkt, die anderen geschwächt werden (Abb. 13); eine Andeutung davon ist bereits auf Abb. 12 zu erkennen. Diese Kreise sind durchaus

Ziff. 13, 14.   Kikuchilinien. Beugung am Polykristall (Debye-Scherrer-Methode).   325

analog den HAIDINGERschen Interferenzringen, die beim Durchgang von divergentem, monochromatischem Licht durch eine planparallele Platte auftreten (FABRY-PEROT).

13. Kikuchilinien. Schon in Abb. 13 sind Andeutungen einer Erscheinung sichtbar, die bei dickeren Folien noch wesentlich deutlicher wird (Abb. 14), nämlich ein System von sich kreuzenden hellen und dunklen Linien. Ihre Deutung[1] ist folgende: Die Elektronen werden in der Glimmerfolie mehrfach gestreut, so daß sie alle möglichen Richtungen erhalten. Diejenigen Elektronen aber, deren Winkel zu irgendeiner Netzebene gerade die BRAGGsche Bedingung erfüllt, werden an ihr reflektiert werden; die reflektierten Strahlen bilden einen Kegel, der die photographische Platte in einer flachen Hyperbel schneidet und dort eine dunkle

Abb. 14. Beugung schneller Elektronen beim Durchgang durch dickere Glimmerfolie (nach KIRCHNER). „Kikuchilinien".

Linie erzeugt. Anderseits bewirkt ihr Ausfall in der ursprünglichen Richtung eine Aufhellung des Untergrundes. Nun wird es auch Elektronen geben, die dieselbe Netzebene *von der Rückseite her* unter dem Glanzwinkel treffen, und diese werden die Helligkeitsunterschiede teilweise wieder ausgleichen; aber nur teilweise, da sie um einen größeren Winkel aus der Primärrichtung abgelenkt sein müssen und also seltener sein werden. Es wird also für jede Netzebene zu beiden Seiten ihrer Schnittgeraden mit der photographischen Platte je eine „Kikuchilinie" auftreten, und zwar innen (näher am Durchstoßpunkt) eine helle, außen eine dunkle. Die experimentellen Ergebnisse sind, auch bezüglich der genauen Lage der Linien, in vorzüglicher Übereinstimmung mit dieser Deutung.

14. Beugung am Polykristall (Debye-Scherrer-Methode). Läßt man einen Elektronenstrahl auf ein regelloses Aggregat von kleinen Kriställchen fallen,

---
[1] Siehe Fußnote 1 auf S. 323.

326   Kap. 5. R. Frisch und O. Stern: Beugung von Materiestrahlen.   Ziff. 14.

etwa auf eine Metallfolie oder eine dünne Schicht eines kristallinen Pulvers, so werden die Netzebenen alle möglichen Lagen einnehmen; es werden also stets auch solche vorhanden sein, für die die Braggsche Reflexionsbedingung erfüllt

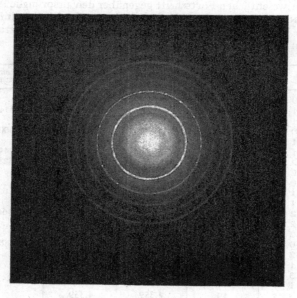

Abb. 15. Beugungsringe (Thomson-Methode, „Debye-Scherrer-Ringe") am einfach kubischen Gitter (NaF, Na und F beugen praktisch gleich stark) (nach Kirchner).

ist. Bezeichnet man den Ablenkungswinkel mit 2ϑ, so wird der Einfallswinkel ϑ, und die Braggsche Bedingung lautet dann z. B. für ein kubisches Gitter $\sin\vartheta = \frac{\lambda}{2d}\sqrt{h^2 + k^2 + l^2}$, wobei h, k und l ganze Zahlen sind. Für jedes Werte-tripel h, k, l liegen die gebeugten Strahlen auf einem Kegel mit dem Öffnungswinkel 4ϑ um die Einfallsrichtung; stellt man senk-recht zu dieser eine photographische Platte in den Strahlenweg, so erhält man eine An-zahl geschwärzter Ringe, deren Radien $r = a\,\mathrm{tg}\,2\vartheta$ sind ($a =$ Abstand der Photo-platte von der streuenden Folie).

Für kleine Werte von ϑ wird

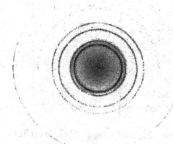

Abb. 16. Beugungsringe am kubisch flächen-zentrierten Gitter (Ag) (nach Mark und Wierl).

$$r = a \cdot \frac{\lambda}{d}\sqrt{h^2 + k^2 + l^2}.$$

Liegt kein einfach kubisches Gitter vor, so sind die durch die größere Zahl von Gitter-punkten bedingten Auslöschungen zu beach-ten. So treten beim flächenzentrierten Gitter nur die Strahlen auf, für die h, k und l alle entweder gerade oder ungerade sind; beim raumzentrierten muß $h + k + l$ gerade sein. So ergibt sich die Tabelle 2 für die Radien der zu erwartenden Beugungsringe. Beispiele von Aufnahmen zeigen die Abb. 15 und 16. Bezüglich komplizierterer Gitter sei auf den Artikel

Ziff. 15.   Präzisionsprüfung der DE BROGLIEschen Beziehung; Relativitätskorrektion.   327

über die Beugung von Röntgenstrahlen verwiesen, bei denen ja die Verhältnisse durchaus analog sind.

Derartige Versuche wurden zuerst von G. P. THOMSON[1] ausgeführt. Sie stellen insofern einen wesentlichen Fortschritt gegenüber den ursprünglichen Versuchen von DAVISSON und GERMER dar, als sie experimentell sehr viel einfacher auszuführen sind. Es ist leicht, einen derartigen Versuch als Demonstrationsversuch auszuarbeiten.

Tabelle 2.

h	k	l	$h^2 + k^2 + l^2$	$\sqrt{h^2 + k^2 + l^2}$	Flächenzentriertes Gitter	Raumzentriertes Gitter
1	0	0	1	1,000		
1	1	0	2	1,414		1,414
1	1	1	3	1,732	1,732	
2	0	0	4	2,000	2,000	2,000
2	1	0	5	2,236		
2	1	1	6	2,449		2,449
2	2	0	8	2,828	2,828	2,828
2 2 1 / 3 0 0			9	3,000		
3	1	0	10	3,162		3,162
3	1	1	11	3,317	3,317	
2	2	2	12	3,464	3,464	3,464
3	2	0	13	3,606		
3	2	1	14	3,742		3,742
4	0	0	16	4,000	4,000	4,000
3 2 2 / 4 1 0			17	4,123		
3 3 0 / 4 1 1			18	4,243		4,243
3	3	1	19	4,359	4,359	
4	2	0	20	4,472	4,472	4,472
4	2	1	21	4,583		
3	3	2	22	4,690		4,690
4	2	2	24	4,899	4,899	4,899
4 3 0 / 5 0 0			25	5,000		
4 3 1 / 5 1 0			26	5,099		5,099
3 3 3 / 5 1 1			27	5,196	5,196	
4 3 2 / 5 2 0			29	5,385		
5	2	1	30	5,477		5,477
4	4	0	32	5,657	5,657	5,657
4 4 1 / 5 2 2			33	5,745		
4 3 3 / 5 3 0			34	5,831		5,831
5	3	1	35	5,916	5,916	
4 4 2 / 6 0 0			36	6,000	6,000	6,000

15. Präzisionsprüfung der DE BROGLIEschen Beziehung; Relativitätskorrektion.

Die Debye-Scherrer-Methode eignet sich besonders für genaue Messungen, da die experimentellen Bedingungen sehr einfach sind; man braucht ja bloß die beschleunigende Spannung der Elektronen, den Abstand der photographischen Platte vom Streukörper und die Ringdurchmesser zu messen. Die genauesten Messungen wurden von PONTE[2] angestellt, der den von der DE BROGLIE-

---

[1] G. P. THOMSON u. A. REID, Nature Bd. 119, S. 890. 1927.
[2] M. PONTE, Ann. de phys. Bd. 13, S. 395. 1930.

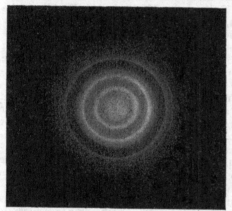

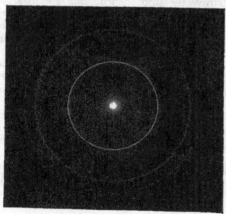

schen Beziehung geforderten Gang der Wellenlänge mit der Spannung auf $3\,{}^0/_{00}$ sicher bestätigen konnte. Als Gitter diente Zinkoxyd, die Spannung wurde von ca. 8000 bis 16000 Volt variiert. Bei diesen hohen Spannungen ist es erforderlich, statt der bisher benutzten Näherung $\lambda = \dfrac{h}{\sqrt{2m_0 e V}}$ die korrekte relativistische Formel $\lambda = \dfrac{h}{\sqrt{2m_0 e V\left(1 + \dfrac{eV}{2m_0 c^2}\right)}}$ zu verwenden. Bei den Ponteschen Messungen macht diese Korrektion nur wenige Promille aus; immerhin stimmt die von ihm gemessene Abhängigkeit der Wellenlänge von der Beschleunigungsspannung merklich besser zu der relativistischen als zur unkorrigierten Formel. (Die Absolutmessung der Wellenlänge ist viel ungenauer wegen der Unsicherheit der Gitterkonstante von Zinkoxyd.)

Um zwischen den beiden Formeln einwandfrei zu entscheiden, muß man zu erheblich höheren Spannungen übergehen. Rupp[1] benutzte Elektronen von 220 000 Volt, die an einer Goldfolie gebeugt wurden. Bei dieser Spannung ist die relativistische Wellenlänge schon um ca. 11% kleiner als die unkorrigierte, was experimentell leicht nachweisbar ist. In der Publikation erfolgte die Berechnung der Wellenlänge aus der Spannung nach einer falschen Formel[2]; daß trotzdem Übereinstimmung gefunden wurde, liegt nach Angabe von Rupp daran, daß bei der Auswertung der Aufnahmen versehentlich ein falscher Wert für den Abstand der Folie von der photographischen Platte benützt wurde. Stellt man beides richtig, so ergibt sich wieder gute Übereinstimmung zwischen der gemessenen und der berechneten Wellenlänge.

Abb. 17. Beugungsringe an verschieden alten Schichten von CdJ$_2$. An dem Schärferwerden der Ringe ist die Rekristallisation (Bildung größerer Kristallkörner) erkennbar. Gleichzeitig orientieren sich die Kristallite, so daß einige Ringe ausfallen (Ziff. 17) (nach Kirchner).

[1] E. Rupp, Ann. d. Phys. Bd. 9, S. 458. 1931.
[2] S. Kikuchi u. K. Shinohara, Naturwissensch. Bd. 19, S. 659. 1931.

16. Auflösungsvermögen, Korngröße. Sind die einzelnen Kristallkörner sehr klein, so sinkt (Ziff. 11) das Auflösungsvermögen, die Beugungsringe werden verbreitert, genau wie bei den Röntgenstrahlen. Bei manchen Substanzen ist es möglich, am allmählichen Schärferwerden der Ringe das Wachsen der Kristallite zu verfolgen; z. B. überlagern sich (nach KIRCHNER[1]) dem zunächst sehr unscharfen Ringsystem von CdJ_2-Schichten (auf Zelluloidmembrane aufgedampft) allmählich scharfe Ringe, während die unscharfen schwächer werden und schließlich verschwinden (s. Abb. 17); daran kann man verfolgen, wie sich zunächst einige größere Körner bilden, die dann auf Kosten der kleinen weiterwachsen, bis sie diese ganz verzehrt haben. zu

Man kann auch an massiven Stücken wenigstens die Struktur der Oberfläche studieren, indem man schnelle Elektronen streifend auffallen läßt (wie bei der Anordnung von G. P. THOMSON, Abb. 9). Auf der dahinter aufgestellten photographischen Platte erhält man natürlich nur ein System von Halbringen (da die andere Hälfte abgeblendet wird); aus der Schärfe der Ringe kann man wieder Schlüsse auf die Größe der Kristallite ziehen. Doch ist zu beachten, daß bei flachem Einfall nur die äußersten Spitzen der Unebenheiten der Oberfläche von den Elektronen getroffen werden, also zur Beugung beitragen. Je glatter die Oberfläche, desto kleiner sind diese „wirksamen Teile"; sie können mitunter kleiner sein als die Kristallite selbst, so daß die Ringe stark verbreitert werden und eine zu geringe Korngröße vorgetäuscht wird. Die ungenügende Berücksichtigung dieses Umstandes ist wohl die Ursache gewisser Meinungsverschiedenheiten[2].

17. Teilweise orientierte Schichten („Faserstruktur"). Die im vorigen Abschnitt erwähnte Rekristallisation aufgedampfter Schichten ist oft von einer Orientierung der Kristallite begleitet (siehe Abb. 17), derart, daß sie alle mit einer bestimmten Netzebene zur Unterlage parallel, sonst jedoch völlig ungeordnet sind. Solange man nur an dieser Netzebene reflektierte Strahlen untersucht, verhalten sich solche Niederschläge wie Einkristalle. Tatsächlich sind die in Ziff. 6 erwähnten Untersuchungen von RUPP an derartigen Niederschlägen gemacht worden.

Bei Durchstrahlung senkrecht zu ihrer Ebene liefern solche Schichten, da ja alle Richtungen in der Ebene gleichwertig sind, gleichmäßig geschwärzte Kreise; doch unterscheidet sich das Bild von dem gewöhnlichen Debye-Scherrer-Diagramm der (nichtorientierten) Substanz dadurch, daß viel weniger Kreise auftreten. Denn die einzelnen Kristallite sind ja hier alle in gleicher Weise zum Strahl orientiert; irgendeine Netzebene bildet also immer denselben Winkel zum Strahl, und wenn die BRAGGsche Bedingung nicht zufällig erfüllt ist (die Elektronen nicht die richtige Geschwindigkeit haben), so tritt eben keine oder nur sehr schwache Reflexion an dieser Netzebene auf. Diese Gleichorientierung der Kristallite zum Strahl wird aufgehoben, wenn man die Folie gegen ihn neigt; es treten dann mehr Ringe hervor; andreseits sind die Ringe dann nicht mehr am ganzen Umfang gleichmäßig geschwärzt. Man kann diese Veränderungen sehr gut an Abb. 18 verfolgen (Aufnahmen von F. KIRCHNER[3] an Kadmiumjodid). Für eine genaue Diskussion müßte man die (ziemlich komplizierte) Gitterstruktur von CdJ_2 heranziehen; zum prinzipiellen Verständnis genügen folgende Überlegungen. Das CdJ_2 kristallisiert in dünnen Blättchen, die alle parallel zur Unterlage, aber sonst völlig regellos liegen (wie auf dem Tisch verstreute Spielkarten). Vernachlässigt man zunächst die Dicke der einzelnen

[1] F. KIRCHNER, ZS. f. Phys. Bd. 76, S. 576. 1932.
[2] Zwischen F. KIRCHNER u. G. P. THOMSON, Nature Bd. 129, S. 545. 1932.
[3] F. KIRCHNER, Naturwissensch. Bd. 20, S. 123. 1932; ZS. f. Phys. Bd. 76, S. 576. 1932.

Blättchen, betrachtet sie also als Kreuzgitter, so wird man bei senkrechtem Einfall dasselbe Bild erwarten, wie wenn man *ein* Kreuzgitter während der Exposition in seiner Ebene herumdreht, also ein System von konzentrischen Kreisen. Beim Neigen der Folie werden die Kreise in Ellipsen deformiert, wie man aus den Kreuzgittergleichungen leicht entnehmen kann. Betrachten wir

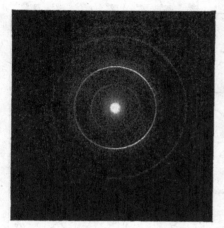

anderseits ein völlig ungeordnetes Aggregat von CdJ_2-Kriställchen *endlicher* Dicke, so wird uns das ein System von Debye-Scherrer-Ringen liefern, in dem alle Strahlen enthalten sind, die der Braggschen Bedingung genügen. Das wirkliche Beugungsbild muß nun außerdem der obenerwähnten Kreuzgitterbedingung genügen; in Wirklichkeit werden also gebeugte Strahlen nur dort auftreten, wo eine „Kreuzgitterellipse" und ein Debye-Scherrer-Ring einander schneiden. Das kann man auch tatsächlich in Abb. 18 deutlich erkennen.

Bei der Verformung von Metallen erfolgt im allgemeinen ebenfalls eine teilweise Ausrichtung der Kristallite. Diese Erscheinungen sind wegen ihrer großen technischen Bedeutung mit Röntgenstrahlen vielfach und eingehend studiert worden; bei der Elektronenbeugung spielen sie hauptsächlich die Rolle einer Fehlerquelle bei Intensitätsmessungen, da es sehr leicht vorkommt, daß die dünnen Metallfolien beim Auffangen und Trocknen (Ziff. 23) ungleichmäßig gedehnt werden. Eine ausführliche Diskussion der verschiedenen Typen orientierter Schichten und ihrer Beugungserscheinungen findet sich am Schluß der oben zitierten Arbeit von F. Kirchner.

18. Beugung an Gasatomen. Läuft ein Elektron an einer ruhenden Punktladung vorbei, so beschreibt es eine Hyperbel. Schickt man einen Strahl von Elektronen durch einen Haufen von regellos angeordneten Punktladungen, so er-

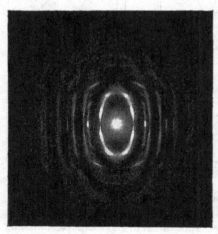

Abb. 18. Beugung an CdJ_2 (dieselbe Schicht wie Abb. 17 unten). Folie geneigt; oben 5°, unten 60° Winkel zwischen Strahl und der Normalen auf die Folie (nach Kirchner).

gibt sich klassisch für die Winkelverteilung der abgelenkten Elektronen die Rutherfordsche Formel $J = J_0 \dfrac{e^2 E^2}{4 m^2 v^4 r^2} \cdot \dfrac{1}{\sin^4 \vartheta/2}$ (J Zahl der pro Sekunde durch den cm² hindurchtretenden Elektronen, E Größe der Punktladung). Die wellenmechanische Berechnung der Beugung der de Broglie-Welle eines Elektrons in einem Coulombschen Kraftfeld ergibt *genau* die gleiche Formel[1]; in diesem Falle ist also der Wellencharakter der Elektronen ohne Einfluß auf die Winkelverteilung.

[1] W. Gordon, ZS. f. Phys. Bd. 48, S. 180. 1928.

Nun handelt es sich aber bei der Streuung von langsamen Elektronen in Gasen nicht um Ablenkung durch Punktladungen; die Kraft, die ein Elektron von einem Gasatom erfährt, nimmt mit einer viel höheren als der zweiten Potenz des Abstandes ab, so daß man in erster Näherung das Atom als starre Kugel ansehen kann. In diesem Falle ist aber zweifellos ein Einfluß der Wellennatur der Elektronen zu erwarten, wie das optische Analogon (Beugungsringe im Nebel) unmittelbar lehrt.

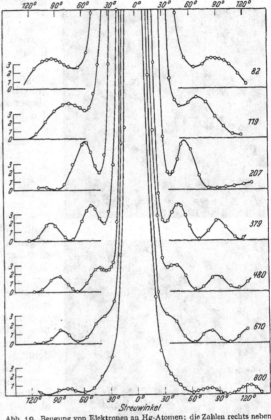

Vor allem ist zu erwarten, daß die Gesamtzahl der gestreuten Elektronen bei kleinen Geschwindigkeiten stark abnimmt, entsprechend dem RAYLEIGHschen Gesetz, wonach bei der Streuung von Licht an Teilchen, die klein sind gegen die Wellenlänge λ, die Streuintensität bei wachsender Wellenlänge mit $1/\lambda^4$ abnimmt. In der Tat ist diese Abnahme der Gesamtstreuung aus den Versuchen von RAMSAUER[1] und Mitarbeitern[1] schon lange bekannt; ELSASSER[2] hat zuerst auf die Möglichkeit einer wellentheoretischen Deutung hingewiesen.

Die Winkelverteilung der gestreuten Elektronen wurde von einer Reihe von Autoren[3] untersucht. Als Beispiel seien hier Kurven von ARNOT wiedergegeben (Abb. 19), an denen man sehr schön sehen kann, wie die Beugungsmaxima mit

Abb. 19. Beugung von Elektronen an Hg-Atomen; die Zahlen rechts neben den Kurven geben die zugehörige Voltgeschwindigkeit an.

zunehmender Elektronengeschwindigkeit immer näher an den unabgelenkten Strahl heranrücken. Die wellenmechanische Berechnung[4] steht in guter Übereinstimmung mit den Ergebnissen von ARNOT.

19. Beugung an mehratomigen Gasmolekülen. Von besonderem Interesse sind die Versuche, bei denen schnelle Elektronen an Molekülen gebeugt werden[5], da man durch sie Auskunft über den Bau des betreffenden Moleküls erhalten kann.

[1] Siehe ds. Bd. Kap. 4.   [2] W. ELSASSER, Naturwissensch. Bd. 13, S. 711. 1925.
[3] DYMOND u. WATSON, Proc. Roy. Soc. London Bd. 122, S. 571. 1929; HARNWELL, Phys. Rev. Bd. 34, S. 661. 1929; ARNOT, Proc. Roy. Soc. London Bd. 125, S. 660. 1929; Bd. 130, S. 665. 1931; GREEN, Phys. Rev. Bd. 36, S. 239. 1930; McMILL, ebenda Bd. 36, S. 1034. 1930; BULLARD u. MASSEY, Proc. Roy. Soc. London Bd. 130, S. 579. 1931.
[4] HENNEBERG, Naturwissensch. Bd. 20, S. 561. 1932.
[5] H. MARK u. R. WIERL, Naturwissensch. Bd. 18, S. 205. 1930; R. WIERL, Phys. ZS. Bd. 31, S. 366 u. 1028. 1930; Ann. d. Phys. Bd. 8, S. 521. 1931; Leipziger Vorträge 1930, S. 13.

Die Grundlage bilden die Versuche und Rechnungen von Debye und Mitarbeitern[1] über die Beugung von *Röntgenstrahlen* an einzelnen Molekülen. Da es hier — wie bei vielen ähnlichen Problemen — nur auf das Verhältnis $\frac{\sin \vartheta/2}{\lambda}$ ankommt (ϑ = Ablenkungswinkel), führen wir die Abkürzung $\varrho = \frac{4\pi}{\lambda} \sin \frac{\vartheta}{2}$ ein. Dann ergibt die Rechnung (interferenzmäßige Überlagerung der von den einzelnen Atomen gebeugten Wellen und Mittelung über alle möglichen Stellungen des Moleküls zum einfallenden Strahl) für die Richtungsverteilung der gebeugten Wellen $J_\vartheta \sim \sum\limits_i \sum\limits_k F_i(\vartheta) F_k(\vartheta) \frac{\sin \varrho x_{ik}}{\varrho x_{ik}}$, wobei x_{ik} den Abstand des $i$ten vom $k$ten Atom bedeutet. Die Bedeutung der F_i erkennt man, wenn man die Formel auf ein einzelnes Atom anwendet; es wird dann $J_\vartheta \sim F_i^2$; da die Winkelverteilung bei Streuung an einem einzelnen Atom von dessen Ladungsverteilung (,,Form") abhängt, nennt man F_i auch den Formfaktor des $i$ten Atoms.

Für ein Molekül aus zwei gleichen Atomen im Abstand $x_{12} = a$ ergibt sich $J_\vartheta \sim F^2 \cdot \left(1 + \frac{\sin \varrho \cdot a}{\varrho \cdot a}\right)$. Der Klammerausdruck ist in Abb. 20 graphisch dar-

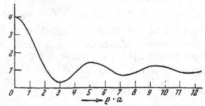

Abb. 20. Graphische Darstellung von $1 + \frac{\sin \varrho a}{\varrho a}$ *.   Abb. 21. Graphische Darstellung von $1 + 3 \frac{\sin \varrho a}{\varrho a}$ *.

gestellt; man sieht, daß Maxima und Minima auftreten, aus denen man den Atomabstand a bestimmen kann. Natürlich spielt auch der Ausdruck F^2 eine Rolle; aber wenn man rasche Elektronen verwendet, so erfolgt die Streuung praktisch nur am Kern (da erst nahe am Kern das Potential vergleichbar mit der Elektronenenergie wird); die Streuverteilung wird dann angenähert durch die klassische Rutherfordsche Formel wiedergegeben, die lediglich einen starken Abfall der Intensität nach größeren Winkeln bedingt, aber keine neuen Maxima und Minima erzeugt.

Für die praktische Durchführung derartiger Molekularstrukturuntersuchungen ist weiter der Umstand wesentlich, daß das Streuvermögen eines Kernes mit dem Quadrat der Ordnungszahl Z ansteigt. Daher kann man z. B. beim Tetrachlorkohlenstoff von der Wirkung des zentralen C-Atoms ($Z = 6$)

Abb. 22. 70 kV-Elektronen gestreut an CCl₄-Dampfstrahl. Nach Mark u. Wierl, Die exper. u. theor. Grundl. d. Elektronenbeugung. Berlin: Gebr. Borntraeger 1931.

ganz absehen und nur die vier an den Ecken eines Tetraeders angeordneten Cl-Atome ($Z = 17$) berücksichtigen. Dann ergibt sich die Intensitätsverteilung

[1] P. Debye, L. Bewilogua u. F. Ehrhardt, Phys. ZS. Bd. 30, S. 84. 1929; P. Debye, Ann. d. Phys. Bd. 46, S. 809. 1915.
* Die Zahlen an der Abszissenachse sind mit 1,5 zu multiplizieren.

für CCl_4 zu $J_\vartheta \sim F_{Cl}^2 \cdot \left(1 + 3\,\dfrac{\sin \varrho a}{\varrho a}\right)$ (a = Abstand zweier Chloratome). Der Klammerausdruck zeigt (Abb. 21) viel ausgeprägtere Maxima und Minima als der für ein zweiatomiges Molekül; daher ist auch CCl_4 sowohl von DEBYE (bei Röntgenstrahlen) als auch von MARK und WIERL (bei Elektronen) zur Prüfung der Methode benutzt worden (Abb. 22). MARK und WIERL haben dann noch eine Menge hauptsächlich organischer Verbindungen untersucht (Methodik s. Ziff. 23) und konnten in vielen Fällen die Voraussagen der Chemiker bestätigen (ebene Sechseckgestalt des Benzols, geknickte Form des Zyklohexans u. a.) und die Abmessungen der untersuchten Moleküle ziemlich genau bestimmen.

20. Strichgitter. Beugung an einem künstlichen Strichgitter ist wohl der unmittelbarste Beweis für die Wellennatur einer Strahlung; es ist daher verschiedentlich versucht worden, diese Erscheinung an Elektronenstrahlen nachzuweisen. Um trotz der kleinen Wellenlänge hinreichende Beugungswinkel zu erhalten, benützt man — nach dem Vorgange von COMPTON und DOAN[1] bei Röntgenstrahlen — kleine, fast streifende Einfallswinkel. Die Gleichung für Beugung an einem Strichgitter (Striche senkrecht zur Einfallsebene) lautet bekanntlich (s. Abb. 23) $n\lambda = d\,(\cos\vartheta_0 - \cos\vartheta)$; für kleine ϑ_0 und ϑ geht sie über in $n\lambda = \dfrac{d}{2}\,(\vartheta^2 - \vartheta_0^2) = \dfrac{d}{2}\,(\vartheta - \vartheta_0)\,(\vartheta + \vartheta_0)$;

man sieht, daß der Winkel $\vartheta - \vartheta_0$ zwischen dem reflektierten und dem gebeugten Strahl um so größer wird, je kleiner man ϑ_0 wählt, und für $\vartheta_0 = 0$ dem Grenzwert $\sqrt{\dfrac{2n\lambda}{d}}$ zustrebt.

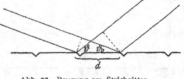

Abb. 23. Beugung am Strichgitter.
Gangunterschied = $d \cos \vartheta_0 - d \cos \vartheta$.

E. RUPP[2] benützte ein auf Spiegelmetall geteiltes Gitter von $d = 7{,}70 \cdot 10^{-4}$cm Strichabstand. Der Einfallswinkel betrug 1 bis $3 \cdot 10^{-3}$, die Geschwindigkeit der Elektronen 70 bis 310 Volt. Die reflektierten und gebeugten Elektronen wurden photographisch nachgewiesen. Die Aufnahmen zeigten neben dem reflektierten Strahl bis zu drei Beugungsstreifen, aus deren Abstand a vom reflektierten Strahl man den entsprechenden Beugungswinkel $\vartheta - \vartheta_0 = a/l$ (l Entfernung des Gitters von der Photoplatte) berechnen konnte. Der Einfallswinkel ϑ_0 konnte nicht direkt bestimmt werden; doch konnte man in Fällen, wo auf einer Aufnahme z. B. die erste und die zweite Ordnung sichtbar war, aus den beiden Gleichungen $\lambda = \dfrac{d}{2}\,\dfrac{a_1}{l}\left(\dfrac{a_1}{l} + 2\vartheta_0\right)$ und $2\lambda = \dfrac{d}{2}\,\dfrac{a_2}{l}\left(\dfrac{a_2}{l} + 2\vartheta_0\right)$ den Wert von ϑ_0 und λ bestimmen. Die so gefundenen Werte von λ stimmten tatsächlich mit den aus der DE BROGLIEschen Beziehung errechneten $\left(\lambda = \sqrt{\dfrac{150}{\text{Volt}}}\right)$ auf wenige Prozent überein.

B. L. WORSNOP[3] gelang es ebenfalls, Beugung von Elektronen an einem Strichgitter zu erhalten. Er arbeitete mit größeren Einfallswinkeln ($\vartheta_0 = \sim 1°$) und erhielt daher auch negative Beugungsordnungen (d. h. gebeugter Strahl *zwischen* dem reflektierten und dem Kristall); eine zahlenmäßige Auswertung seiner Aufnahmen wurde nicht gegeben.

21. Polarisation der Elektronenwellen. Die Hypothese von GOUDSMIT und UHLENBECK[4] schreibt dem Elektron einen Drehimpuls vom Betrag $\dfrac{1}{2}\,\dfrac{h}{2\pi}$

---

[1] A. H. COMPTON u. R. L. DOAN, Proc. Nat. Acad. Amer. Bd. 11, S. 598. 1925.
[2] E. RUPP, Naturwissensch. Bd. 16, S. 656. 1928; ZS. f. Phys. Bd. 52, S. 8. 1929.
[3] B. L. WORSNOP, Nature Bd. 123, S. 164. 1929.
[4] S. GOUDSMIT u. G. E. UHLENBECK, Naturwissensch. Bd. 13, S. 953. 1925.

zu, und ein entsprechendes magnetisches Moment $\left(\mu = \dfrac{e\,h}{4\,\pi\,m\,c}\right)$. Ein Elektron
stellt dann in einem Magnetfeld sein Moment entweder parallel oder antiparallel
zu den Kraftlinien (Richtungsquantelung). Im Bilde der Wellenvorstellung kann
man dies als eine Polarisation der Materiewellen auffassen. Ähnlich wie man
eine Lichtwelle in einem doppelbrechenden Medium in zwei Wellen mit aufein-
ander senkrecht stehenden Schwingungsebenen zerlegen muß, um ihre Fort-
pflanzung berechnen zu können, so muß man die einem Elektron entsprechende
Materiewelle in zwei Wellen zerlegen (entsprechend der parallelen und der anti-
parallelen Einstellung), die sich im Magnetfeld verschieden rasch fortpflanzen.

Abb. 24. Polarisation der Elektronenwellen
durch Streuung an Atomkernen.

Und ebenso wie man beim Licht unter Benützung
der Doppelbrechung die beiden Wellen trennen und
durch Ausblenden eine von ihnen allein erhalten
kann, so kann man bei Materiewellen von magnetischen Atomen die beiden Wellen durch die
„Doppelbrechung" eines magnetischen Feldes trennen (Stern-Gerlach-Versuch). Beim Elektron ist
allerdings wegen seiner Ladung (Lorentzkraft)
dieser Weg nicht gangbar (BOHR[1]).

Aber auf eine andere, ziemlich einfache Weise sollte es möglich sein, eine
teilweise Polarisation von Elektronenwellen zu erhalten, nämlich durch Streuung
an schweren Atomkernen. Man kann sich das so klar machen: Läuft ein schnelles
Elektron nahe an einem Atomkern vorbei, so läuft es in einem starken elektrischen
Feld senkrecht zu seiner Bewegungsrichtung (Abb. 24). In dem Bezugssystem
des Elektrons herrscht daher ein magnetisches Feld senkrecht zur Papierebene.
Hat das Elektron ein magnetisches Moment μ, so muß man zur Berechnung
seiner Bahn (rein klassisch gesprochen) zu seiner potentiellen Energie $e \cdot Z\,e/r$
im *elektrischen* Kernfeld noch die Energie $\pm\mu \cdot H$ in dem durch die Bewegung

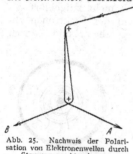

Abb. 25.   Nachweis der Polarisation von Elektronenwellen durch
Streuung an Atomkernen.

entstehenden *Magnetfeld* hinzufügen, wobei die beiden Vorzeichen den beiden entgegengesetzten Einstellungen entsprechen (analog wie bei der Theorie
der Feinstruktur). Daraus sieht man, daß diese beiden Teilwellen mit einer etwas verschiedenen Winkelverteilung gestreut werden, und daß also in irgendeiner Streurichtung ihr Verhältnis im allgemeinen
nicht mehr das ursprüngliche (nämlich 1 : 1) sein wird.
Die genaue Durchrechnung nach der DIRACschen relativistischen Theorie des Elektrons ergibt (N. F. MOTT[2]),
daß zur Erzielung möglichst hoher Polarisationsgrade
günstig ist, schnelle Elektronen an schweren Atomkernen unter annähernd rechtem Winkel zu streuen.

Zum Nachweis der erzielten Polarisation könnte eine zweite Streuung dienen; in
einer Anordnung wie Abb. 25 müßte dann der Strahl A stärker sein als Strahl B.

Die in dieser Richtung unternommenen Versuche sind zunächst größtenteils
negativ ausgefallen[3]. E. RUPP[4] fand bei Versuchen mit zwei unter flachen
Winkel reflektierenden Metallplatten Strahl B stärker als Strahl A (s. Abb. 25),
was nicht nur mit der MOTTschen, sondern mit jeder Theorie der Polarisation

[1] N. BOHR, s. Anhang zu N. F. MOTT, Proc. Roy. Soc. London Bd. 124, S. 426. 1929.
[2] N. F. MOTT, Proc. Roy. Soc. London Bd. 124, S. 426. 1929; Bd. 135, S. 429. 1932.
[3] C. H. DAVISSON u. L. H. GERMER, Nature Bd. 122, S. 809. 1928; R. T. COX, C. G. McIL-
WRAITH u. B. KURRELMEYER, Proc. Nat. Acad. Amer. Bd. 14, S. 544. 1928; C. T. CHASE,
Phys. Rev. Bd. 34, S. 1069. 1929; A. F. JOFFÉ u. A. N. ARSENIEWA, C. R. Bd. 188, S. 152.
1929; E. RUPP, ZS. f. Phys. Bd. 53, S. 548. 1929; F. KIRCHNER, Phys. ZS. Bd. 31, S. 772.
1930; G. P. THOMSON, Nature Bd. 126, S. 842. 1930.
[4] E. RUPP, Naturwissensch. Bd. 18, S. 207. 1930; ZS. f. Phys. Bd. 61, S. 158. 1930.

durch Streuung im Widerspruch steht und vielleicht durch einen Justierfehler
zu erklären ist. In späteren Versuchen fand RUPP[1] Unterschiede im erwarteten
Sinne und von recht beträchtlicher Größe (1:2 und darüber). Die Anordnung
war die folgende (Abb. 26): Ein Strahl von schnellen Elektronen (100 000 bis
220 000 Volt) fiel auf den „Reflektor" R. Die in Richtung RB gestreuten
Elektronen liefen durch das Blendensystem B und trafen auf
die Folie F, an der sie gebeugt wurden, so daß auf der photographischen Platte P ein System von Debye-Scherrer-Ringen entstand. Diese Ringe zeigten nun tatsächlich eine unsymmetrische
Intensitätsverteilung entsprechend der schematischen Andeutung
in Abb. 26 und der Reproduktion in Abb. 27. Der Betrag der
Polarisation, d. h. das Intensitätsverhältnis der beiden extremen
Strahlen konnte mangels Kenntnis der Schwärzungskurve nicht bestimmt werden, doch gibt das Verhältnis der extremen Schwärzungen
eines Ringes ein gewisst Maß dafür. Dieses Verhältnis steigt stark
mit der Spannung; es beginnt erst über 100 000 Volt sich merklich über Eins zu erheben und erreicht bei 220 000 Volt Werte
bis zu 2,5. Auch ein Gang mit der Ordnungszahl des streuenden
Elements ist im erwarteten Sinne vorhanden, die Asymmetrie

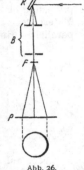

Abb. 26.
Versuchsanordnung
von RUPP zur Po-
larisation von
Elektronenwellen.

steigt vom Kupfer, wo sie noch unmerklich ist, ziemlich gleichmäßig bis zum höchsten benützten Element Thorium. Es scheint
auch, daß die Asymmetrie in den äußeren Ringen, also bei größeren
Ablenkungswinkeln, stärker hervortritt, doch kann das daran
liegen, daß die inneren Ringe stärker geschwärzt sind und die Unterschiede
dadurch nicht so stark hervortreten, da die Schwärzungskurve für schnelle
Elektronen erfahrungsgemäß stark gekrümmt ist. Im ganzen sind die von RUPP
gefundenen Asymmetrien viel größer, als nach den MOTTschen Rechnungen zu
erwarten wäre; worauf diese Diskrepanz beruht, ist noch nicht aufgeklärt.

Daß die Asymmetrie mit dem magnetischen Moment der Elektronen zu-
sammenhängt, zeigte RUPP, indem er sie auf der Strecke zwischen R und F durch
ein Magnetfeld laufen ließ. Als magnetische Kreisel müssen
sie darin eine Präzessionsbewegung um die Richtung der
Kraftlinien (Larmorpräzession) ausführen. (Die wellen-
mäßige Überlegung unter Berücksichtigung der „Doppelbrechung" des Magnetfeldes führt zum selben Ergebnis
[LANDÉ[2]].) Tatsächlich ergab ein longitudinales Magnetfeld eine Drehung der Intensitätsverteilung der Beugungsringe, die nach Richtung und Größe mit der LARMORSCHEN
Formel für Elektronen $\alpha = 2eHt/m_0 c$, $t = l/v \cdot \sqrt{1 - v^2/c^2}$
(α Drehwinkel, t Laufzeit im Feld, bezogen auf das mit
den Elektronen bewegte System, l Länge des Feldes) gut
übereinstimmt. Ein transversales Magnetfeld (gekreuzt
mit einem passenden elektrischen Feld, um Ablenkung der

Abb. 27.   Polarisation von
220 kV-Elektronen durch zwei-
malige Streuung an Gold (nach
RUPP).

Elektronen zu verhindern) senkrecht zur Einfallsebene hatte keinen Einfluß, wie zu
erwarten, da ja seine Kraftlinien mit den Spinachsen der Elektronen zusammenfallen
und also keine Präzession erfolgt. Lagen dagegen die Kraftlinien des transversalen
Feldes in der Einfallsebene, so wurde die Asymmetrie zunächst schwächer, verschwand bei einer bestimmten Feldstärke völlig und erschien bei weiterer Erhöhung
der Feldstärke wieder, aber mit entgegengesetztem Vorzeichen. Die Feldstärke, bei

¹ E. RUPP, Naturwissensch. Bd. 19, S. 109. 1931; E. RUPP u. L. SZILARD, Naturwissensch.
Bd. 19, S. 422. 1931; E. RUPP, Phys. ZS. Bd. 33, S. 158. 1932.
² A. LANDÉ, Naturwissensch. Bd. 17, S. 634. 1929.

der die Asymmetrie verschwand, hatte den Wert, bei dem nach der Rechnung die
Spinachsen sich um 90° gedreht haben mußten, so daß sie in der Flugrichtung lagen.
(Diese Feldstärke ist nicht dieselbe, die beim Longitudinalfeld zur Drehung um 90°
notwendig war, da man die Felder auf das Bezugssystem des Elektrons umrechnen
muß; dabei ergibt sich, daß das Transversalfeld um den Faktor $1/\sqrt{1 - v^2/c^2}$ größer
sein muß.) Bei noch stärkeren Feldern werden die Spinachsen um mehr als 90°
gedreht, so daß der Sinn der Asymmetrie sich umkehren muß. Es ist zu hoffen,
daß diese wichtigen Versuche von anderer Seite nachgeprüft werden.

Neuere Versuche von Langstroth[1] ergaben bis 10 kV keine merkbare Asymmetrie; dagegen fand Dymond[2] bei 70 kV einen kleinen positiven Effekt.

22. Methodisches (Intensitätsmessung usw.). Über die Herstellung von
Elektronenstrahlen ist nicht viel zu sagen, da die Methoden dafür in der Röntgen-
technik und beim Bau von Kathodenstrahloszillographen weitgehend entwickelt
worden sind. Es werden Gasentladung oder Glühemission benützt und die Elektronen durch ein oder mehrere enge Löcher ausgeblendet; eine Konzentraticns-
spule kann die Schärfe weiter verbessern.

Zur Intensitätsmessung der gebeugten Strahlen läßt man sie in einen Fara-
daykäfig laufen und mißt dessen Aufladung mit einem empfindlichen Elektrometer; dabei kann man Elektronen mit Geschwindigkeitsverlusten durch ein
Gegenfeld fernhalten, wodurch die Kurven erheblich ausgeprägter werden, da
der durch die unelastisch gestreuten Elektronen bedingte Schleier wegfällt. Einfacher ist die photographische Methode, bei der man außerdem gleich die ganze
Beugungserscheinung auf einmal erhält; dafür liefert sie natürlich keine genauen
Intensitätsangaben, um so mehr als das Schwärzungsgesetz für Elektronen ziemlich kompliziert ist. Für Vorversuche kann man oft das Beugungsbild visuell auf
einem an die Stelle der Photoplatte gestellten Leuchtschirm beobachten.

23. Material für die Beugungsversuche. Einkristalle aus Metall werden in der
gewünschten Ebene geschnitten und poliert und die durch das Polieren zerstörten
äußersten Schichten durch vorsichtiges Ätzen beseitigt. Entgasung erfolgt durch
langes Ausglühen im Vakuum mittels Elektronenbombardement; Farnsworth
dampft auf den so behandelten Kristall noch weiteres Metall im Vakuum auf und
erzielt noch bessere Gasfreiheit, wie er aus dem weiteren Schwächerwerden der halbzahligen Interferenzen (s. Ziff. 9) schließt. Statt Einkristallen kann man oft teilweise orientierte Schichten benutzen (Ziff. 17); Rupp[3] erhält solche Schichten aus
verschiedenen Metallen durch Aufdampfen auf ein Wolframblech und nachfolgendes
Glühen im Vakuum; bei manchen Substanzen (z. B. CdJ_2, Se u. a.[4]) erfolgt diese
Orientierung schon bei Zimmertemperatur mit genügender Schnelligkeit.

Metallfolien erhält Rupp[5] durch Aufdampfen des Metalls auf einen polierten
Steinsalzkristall, Ablösen in Wasser und Auffischen mit einer Lochblende. Oder
man schlägt die Substanz durch Aufdampfen oder Kathodenzerstäubung auf
einer dünnen Zelluloidschicht nieder, die in vielen Fällen das Beugungsbild
nicht wesentlich beeinflußt; sonst kann man die Zelluloidunterlage auch in
Azeton auflösen und die Folie wie oben auffangen.

Pulverförmige Substanzen werden auf einen Spalt, auf Fäden oder Netze
aufgestäubt, auch auf eine Platte, auf die die Elektronen streifend auffallen
(man erhält dann natürlich halbkreisförmige Beugungsringe). Oft erhält man
auch vom Material der Trägereinrichtung Beugungsringe, die das Bild verwirren.

[1] G. O. Langstroth, Proc. Roy. Soc. London Bd. 136, S. 558. 1932.
[2] E. G. Dymond, Proc. Roy. Soc. London Bd. 136, S. 641. 1932.
[3] E. Rupp, Ann. d. Phys. Bd. 1, S. 801. 1929.
[4] F. Kirchner, ZS. f. Phys. Bd. 76, S. 576. 1932.
[5] E. Rupp, Ann. d. Phys. Bd. 85, S. 981. 1928; ein ähnliches Verfahren hatten bereits
K. Lauch u. W. Ruppert, Phys. ZS. Bd. 27, S. 452. 1926, entwickelt.

Nimmt man dagegen eine dünne Glimmerfolie als Unterlage, so erleichtern die Interferenzpunkte des Glimmers (s. Abb. 12) unter Umständen die Ausmessung der Beugungsringe.

Bei Beugung an Gasen oder Dämpfen läßt man die Elektronen durch einen aus einer feinen Düse austretenden Strahl der Substanz hindurchlaufen, und zwar unmittelbar an der Mündung, wo die Dichte am größten ist; durch energisches Pumpen bzw. Ausfrieren verhindert man, daß der Druck im ganzen Raum zu hoch wird (MARK u. WIERL[1]).

III. Beugung von Ionenstrahlen.

24. Beugung von Protonen. Über Beugung von Ionenstrahlen liegen bisher nur wenig Ergebnisse vor, deren Deutung überdies unsicher ist. A. S. DEMPSTER[2] ließ Protonen an verschiedenen Kristallen reflektieren und fing sie auf einer photographischen Platte auf; auf der Platte zeigten sich dann eigentümliche strahlige Figuren, die wohl mit Beugung zusammenhängen dürften, deren genaue Deutung aber schon wegen ihrer Verwaschenheit sehr schwierig sein dürfte. Y. SUGIURA[3] ließ Protonen verschiedener Geschwindigkeit (290, 380 und 450 Volt) auf eine mit zerstäubtem Platin oder Wolfram bedeckte Glasplatte streifend auffallen (Abb. 28); wurde der Auffänger in der Einfallsebene verschoben, so zeigten sich Maxima und Minima der aufgefangenen Intensität. Daß eine Beugungserscheinung vorliegt, wird dadurch wahrscheinlich gemacht, daß bei Erhöhung der Spannung die Maxima und Minima näher an die Einfallsrichtung heranrücken. Jedoch wird die SUGIURAsche Deutung als Raumgitterinterferenzen (Debye-Scherrer-Ringe) — trotzdem sie zahlenmäßig ganz gut stimmt — verschiedentlich bezweifelt, da es nicht möglich scheint, daß diese langsamen Protonen hinreichend tief in das Gitter eindringen. M. v. LAUE[4] zeigte, daß auch bei Beugung an einem System völlig ungeordneter Flächengitter („Kreuzgitterpulver") solche Maxima und Minima auftreten können, wie sie SUGIURA erhalten hat; eine Entscheidung zwischen dieser und der SUGIURAschen Deutung ist zur Zeit wohl noch nicht möglich.

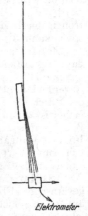

Elektrometer

Abb. 28. Anordnung von SUGIURA zur Beugung von Protonen.

IV. Beugung von Molekularstrahlen.

25. Allgemeines. Bei den Molekularstrahlen sind Beugungserscheinungen im wesentlichen an Einkristallen nachgewiesen worden. Die beobachteten Spektren sind durchweg Kreuzgitterspektren; das ist auch zu erwarten, da die Moleküle des Strahls nicht in das Kristallgitter eindringen können, im Gegensatz zu Elektronen oder Röntgenstrahlen. Die Beugung erfolgt also an der Oberfläche der Kristalle, sofern diese eine Netzebene ist, wie das bei Spaltflächen im allgemeinen der Fall ist. Daher ist auch die Beugung sehr empfindlich gegen die geringste Verunreinigung der Oberfläche, z. B. durch adsorbierte Gase.

In Übereinstimmung mit der Erfahrung sind Beugungserscheinungen nur zu erwarten, wenn man Strahlen aus leichten, schwer kondensierbaren Gasen

---

¹ Siehe R. WIERL, Ann. d. Phys. Bd. 8, S. 521. 1931.
² A. J. DEMPSTER, Phys. Rev. Bd. 34, S. 1493. 1929; Bd. 35, S. 298 u. 1405. 1930; Nature Bd. 125, S. 51 u. 741. 1930.
³ Y. SUGIURA, Sc. Pap. Inst. phys. chem. Res. Tokyo Bd. 16, S. 29. 1931.
⁴ M. v. LAUE, ZS. f. Krist. Bd. 82, S. 127. 1932.

(He, H_2) benützt. Erstens ist die Wellenlänge um so größer, je leichter das Gas ist. Denn es ist $\lambda = h/mv$ und anderseits bei derselben Temperatur mv^2 konstant, wenn v eine mittlere Geschwindigkeit der Gasmoleküle ist. Also ist bei festgehaltener Temperatur $\lambda \sim 1/\sqrt{M}$ (M = Molekulargewicht). Z. B. ist bei Zimmertemperatur (295° K) die Wellenlänge größter Intensität λ_m für H_2 $0,805 \cdot 10^{-8}$ cm, für He $0,570 \cdot 10^{-8}$ cm. Viel wesentlicher ist aber der zweite Grund, daß diese Gase schwer kondensierbar, also auch schwer adsorbierbar sind. Denn nach Langmuir wird ein Gasmolekül, das auf eine feste Oberfläche trifft, im allgemeinen von dieser zunächst adsorbiert und erst nach einer gewissen Zeit (Verweilzeit) wieder reemittiert. In diesem Falle können natürlich keine Interferenzerscheinungen zustande kommen, weil die reemittierten Moleküle mit den ankommenden nicht in Phase sind. Beugungserscheinungen sind also nur für die Moleküle zu erwarten, die nicht adsorbiert werden. Die Ergebnisse der Versuche bestätigten diese Erwartung. Die ersten Beugungserscheinungen wurden mit Strahlen von He und H_2 an Spaltflächen von Steinsalz beobachtet[1]; später zeigte es sich, daß Lithiumfluoridkristalle noch wesentlich deutlichere und intensivere Beugungserscheinungen gaben[2]. Bei den im folgenden besprochenen Versuchen handelt es sich, sofern nichts anderes bemerkt ist, stets um Beugung eines He-Strahls an einer LiF-Spaltfläche.

26. Experimentelle Methodik. Für die Durchführung dieser Versuche mußte zunächst eine Methode zur Erzeugung und zum Nachweis von Molekularstrahlen aus schwer kondensierbaren Gasen ausgearbeitet werden[3]. Die experimentelle Anordnung ist im Prinzip die folgende.

Aus einem Spalt oder Rohr (Abb. 29) O strömt das Gas in einen Raum, der durch eine Pumpe mit hoher Sauggeschwindigkeit dauernd auf so hohem

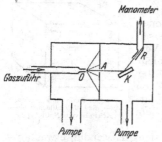

Abb. 29. Schema eines Apparates zur Beugung von Molekularstrahlen.

(ca. 10^{-3} mm) Vakuum gehalten wird, daß der größte Teil der aus O austretenden Moleküle ohne Zusammenstoß bis zum Spalt A gelangen kann. Der Spalt A läßt nur ein enges Bündel von Molekülen in den Beobachtungsraum eintreten, in dem ein so hohes Vakuum herrscht (ca. 10^{-5} mm), daß praktisch keine Zusammenstöße mehr vorkommen. Im Beobachtungsraum trifft der Strahl auf den Kristall K, an dem die Moleküle reflektiert oder gebeugt werden. Zum Nachweis und zur Intensitätsmessung des Strahles oder der vom Kristall ausgehenden gebeugten oder reflektierten Strahlen dient der Auffänger R, ein Röhrchen, durch das die Moleküle in einen im übrigen geschlossenen Raum hineinlaufen, in dem der Druck durch ein empfindliches Manometer gemessen wird. Läuft ein Strahl in den Auffänger, so steigt der Druck so lange, bis ebenso viele Moleküle pro Sekunde aus dem Auffänger entweichen, als der Strahl hineinbringt; der vom Manometer gemessene Druck ist also ein direktes Maß für die Intensität des Strahles. In den im folgenden beschriebenen Versuchen wurde ein empfindliches Hitzdrahtmanometer (verfeinertes Pirani-Manometer) verwendet. Bei den kleinen in Betracht kommenden Druckänderungen (einige 10^{-5} bis 10^{-9} mm Quecksilber) ist die Widerstandsänderung des Drahtes der Druck-

[1] Die ersten Andeutungen von Beugung gaben die Versuche von F. Knauer u. O. Stern, ZS. f. Phys. Bd. 53, S. 779. 1929; den ersten einwandfreien Beweis für Beugungserscheinungen brachten Versuche von O. Stern, Naturwissensch. Bd. 17, S. 391. 1929.

[2] I. Estermann u. O. Stern, ZS. f. Phys. Bd. 61, S. 95. 1930.

[3] F. Knauer u. O. Stern, ZS. f. Phys. Bd. 53, S. 766. 1929.

änderung streng proportional. Die Widerstandsänderung wurde in einer WHEAT-STONEschen Brücke mit Hilfe eines empfindlichen Galvanometers gemessen; der Ausschlag des Galvanometers ist unter diesen Umständen ein direktes Maß für die Intensität des Strahles.

Von den experimentellen Einzelheiten seien zwei wesentliche Punkte kurz erwähnt. Die zu messenden Drucke waren so klein, daß die Druckschwankungen im Apparat, die von derselben Größenordnung waren, eliminiert werden mußten. Dies geschah dadurch, daß ein zweites, möglichst gleiches Manometer eingebaut war, das die Druckschwankungen ebenfalls mitmachte, ohne vom Strahl getroffen zu werden. Die beiden Manometer wurden in der WHEATSTONEschen Brücke so geschaltet, daß gleiche Widerstandsänderungen, also Druckschwankungen im Apparat, nicht angezeigt wurden. Zweitens wurde die Auffangöffnung als Röhrchen oder kanalförmiger Spalt ausgebildet; dadurch wurde die Zahl der eintretenden Moleküle gegenüber einem einfachen Spalt gleicher Fläche nicht geändert, dagegen der Strömungswiderstand für die ausströmenden stark erhöht. Dadurch wurde auch der Enddruck im gleichen Verhältnis (Strömungswiderstand des kanalförmigen Spaltes: Strömungswiderstand des einfachen Spaltes) erhöht; natürlich wurde auch die zur Einstellung des Enddrucks erforderliche Zeit entsprechend länger.

Später hat T. H. JOHNSON[1] Beugungsversuche mit Wasserstoff*atomen* ausgeführt, wobei der Nachweis der Strahlen mit der bekannten WOODschen Methode (Reduktion von Wolframtrioxyd oder Molybdäntrioxyd) erfolgte. Näheres siehe S. 345.

27. Versuche mit gewöhnlichen Molekularstrahlen (mit Maxwellverteilung). Die Spaltfläche (100-Fläche) der Alkalihalogenide, die für die Beugungsversuche verwendet wurden, zeigt bekanntlich eine Anordnung der Ionen, wie sie in Abb. 30 dargestellt ist. Sieht man zunächst von der Verschiedenheit der Ionen ab, so bilden sie ein quadratisches Kreuzgitter, dessen Hauptachsen den Würfelkanten parallel sind. Die Versuche zeigten aber, daß die Ionen für die Beugung nicht gleichwertig sind; das Elementargitter ist also das Gitter der gleichnamigen Ionen, dessen Hauptachsen den Diagonalen der Würfelfläche parallel sind. Dieses Gitter ist im folgenden stets gemeint, wenn wir von dem Kreuzgitter der Kristallspaltfläche reden.

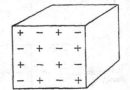

Abb. 30. Anordnung der Ionen auf der Würfelfläche eines Kristalls vom NaCl-Typus.

Für das Verständnis der folgenden Versuche ist es notwendig, etwas ausführlicher auf die räumliche Anordnung der von einem Kreuzgitter gebeugten Strahlen einzugehen.

Wir betrachten ein quadratisches Kreuzgitter, legen die X- und Y-Achse eines kartesischen Koordinatensystems in die beiden Hauptachsen des Gitters und den Nullpunkt in den Durchstoßpunkt des einfallenden Strahles. Bildet dieser die Winkel $\alpha_0, \beta_0, \gamma_0$ mit der X-, Y- und Z-Achse, so ist die Richtung eines gebeugten Strahles (α, β, γ) bestimmt durch die Gleichungen $\cos\alpha_0 - \cos\alpha = n_1 \lambda/d$, $\cos\beta_0 - \cos\beta = n_2 \lambda/d$ (λ Wellenlänge, d Gitterkonstante, n_1 und n_2 ganze Zahlen). Jeder gebeugte Strahl ist also die Schnittgerade zweier Kegel um die X- bzw. Y-Achse mit der Spitze im Nullpunkt und dem halben Öffnungswinkel α bzw. β.

Wir betrachten zunächst den Spezialfall, daß die Einfallsebene die XZ-Ebene ist, wie das in den folgenden Versuchen meist der Fall war. Dann ist $\beta_0 = 90°$, $\cos\beta_0 = 0$.

---

[1] T. H. JOHNSON, Phys. Rev. Bd. 35, S. 1299. 1930; Bd. 37, S. 848. 1931.

Der reflektierte Strahl entspricht natürlich den Ordnungszahlen $n_1 = n_2$ $= 0$ $(\alpha = \alpha_0, \beta = \beta_0)$, d. h. er ist die Schnittgerade des α-Kegels (Kegel um die X-Achse mit dem halben Öffnungswinkel α), wobei jetzt $\alpha = \alpha_0$ ist, und des β-Kegels, der in diesem Falle zur XZ-Ebene ausartet. Die intensivsten und daher am meisten untersuchten Spektren entsprechen den Ordnungen $n_1 = 0$, $n_2 = \pm 1$. Die gebeugten Strahlen liegen in diesem Falle alle auf dem α-Kegel

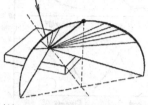

mit der Öffnung α_0. Ihre Lage auf dem Kegel hängt von ihrer Wellenlänge, also ihrer Geschwindigkeit, ab. Betrachten wir Moleküle mit der Geschwindigkeit v, so ist ihre Wellenlänge $\lambda = h/mv$ und $\cos\beta = \pm \lambda/d = \pm h/mvd$, d. h. jeder Geschwindigkeit v entspricht ein bestimmter Wert von β. Der Kegel mit diesem Winkel um die Y-Achse

Abb. 31. Lage der Beugungsspektra (0, ±1) (Kristall in Normalstellung).

schneidet den $\alpha = \alpha_0$-Kegel in einer Geraden, die die Richtung der gebeugten Strahlen für die Moleküle mit der Geschwindigkeit v darstellt. Damit überhaupt eine Schnittgerade zustande kommt, muß $\beta > 90° - \alpha$ sein, also $\lambda < d \cdot \sin\alpha_0$; für größere Wellenlängen, also langsamere Moleküle, kommt kein gebeugter Strahl mehr zustande. Nun sind in einem Molekularstrahl alle möglichen Geschwindigkeiten enthalten; wir haben also überall auf dem Kegel gebeugte Moleküle zu erwarten. Die Intensität an irgendeiner Stelle des Kegels entspricht der Häufigkeit, mit der die Moleküle der betreffenden Geschwindigkeit im auffallenden Strahl enthalten sind; vorausgesetzt, daß das Beugungsvermögen von der Wellenlänge unabhängig ist, was

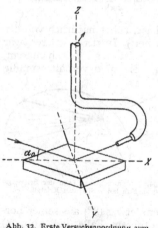

durch die Versuche als annähernd richtig erwiesen wird. Diese Intensität ist in der Nähe des reflektierten Strahles sehr klein, weil nach der Maxwellschen Verteilung nur wenig Moleküle mit so hoher Geschwindigkeit (kleiner Wellenlänge) vorhanden sind; sie steigt mit zunehmendem Abstand vom gespiegelten Strahl bis zu einem Maximum, das ungefähr der wahrscheinlichsten Geschwindigkeit entspricht, und nimmt dann wieder ab (Abb. 31).

Die ersten Versuche, in denen die wesentlichen Züge der Kreuzgitterbeugung festgestellt wurden[1], erfolgten mit einer Anordnung, deren Prinzip in der schematischen Abb. 32 dargestellt ist. Der Strahl fiel unter dem Einfallswinkel α_0 auf den Kristall, der Auffänger stand zunächst so, daß er den gespiegelten Strahl aufnahm. Der Auffänger war um die Z-Achse drehbar. Wurde nichts

Abb. 32. Erste Versuchsanordnung zum Nachweis der Beugung von Molekularstrahlen.

anderes gemacht, als diese Drehung ausgeführt, so ist nicht zu erwarten, daß gebeugte Strahlen in den Auffänger gelangen, da sie ja auf einem Kegel um die X-Achse liegen, also um so näher an der Kristallfläche, je größer ihre Wellenlänge ist. Daher mußte der Kristall um die Y-Achse gekippt werden, und zwar um so mehr, je mehr der Auffänger verdreht wurde; der Einfallswinkel war also für jeden Punkt der Beugungskurve ein anderer, und zwar gleich dem Einfallswinkel α_0 für den gespiegelten Strahl vermehrt um den jeweiligen Kippwinkel des Kristalls. Diese unbequeme Anordnung ergab sich aus

[1] O. Stern, Naturwissensch. Bd. 17, S. 391. 1929; I. Estermann u. O. Stern, ZS. f. Phys. Bd. 61, S. 95. 1930.

der Entwicklung der Apparatur. Sie gibt aber gerade einen guten Beweis dafür, daß Beugung an einem Kreuzgitter vorliegt; denn es zeigte sich, daß der Kristall tatsächlich gerade um den Betrag gekippt werden mußte, der sich aus der Annahme berechnet, daß die gebeugten Strahlen auf einem Kegel um die X-Achse mit dem Einfallswinkel als Öffnungswinkel liegen. Man kann das deutlich an den Kurven (Abb. 33) erkennen, die Messungen mit konstanter Kippung wiedergeben; in diesen wie in allen folgenden Kurven ist die Ordinate die Strahlintensität, gemessen durch den Galvanometerausschlag in Zentimeter; die Abszisse ist die Drehung des Auffängers in Graden, wobei 0° der Stellung entspricht, wo der Auffänger den gespiegelten Strahl aufnimmt. Bei der in der untersten Kurve wiedergegebenen Messung wurde der Kristall überhaupt nicht gekippt; dementsprechend wurde nur der reflektierte Strahl gefunden, von den Beugungsmaxima nur ganz schwache An-

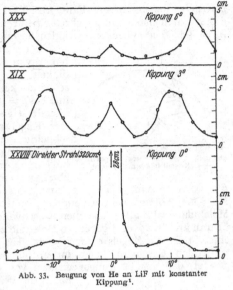

Abb. 33. Beugung von He an LiF mit konstanter Kippung[1].

deutungen. (Daß ihre Intensität nicht gleich Null ist, rührt natürlich von der endlichen Breite des Strahles und des Auffängers her.) In der mittleren war der Kristall um 3° gekippt; der reflektierte Strahl ist fast verschwunden, während die Beugungsmaxima stark hervortreten. Sie sind verhältnismäßig schmal, weil nur diejenigen gebeugten Strahlen gemessen werden, für die die Kippung des Kristalls den richtigen Wert hat. Das sieht man sehr deutlich bei der dritten Beugungskurve, bei der die Kippung auf 6° vergrößert wurde; die Maxima der Beugungskurve sind dementsprechend nach größeren Winkeln gerückt.

Einen weiteren Beweis dafür, daß es sich wirklich um Kreuzgitterspektren handelt,

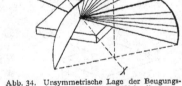

Abb. 34. Unsymmetrische Lage der Beugungsspektra bei verdrehtem Kristall.

zeigt ein Versuch, bei dem der Kristall in seiner Ebene etwas (8°) aus seiner normalen Stellung verdreht war. Die Theorie ergibt in diesem Falle (vgl. Abb. 34) eine starke Asymmetrie der Beugungskurve zu beiden Seiten des reflektierten Strahles, derart, daß die erforderlichen Kippwinkel auf der einen Seite fast Null sind, auf der anderen stark ansteigen. Das Resultat dieses Versuches, das in Abb. 35 wiedergegeben ist, steht in völliger Übereinstimmung mit der Theorie. Bei jedem Drehwinkel des Auffängers wurde durch Probieren die günstigste Kippung ermittelt und bei dieser gemessen; in der Kurve wurde zu jedem Meßpunkt der entsprechende Kippwinkel dazugeschrieben. Auch die

---

[1] Diese und die folgenden Abbildungen stammen größtenteils aus den Arbeiten von I. ESTERMANN u. O. STERN, ZS. f. Phys. Bd. 61, S. 95. 1930, und I. ESTERMANN, R. FRISCH u. O. STERN, ZS. f. Phys. Bd. 73, S. 348. 1931.

Unsymmetrie in der Intensität ist in Übereinstimmung mit der Theorie; doch soll auf die diesbezügliche, etwas komplizierte Überlegung nicht näher eingegangen werden.

28. Bestätigung der de Broglieschen Formel. Die de Brogliesche Formel $\lambda = h/mv$ wurde bestätigt, indem die Lage des Beugungsmaximums gemessen wurde bei verschiedenen Strahltemperaturen (Variation von v) und bei verschiedenen Gasen (He, H_2, Variation von m). Bei den im folgenden wiedergegebenen Spektren handelt es sich stets um die oben besprochenen Spektren der Ordnung 0, ± 1; der einfallende Strahl lag in der XZ-Ebene. Die Intensität der gebeugten Strahlen wurde stets bei der günstigsten Kippung gemessen. Wie in Abb. 33 ist Ordinate die Intensität des Strahles (Galvanometerausschlag in Zentimeter), die Abszisse der Drehwinkel des Auffängers, von der Spiegelungsstellung aus gerechnet. Bei

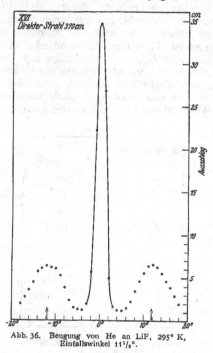

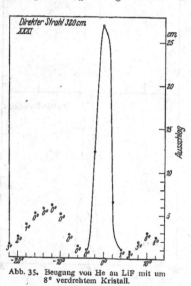

Abb. 35. Beugung von He an LiF mit um 8° verdrehtem Kristall.

Abb. 36. Beugung von He an LiF, 295° K, Einfallswinkel 11½°.

den benützten kleinen Einfallswinkeln ist dieser Drehwinkel praktisch $= 90° - \beta$, also $= \lambda/d$, da $\cos\beta = \sin(90° - \beta) = \lambda/d$ ist.

Abb. 36 gibt das Ergebnis einer Messung wieder, die die Beugung eines Helium-Atomstrahls von Zimmertemperatur an einem LiF-Kristall zeigt (Einfallswinkel 11½°). Man sieht in der Mitte den gespiegelten Strahl, zu beiden Seiten die der Maxwellverteilung entsprechenden Beugungsspektren. Die Lage der Beugungsmaxima stimmt innerhalb der Versuchsgenauigkeit von 1° mit der berechneten überein, die hier wie in allen folgenden Figuren durch einen Pfeil gekennzeichnet ist. Denn es ist für Helium von Zimmertemperatur $\lambda_m = 0,57$, die Gitterkonstante des Oberflächengitters (s. S. 339) von LiF $2,85 \cdot 10^{-8}$ cm, also $\lambda/d = 0,20$, was entsprechend der obigen Näherung einem Drehwinkel von 11½° entspricht (die genaue Rechnung ergibt 11¾°). Wie man aus Abb. 36 entnimmt, liegt der gefundene Wert bei 12°. Bei Heizung des Strahls auf 580° K rückten die Beugungsmaxima im erwarteten Betrage an den gespiegelten Strahl heran (Abb. 37); Lage der Beugungsmaxima berechnet $8^1/_2°$, gefunden $8^3/_4°$. Ebenso ergab ein Versuch mit H_2-Molekülen von 580° K Übereinstimmung mit der Theorie (Abb. 38); berechnet $11^3/_4°$, gefunden 12°. Der Zahlenwert des Beugungswinkels ist für H_2 von 580° derselbe[1] wie für He von 290°. Dagegen ergab ein Versuch mit H_2 von Zimmertemperatur, daß das Beugungsmaximum wesentlich näher am reflektierten Strahl lag als berechnet (Abb. 38); berechnet $16^3/_4°$, gefunden $14^1/_2°$. Diese Abweichung ist aber hier zu erwarten, da für diesen flachen Einfallswinkel von $11^1/_2°$ bei H_2 von Zimmertemperatur die Wellenlängen schon zu groß sind; denn wie oben auseinandergesetzt, gibt es für jeden Einfallswinkel eine Grenze für die Wellenlänge derart, daß für größere Wellenlängen gar kein gebeugter Strahl mehr zustande kommt. In unserem Falle liegt λ_m schon sehr nahe an dieser Grenze, und infolge der Unschärfe des Strahles werden auch kürzere Wellen schon merklich geschwächt, so daß das Maximum nach kürzeren Wellenlängen hin, also an den gespiegel-

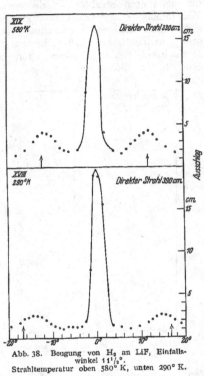

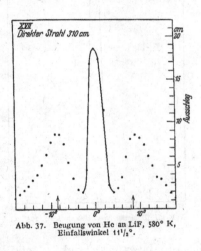

Abb. 37. Beugung von He an LiF, 580° K, Einfallswinkel $11^1/_2°$.

Abb. 38. Beugung von H_2 an LiF, Einfallswinkel $11^1/_2°$. Strahltemperatur oben 580° K, unten 290° K.

ten Strahl heran, verschoben wird. Dieser Effekt muß verschwinden, sobald man mit größerem Einfallswinkel arbeitet. Versuche, die mit einem Einfallswinkel von $18^1/_2°$ durchgeführt wurden, bestätigten dies durchaus; das Beugungsmaximum lag, wie berechnet, bei 17°. Abb. 39 gibt eine Zusammenstellung der beim Einfallswinkel $18^1/_2°$ gemachten Versuche. Wie man sieht, besteht Übereinstimmung zwischen berechneten und gefundenen Beugungswinkeln, mit Ausnahme der Kurve für He von 100° K, wo eben die Wellenlängen selbst für diesen Einfallswinkel zu groß waren. In Tabelle 3 sind die Ergebnisse aller dieser Messungen zusammengestellt; sie bilden eine vollständige Bestätigung der DE BROGLIEschen Gleichung $\lambda = h/mv$ sowohl bezüglich der Abhängigkeit der Wellenlänge von Masse und Geschwindigkeit als auch bezüglich der Absolutwerte selbst.

---

[1] Es ist $mv^2 \infty T$, also $v \sim \sqrt{\dfrac{T}{m}}$, also $mv \sim \sqrt{mT}$.

S50 253

344 Kap. 5. R. Frisch und O. Stern: Beugung von Materiestrahlen. Ziff. 29.

Tabelle 3.

Einfallswinkel	Gas	Strahl-temperatur	Ort des Maximums		Kurve
			berechnet	gefunden	
$11^1/_2{}^\circ$	He . . . . . {	290° K	$11^3/_4{}^\circ$	12°	XVI
		580	$8^1/_2$	$8^3/_4$	XVII
	H_2 . . . . . {	290	$16^3/_4$	$14^1/_2$ *	XVIII
		580	$11^3/_4$	12	XIX
$18^1/_2{}^\circ$	He . . . . . {	100	21	$15^1/_2$ *	XXI
		180	$15^1/_2$	$14^1/_2$	XXII
		290	12	$11^1/_2$	XXIII
		590	$8^3/_4$	9	XXIV
	H_2 . . . . . {	290	17	17	XXV
		580	12	11	XXVI

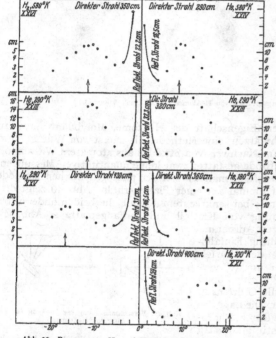

Abb. 39. Beugung von He und H_2 an LiF, Einfallswinkel $18^1/_2{}^\circ$.

29. Spektren anderer Ordnungen. Die oben besprochenen Spektren der Ordnung $(0, \pm 1)$ sind zwar die bei weitem intensivsten, doch konnten auch mehrere andere Ordnungen nachgewiesen werden. Z. B. wurden in der obigen Arbeit noch die Spektren in der Einfallsebene untersucht, wobei der Kristall um 45° in seiner Ebene verdreht war [also der Ordnungen $(\pm 1, \pm 1)$]. Es sind dies einfach die üblichen Spektren eines Strichgitters, dessen Striche senkrecht zur Einfallsebene stehen, wobei die Gitterkonstante $d/\sqrt{2}$ ist[1]. Es wurde die Beugung eines He-Strahls von 100° K und 290° K untersucht, wobei der Einfallswinkel von 10 bis 70° variiert wurde. Diese Spektren waren nicht so sauber und intensiv wie die vorher besprochenen; innerhalb der dadurch bedingten Meßgenauigeit (von etwa 10%) lagen die gefundenen Maxima an den berechneten Stellen. Bei flachem Einfallswinkel fehlt das Beugungsmaximum, das näher an der Kristalloberfläche liegt (da dafür $\sin\gamma > 1$ würde), und tritt in Übereinstimmung mit der Theorie erst bei etwa 50° Einfallswinkel auf.

* Abweichung theoretisch zu erwarten (s. Text).

[1] Aus den Grundformeln $\cos\alpha - \cos\alpha_0 = \pm\lambda/d$, $\cos\beta - \cos\beta_0 = \pm\lambda/d$ folgt, da im obigen Falle $\alpha_0 = \beta_0$ ist, sofort, daß auch $\alpha = \beta$ ist, daß die Spektren also tatsächlich in der Einfallsebene liegen. Ferner ist $\sin\gamma_0 = \sqrt{\cos^2\alpha_0 + \cos^2\beta_0} = \sqrt{2} \cdot \cos\alpha_0$, also $\sin\gamma = \sqrt{2} \cdot \cos\alpha = \sqrt{2} \cdot \left(\cos\alpha_0 \pm \dfrac{\lambda}{d}\right) = \sin\gamma_0 \pm \dfrac{\lambda}{d/\sqrt{2}}$; dies ist die Formel für die Beugung an einem Strichgitter mit der Gitterkonstante $d/\sqrt{2}$.

In der Normalstellung des Kristalls (Einfallsebene durch Flächendiagonale) wurden diese Spektren nicht beobachtet; in dieser Lage scheinen überhaupt außer den sehr intensiven $(0, \pm 1)$ Spektren keine anderen Ordnungen mit merklicher Intensität aufzutreten [außer der Ordnung $(0, \pm 2)$, s. Abb. 45]. Verdreht man den Kristall um $45°$, so wurden außer den eben besprochenen Spektren der Ordnung $(\pm 1, \pm 1)$ (in der Einfallsebene) noch mit ebenfalls geringer Intensität die schrägliegenden Spektren der Ordnung $(0, \pm 1)$ und $(\pm 1, 0)$ gefunden, während die quer zur Einfallsebene liegenden Ordnungen $(\pm 1, \mp 1)$ fehlen[1].

Später hat T. H. Johnson[2] Beugung der de Broglie-Wellen für einen Strahl von H-Atomen an LiF nachgewiesen. Der Nachweis erfolgte auf Grund der

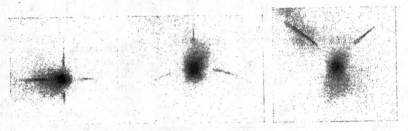

Abb. 40. Beugungsspektren von H-Atomen an LiF (nach Johnson).

von R. W. Wood entdeckten Eigenschaft der H-Atome, Molybdäntrioxyd zu reduzieren und damit zu schwärzen, eine Methode, die zuerst von Wrede[3] und von Phipps und Taylor[4] zum Nachweis von Strahlen aus atomarem Wasserstoff verwendet wurde. Diese Methode gestattet zwar keine quantitativen Messungen, besitzt aber dafür den Vorteil, daß man wie bei der photographischen Methode das ganze Beugungsbild auf einmal auf einer Platte erhält. Abb. 40 zeigt drei derartige Aufnahmen, die erste bei senkrechtem Einfall, die beiden anderen bei $45°$ Einfallswinkel (Anordnung von Kristall und Auffangeplatte s. Abb. 41). Und zwar war bei der zweiten Aufnahme der Kristall in der Normalstellung (Einfallsebene durch die Diagonale der Würfelfläche), in der dritten war er um $45°$ verdreht. In Übereinstimmung mit den oben referierten Versuchen sind die Ordnungen $(0, \pm 1)$ und $(\pm 1, 0)$ zu sehen. Die Lage des Beugungsmaximums wurde durch Photometrieren der Aufnahmen bestimmt und lag

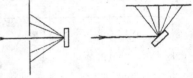

Abb. 41. Versuchsanordnung von Johnson zur Beugung von H-Atomen.

recht genau ($31,6°$ statt berechnet $32,7°$) an der berechneten Stelle. In Anbetracht der der Methode anhaftenden Unsicherheiten (Untergrund, Schwärzungsgesetz) ist dieser genauen Übereinstimmung, wie der Autor selbst betont, kein besonderes Gewicht beizulegen; doch ist die Übereinstimmung innerhalb der Versuchsfehler jedenfalls durchaus sichergestellt.

30. Monochromasierung der Molekularstrahlen durch Beugung. Während bei den bisher referierten Versuchen mit gewöhnlichen Molekularstrahlen mit Maxwellscher Geschwindigkeitsverteilung gearbeitet wurde, wurden in einer

---

[1] Noch nicht veröffentlichte Untersuchungen von R. Frisch und O. Stern.

[2] T. H. Johnson, Phys. Rev. Bd. 35, S. 1299. 1930; Bd. 37, S. 847. 1931.

[3] E. Wrede, ZS. f. Phys. Bd. 41, S. 569. 1927.

[4] T. E. Phipps u. J. B. Taylor, Phys. Rev. Bd. 29, S. 309. 1927.

späteren Arbeit[1] Strahlen einheitlicher Geschwindigkeit verwendet, die Molekularstrahlen „monochromasiert". Natürlich ist es nicht möglich, streng monochromatische Strahlen herzustellen, sondern es wurde nur ein bestimmter Wellenlängen- bzw. Geschwindigkeitsbereich ausgegrenzt. Dazu wurden zwei Methoden benutzt, die Monochromasierung durch Beugung und die mechanische Monochromasierung.

Das Prinzip der Monochromasierung durch Beugung ist folgendes: Ein gewöhnlicher Molekularstrahl mit Maxwellverteilung fiel auf eine LiF-Spaltfläche; aus dem Beugungsspektrum wurde ein Strahl bestimmter Richtung, also bestimmter Wellenlänge, ausgeblendet; die gelungene Monochromasierung wurde durch Beugung an einem zweiten Kristall nachgewiesen.

Hätte man die Monochromasierung mit dem Kristall so vorgenommen, daß man mit einem beweglichen Spalt aus dem vom Kristall ausgehenden Strahlenbüschel die verschiedenen Wellenlängen ausblendete, so hätte man auch den zweiten Kristall, auf den dieser Strahl fiel, und den Auffänger bewegen müssen, und zwar in recht komplizierter Weise. Diese Schwierigkeit wurde durch die folgende Anordnung umgangen, bei der nur die Kristalle gedreht wurden, während alles andere fest blieb.

Um das Prinzip dieser Anordnung klarzumachen, betrachten wir zunächst nur einen Kristall. Der Kristall sei so zum einfallenden Strahl orientiert, daß die Einfallsebene seine Oberfläche in einer Flächendiagonale des Kristalls, d. h. in einer Hauptachse des Oberflächengitters gleichnamiger Ionen schneidet. Wie früher sei diese die X-Achse, die dazu senkrechte die Y-Achse; die Winkel des einfallenden Strahls mit diesen beiden Achsen seien α_0 und β_0, die des austretenden Strahles α und β. Bei dieser Orientierung ist also $\beta_0 = 90°$, α_0 der Einfallswinkel (das Komplement des Winkels mit dem Einfallsslot). Für den gebeugten Strahl gelten sodann die Gleichungen $\cos\alpha = \cos\alpha_0 \pm n_1\frac{\lambda}{d}$, $\cos\beta = \cos\beta_0 \pm n_2\frac{\lambda}{d}$. Wie früher wurden die Spektren benutzt, für die $n_1 = 0$, also $\cos\alpha = \cos\alpha_0$, $\alpha = \alpha_0$ ist; sie liegen alle auf dem Kegel $\alpha = \alpha_0$ um die X-Achse.

Dies bleibt auch dann der Fall, wenn der Kristall um die X-Achse gedreht wird, da α_0 und α hierbei nicht geändert werden. Wenn man den Auffänger zunächst, d. h. für die Stellung $\beta_0 = 90°$, so stellt, daß er den gespiegelten Strahl aufnimmt (also β auch gleich $90°$), und dann den Kristall um die X-Achse dreht, so bekommt man nacheinander alle auf dem Kegel $\alpha = \alpha_0$ liegenden gebeugten Strahlen in den Auffänger. Denn man ändert dabei β_0 und damit in gleicher Weise auch β für den in den Auffänger gelangenden Strahl, weil in jeder Lage des Kristalls $\beta + \beta_0 = 180°$ ist. Die Wellenlänge, die bei einer bestimmten Drehung des Kristalls, also einem bestimmten Wert von β_0, in den Auffänger gelangt, ist für die erste Ordnung ($n_2 = \pm 1$) der Beziehung $\cos\beta = \cos\beta_0 \pm \lambda/d$ gemäß $\lambda = |2d \cdot \cos\beta_0|$. Bezeichnet man mit φ den Winkel, um den man den Kristall aus der spiegelnden Lage gedreht hat, so ist $\cos\beta_0 = \sin\varphi \sin\alpha_0$, also $\lambda = 2d |\sin\varphi| \cdot \sin\alpha_0$. Bei den folgenden Versuchen war stets $\mathrm{tg}\,\alpha_0 = 1/3$, d. h. $\sin\alpha_0 = 1/\sqrt{10}$, ferner ist für Lithiumfluorid $d = 2{,}845 \cdot 10^{-8}$ cm, also $\lambda = |\sin\varphi| \cdot 1{,}80_1 \cdot 10^{-8}$ cm.

Wenn man nun an Stelle des Auffängers einen festen Spalt anbringt, so gehen durch diesen bei Drehen des Kristalls (im folgenden als erster Kristall bezeichnet) nacheinander Strahlen von verschiedener Wellenlänge, aber fester Richtung. Den so erzeugten Strahl läßt man auf einen zweiten Kristall fallen, der ebenfalls um seine X-Achse drehbar ist, und analysiert die von diesem ge-

[1] I. Estermann, R. Frisch u. O. Stern, ZS. f. Phys. Bd. 73, S. 348. 1931.

beugten Strahlen in gleicher Weise mit einem festen Auffänger. Diese Anordnung ist in Abb. 42 schematisch dargestellt.

Abb. 43 stellt eine durch Drehen des zweiten Kristalls erhaltene Beugungs-kurve dar, wobei der auf diesen auffallende Strahl durch Beugung am ersten Kristall monochromasiert war. Der erste Kristall war um 18° aus seiner Reflexionsstellung herausgedreht ($\varphi = 18°$). Der zweite Kristall wurde von 4 zu 4° durchgedreht. Wie man sieht, tritt erwartungs-gemäß auf jeder Seite des reflek-tierten Strahls in etwa 18° Ab-stand ein Maximum auf. Jedoch

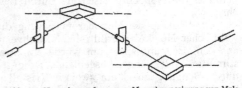

Abb. 42. Versuchsanordnung zur Monochromasierung von Mole-kularstrahlen durch Beugung (schematisch).

ist das Aussehen der beiden Maxima ganz verschieden; während das eine ziemlich scharf und intensiv ist, ist das andere wesentlich schwächer und verwaschen. Die Erklärung dafür wird durch die stark schematisierte Abb. 44 veranschaulicht. Der (von links kommende) einfallende Strahl wird durch das Gitter I gebeugt; durch den Spalt wird ein Büschel ausgeblendet, dessen Grenzstrahlen mit der Richtung des einfallenden Strahles die Winkel α bzw. $\alpha + \varDelta\alpha$ bilden. (Die gestrichelte Linie deutet den reflektierten Strahl an.) Dieses Büschel fällt nun auf das Gitter II. Für die nach links abgelenkten Strah-len wird der Winkel mit der ursprüng-lichen Richtung dadurch verdoppelt, beträgt also 2α bzw. $2\alpha + 2\varDelta\alpha$, wäh-rend die nach rechts abgelenkten Strah-

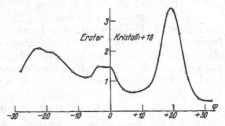

Abb. 43. Beugungskurve eines (durch Beugung) mono-chromasierten Molekularstrahls.

len dadurch wieder parallel zur ursprünglichen Richtung und zueinander werden.

Die Kurven Abb. 45 geben die Beugung am zweiten Kristall bei verschiedenen festgehaltenen Stellungen des ersten Kristalls wieder, wobei immer nur die Seite mit dem scharfen Maximum dargestellt ist. Die jeweilige Stellung des ersten Kristalls ist an der Abszissen-achse durch einen Pfeil markiert, und man sieht, daß die Lage des Beugungsmaximums in allen Fällen mit der Lage des Pfeils übereinstimmt. In den beiden ersten Kurven sieht man außer-dem Andeutungen eines zweiten Maximums etwa beim doppelten Abszissenwert, das anscheinend die zweite Ordnung darstellt. Deutlicher ausgeprägt sind die

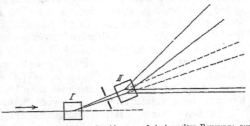

Abb. 44. Schematischer Strahlengang bei doppelter Beugung; zur Erklärung der Asymmetrie in Abb. 43.

kleinen Maxima in den beiden letzten Kurven, die im halben Abstand vom gespiegelten Strahl liegen. Diese Maxima erklären sich dadurch, daß durch den Zwischenspalt auch Strahlen der halben Wellenlänge auf den zweiten Kristall fallen, die am ersten Kristall in zweiter Ordnung gebeugt worden sind.

Sehr charakteristisch ist die Abhängigkeit der Intensität der Beugungs-maxima von der Stellung des ersten Kristalls. Sie rührt daher, daß die Intensität des vom ersten Kristall ausgehenden Büschels entsprechend der Maxwellverteilung von der Wellenlänge, d. h. vom Beugungswinkel abhängt. Die Höhe der Beugungsmaxima bei den verschiedenen Winkeln sollte also direkt der Anzahl der nach dem Maxwellschen Verteilungsgesetz vorhandenen Moleküle bestimmter Geschwindigkeit bzw. Wellenlänge entsprechen. In Abb. 46 sind die Kuppen aller Beugungsmaxima eingetragen, die, wie man sieht, eine richtige Maxwellkurve ergeben. Es sei hier auch darauf hingewie-

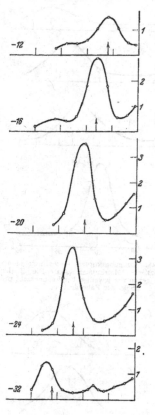

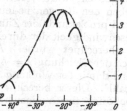

Abb. 46. Die Kuppen der Beugungsmaxima aus Abb. 45 ergeben die Maxwellkurve des primären Strahls.

sen, daß beim monochromasierten Strahl die Intensität des reflektierten Strahls kleiner ist als die des Beugungsmaximums, während ohne Monochromasierung der gespiegelte Strahl, der ja alle Wellenlängen enthält, wesentlich intensiver ist als das Beugungsmaximum (vgl. die mit demselben Apparat aufgenommene Beugungskurve des ersten Kristalls allein; Abb. 47).

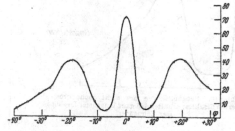

Abb. 47. Beugungskurve des Primärstrahls.

Abb. 45. Beugungskurven von (durch Beugung) monochromasierten Molekularstrahlen verschiedener Wellenlängen. Die Zahlen an der linken Seite der Kurven geben den Winkel an, um den der erste (monochromasierende) Kristall gedreht war.

31. Mechanische Monochromasierung.
Es wurde rein mechanisch ein monochromatischer Strahl hergestellt, indem ein gewöhnlicher Molekularstrahl durch ein System von zwei rasch rotierenden Zahnrädern geschickt wurde (analog der Fizeauschen Lichtgeschwindigkeitsmessung), das nur Moleküle einer bestimmten Geschwindigkeit hindurchtreten ließ. Der so monochromasierte Strahl fiel auf einen LiF-Kristall, durch den er (in derselben Weise wie bei der Monochromasierung durch Beugung) analysiert wurde.

Diese Methode geht insofern über die erste hinaus, als sie eine sehr unmittelbare Prüfung der de Broglieschen Beziehung ermöglicht: Einerseits wird die

Geschwindigkeit v der Moleküle auf grobmechanische Weise festgelegt, anderseits ihre Wellenlänge λ durch Beugung an einem LiF-Gitter gemessen.

Abb. 48 zeigt einige auf diese Weise erhaltenen Beugungskurven. In dieser Abbildung bedeutet wieder die Ordinate die Intensität des Strahles (Galvanometerausschlag in Zentimetern), die Abszisse den Winkel φ (um den der Kristall aus der spiegelnden Stellung herausgedreht wurde; vgl. S. 346). Die Zahlen neben den Kurven bedeuten die Umdrehungszahl pro Sekunde der Zahnräder, aus der die Geschwindigkeit der durchgehenden Moleküle berechnet wurde. Aus ihr ergibt sich nach der Gleichung $\lambda = h/mv$ die Wellenlänge und damit der Winkel φ für den gebeugten Strahl[1]. Dieser berechnete Wert ist in der Abbildung durch einen Pfeil gekennzeichnet. Die Breite der Beugungsmaxima rührt daher, daß das Zahnrädersystem infolge der endlichen Breite der Zahnlücken einen endlichen Geschwindigkeitsbereich passieren ließ. In Übereinstimmung mit der Theorie rücken die Beugungsmaxima mit zunehmender Tourenzahl (also wachsender Geschwindigkeit, abnehmender Wellenlänge)

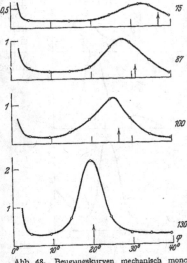

Abb. 48. Beugungskurven mechanisch monochromasierter Molekularstrahlen. Die Zahlen rechts geben die jeweilige Umdrehungszahl pro Sek. der Zahnräder an.

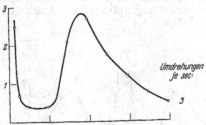

Abb. 49. Beugungskurve des nicht monochromasierten Strahles; erhalten bei ganz langsamer Drehung der Zahnräder.

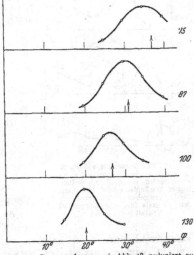

Abb. 50. Beugungskurven wie Abb. 48, reduziert auf gleiche einfallende Intensität aller Wellenlängen.

näher an den reflektierten Strahl heran. Jedoch sind die gemessenen Beugungsmaxima gegenüber den berechneten alle nach kürzeren Wellen zu verschoben, und zwar um so mehr, je kleiner die

---

[1] Die Zahnräder waren nicht gegeneinander versetzt, so daß stets zwei entsprechende Schlitze gleichzeitig den (zur Rotationsachse parallel liegenden) Strahlweg passierten. Bei den benutzten Tourenzahlen konnten praktisch nur solche Moleküle hindurch, die den Abstand l der Zahnräder (3,1 cm) in der Zeit zurücklegten, in der sich die Zahnräder um einen Zahn weiterdrehten. Die Geschwindigkeit dieser Moleküle ist $v = lzv$ (z = Zähnezahl = 408, v = Drehzahl pro Sek.). Aus v ergibt sich $\lambda = h/mv$ und daraus φ nach der Formel

$$\lambda = |\sin \varphi| \cdot 1{,}80_1 \cdot 10^{-8} \text{ cm (s. S. 346).}$$

350   Kap. 5. R. FRISCH und O. STERN: Beugung von Materiestrahlen.   Ziff. 31.

Tourenzahl, also die Geschwindigkeit der Moleküle, ist. Das rührt daher, daß
bei den benutzten Tourenzahlen die Geschwindigkeiten alle auf dem abfallenden
Ast der Maxwellkurve lagen, d. h. in dem ausgeblendeten Geschwindigkeitsintervall die raschen Atome überwogen. Es wurden daher die Kurven in der
Weise korrigiert, daß jeder Ordinatenwert durch den zur gleichen Abszisse gehörigen Ordinatenwert der nichtmonochromasierten Kurve (Abb. 49) dividiert,
also gewissermaßen auf gleiche einfallende Intensität aller Wellenlängen reduziert
wurde. Bei den so gewonnenen Kurven (Abb. 50) liegen die Maxima innerhalb
der Meßgenauigkeit an den berechneten Stellen.

Um eine möglichst genaue Prüfung der DE BROGLIEschen Formel zu erhalten, wurden einige Messungen mit besonderer Sorgfalt bei 133,3 Touren pro
Sekunde ausgeführt. Die dabei ausgeblendete Geschwindigkeit lag in der Nähe
des Maximums der Maxwellkurve, was aus zwei Gründen vorteilhaft war; einmal
ist da die Intensität am größten, zweitens die eben besprochene Korrektur am
kleinsten.

Es wurden beide Maxima und der gespiegelte Strahl ausgemessen. Die
Kurven (Abb. 51) geben die Resultate zweier an verschiedenen Tagen mit ver-

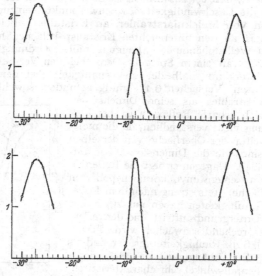

Abb. 51. Präzisionsmessung zur Prüfung der DE BROGLIEschen Beziehung $\lambda = h/m\,v$. (Der gespiegelte Strahl in der
Mitte wurde mit verkleinerten Ordinatenwerten eingetragen.)

schiedenen Kristallen vorgenommenen Messungen wieder. Bei der einen Messung
(Kurve 19) lag das eine Maximum bei $-27,5°$ (Verdrehungswinkel von einem
willkürlichen Nullpunkt aus gemessen), das andere bei $+10,3°$. Falls die Maxima
symmetrisch zum gespiegelten Strahl liegen, muß dieser also bei $\dfrac{-27,5 + 10,3}{2}$
$= -8,6°$ liegen. Die direkte Messung gab in guter Übereinstimmung $-8,5°$
Der Beugungswinkel ist also $\dfrac{27,5 + 10,3}{2} = 18,9°$. Die andere Messung (Kurve 20)
ergibt Beugungsmaxima bei $-27,3°$ und $+10,7°$, der gespiegelte Strahl daraus
bei $\dfrac{-27,3 + 10,7}{2} = -8,3°$, direkt gefunden $-8,3°$. Der Beugungswinkel ergibt

sich zu $\dfrac{27,3 + 10,7}{2} = 19,0°$. Man kann daraus schließen, daß der Beugungswinkel genauer als auf $^1/_2\%$ (0,1°) zu $18,9_5$ anzunehmen war. Die oben besprochene Korrektur auf gleiche Intensität aller Wellenlängen gab eine Verschiebung von 0,5°, d. h. für eine Tourenzahl von 133,3/sec ergab sich aus der
Messung ein Beugungswinkel von 19,45°, entsprechend einer Wellenlänge
$\lambda = 0,600 \cdot 10^{-8}$ cm. Andererseits ergab sich aus dieser Tourenzahl die Geschwindigkeit $v = 1226 \cdot 133,3 = 1,635 \cdot 10^5$ cm/sec[*]; dieser Wert der Geschwindigkeit in DE BROGLIES Formel eingesetzt ergibt

$$\lambda = \frac{h}{mv} = \frac{hN}{Mv} = \frac{6,55 \cdot 10^{-27} \cdot 6,06 \cdot 10^{23}}{4,00 \cdot 1,635 \cdot 10^5} = 0,607 \cdot 10^{-8} \text{ cm}[**],$$

was einem Beugungswinkel von 19,7° entsprechen würde. Die Abweichung
(19,45° gef., 19,7° ber.) liegt innerhalb der Fehlergrenze, die mit Rücksicht auf
die Unsicherheit der Korrekturen 1 bis 2% betragen dürfte.

Die Ergebnisse der Beugungsversuche mit Molekularstrahlen gehen insofern
über die mit Elektronen gewonnenen hinaus, als sie bei Prüfung der DE BROGLIE-
schen Beziehung $\lambda = h/mv$ eine Variation der Masse gestatten (He, H_2, H) und
vor allem bestätigen, daß bei zusammengesetzten Systemen für m die Gesamt-
masse und für v die Geschwindigkeit des Schwerpunktes einzusetzen ist.

32. Reflexion von Molekularstrahlen an Kristallen. Bei der Reflexion
von He, H_2 und H an den untersuchten Kristallspaltflächen handelt es sich
zweifellos um ein Wellenphänomen („Beugung nullter Ordnung"), wie bei der
Reflexion von Licht an einem Spiegel. Denn bei den Versuchen wurde das
Reflexionsgesetz stets innerhalb der Meßgenauigkeit (bei den letzten, noch
nicht veröffentlichten[1] Versuchen 0,1°) gültig gefunden, sowohl was die Lage
des reflektierten Strahles als seine Dimensionen
betrifft. Eine solch scharfe Reflexion ist bei kor-
puskularer Deutung nicht verständlich, da die molekularen Unebenheiten der Oberfläche von derselben
Größenordnung sind wie die Dimensionen der auftreffenden Moleküle[2]. Dagegen erfolgt die Reflexion
von Wellen auch an einem unvollkommen polierten
Spiegel (matte Fläche) stets streng nach dem Reflexionsgesetz; die Rauhigkeiten haben nur zur Folge,
daß ein diffuser Untergrund auftritt und der reflektierte Strahl entsprechend schwächer wird. Ferner
ist für den Fall, daß die Rauhigkeiten größer sind als
die Wellenlänge, die Abhängigkeit des Reflexionsvermögens vom Einfallswinkel sehr charakteristisch.
Bei steilem Winkel wird sehr wenig reflektiert und
die Spiegelung steigt erst merklich an, wenn der
Einfall so flach erfolgt, daß die Projektion der Höhe
der Rauhigkeiten auf die Einfallsrichtung kleiner wird als die Wellenlänge.

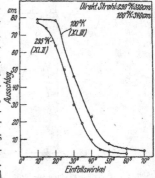

Abb. 52. Reflexionsvermögen von LiF
für He.

Ein derartiges Verhalten wurde nun tatsächlich bei den obigen Reflexions-
versuchen beobachtet[3]. Z. B. gibt Abb. 52 für die Reflexion von He an LiF

---

[*] Die Formel aus der Anmerkung auf S. 349 würde $v = 1265 \cdot v$ ergeben; der Unterschied
gegen die obige Formel rührt von einer Korrektur wegen Versetzung der Zahnräder her, die
besonders bestimmt wurde.
[**] In der Originalarbeit $0,604 \cdot 10^{-8}$ cm, wegen anderen Zahlenwertes für $h \cdot N$.
[1] R. FRISCH u. O. STERN, erscheint in ZS. f. Phys.
[2] In diesem Fall wäre höchstens ein sehr diffuser reflektierter Strahl zu erwarten; vgl.
Ziff. 34 die Versuche von ELLETT und Mitarbeitern.
[3] I. ESTERMANN u. O. STERN, ZS. f. Phys. Bd. 61, S. 95. 1930.

352   Kap. 5. R. Frisch und O. Stern: Beugung von Materiestrahlen.   Ziff. 33.

die Abhängigkeit der Intensität des reflektierten Strahles vom Einfallswinkel für die beiden Strahltemperaturen 100° K und 295° K, entsprechend einer Wellenlänge maximaler Intensität von ca. $1 \cdot 10^{-8}$ bzw. $0,6 \cdot 10^{-8}$ cm. Man sieht, daß bei gleichem Einfallswinkel die längeren Wellen besser reflektiert werden, ein Resultat, das bei Versuchen mit monochromatischen Strahlen bestätigt wurde. Ferner kann man aus dem Auftreten guter Reflexion bei Einfallswinkeln bis zu 20° und dem steilen Abfall bei größeren Winkeln die Höhe der Unebenheiten zu etwa zwei Wellenlängen, also 1 bis $2 \cdot 10^{-8}$ cm schätzen. Das ist die Größe der Temperaturschwingungsamplituden der Gitterionen. Es liegt also nahe, anzunehmen, daß diese „Rauhigkeiten" der Temperaturbewegung der Ionen entsprechen[1]. Für diese Deutung spricht auch die Zunahme des Reflexionsvermögens bei abnehmender Kristalltemperatur[2].

33. Anomalien. Im groben gibt also die Annahme einer matten Fläche die beobachteten Erscheinungen richtig wieder; daß aber zur wirklichen Deutung der Reflexionserscheinungen eine viel tiefergehende Theorie erforderlich ist, zeigen die äußerst merkwürdigen Ergebnisse der Messungen über die Abhängigkeit des Reflexionsvermögens von der Orientierung der Kristalloberfläche[3]. Bei diesen Versuchen wurde die Änderung des Reflexionsvermögens untersucht, wenn bei festem Einfalls-, also auch Reflexionswinkel nichts anderes geschah, als daß die spiegelnde Kristallfläche in ihrer Ebene gedreht wurde. Die Ergebnisse einiger derartiger Messungen (He an LiF) sind in Abb. 53 wiedergegeben. Die Ordinate ist die Intensität (Galvanometerausschlag) des reflektierten Strahles, Abszisse ist der Winkel, um den der Kristall in seiner Ebene aus der Normallage herausgedreht wurde (als Normallage gilt wie früher die Stellung, in der die Einfallsebene die Kristallfläche in einer Hauptachse des Gitters gleichnamiger Ionen, also in einer Flächendiagonale, schneidet). Man sieht zunächst, daß die Reflexion in der Normallage viel kleiner ist als in der um 45° verdrehten Stellung; das hängt offenbar damit zusammen, daß in der Normallage viel stärkere Beugung auftritt (s. S. 345). Zweitens aber, und das ist das Merkwürdige, zeigen die Kurven bei bestimmten Winkeln scharfe Einsenkungen. Diese Einsenkungen sind (wenn wir die der Nullage zunächst liegenden ins Auge fassen) gerade bei flachem Einfallswinkel ganz erstaunlich scharf und tief; z. B. bedingt bei einem Einfallswinkel von 2° eine Drehung des Kristalls in seiner Ebene um einen Grad eine Änderung des Reflexionsvermögens um den Faktor 6.

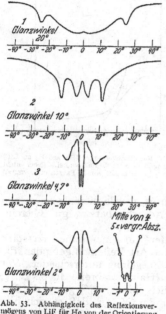

Abb. 53. Abhängigkeit des Reflexionsvermögens von LiF für He von der Orientierung des Kristalls (vom Azimut) für verschiedene Einfallswinkel.

---

[1] Außerdem sind auch noch die periodischen Unebenheiten des Kreuzgitters vorhanden, die einen Teil der in Phase gestreuten Strahlung in die oben besprochenen Beugungsspektren werfen; dadurch wird natürlich die Interpretation der Messungen des Reflexionsvermögens etwas unsicher.

[2] F. Knauer u. O. Stern, ZS. f. Phys. Bd. 53, S. 779. 1929.

[3] R. Frisch u. O. Stern, Naturwissensch. Bd. 20, S. 721. 1932. Ein erstes Beispiel einer derartigen Erscheinung findet sich bereits bei I. Estermann u. O. Stern, l. c.

Ein optisches Analogon zu dieser Erscheinung ist nicht bekannt. Wahrscheinlich in Zusammenhang damit stehen die Einsattelungen, die man bei hinreichender Auflösung in den Beugungskurven findet (s. z. B. Abb. 54). Die theoretische Deutung dieser Erscheinungen steht noch aus; wahrscheinlich hängen sie mit der Adsorption der Gasmoleküle an der Kristalloberfläche zusammen.

34. Abhängigkeit der Reflexion vom Kristall und vom Gas. An Kristallen wurden im wesentlichen die Alkalihalogenide untersucht, weil sie am leichtesten saubere Spaltflächen geben. Am besten spiegeln die Fluoride (LiF, NaF), wesentlich schlechter NaCl und KCl, noch viel schlechter KBr.

Spiegelnde Reflexion ist bisher nur bei Strahlen von He, H_2 und H erhalten worden, und zwar wird He bei flachem Einfallswinkel wesentlich besser reflektiert als H_2, während bei steilerem Einfall dieses Verhältnis sich umkehrt, offenbar wegen der größeren Wellenlängen von H_2 (s. Abb. 55). Mit anderen Strahlen,

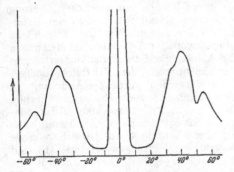

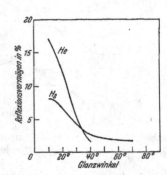

Abb. 54. Beugungskurve (He an LiF) bei stärkerer Auflösung, mit Einsattelungen. (Noch nicht veröffentlichte Versuche von R. Frisch u. O. Stern.)

Abb. 55. Reflexionsvermögen (He und H_2 an LiF) in Abhängigkeit vom Einfallswinkel. (Noch nicht veröffentlichte Versuche von R. Frisch u. O. Stern.)

z. B. Gasen wie Ne, Ar, N_2, sowie den Alkalien[1] usw., wurde niemals spiegelnde Reflexion beobachtet, was mit ihrer stärkeren Adsorbierbarkeit gut übereinstimmt.

Dagegen haben ELLETT und seine Mitarbeiter[2] für eine Reihe von stark adsorbierbaren Strahlen (Hg, Zn usw.) an NaCl eine Art Reflexion gefunden, die sich aber ganz typisch von der obigen scharfen Spiegelung unterscheidet. Vor allem sind die reflektierten Strahlen sehr diffus (Halbwertsbreite 10 bis 20°); auch scheint das Maximum der Intensität merklich (bis zu 15°) gegen die Reflexionsrichtung verschoben zu sein[3]. Das weist darauf hin, daß es sich hier offenbar nicht um eine Wellenreflexion (Beugung nullter Ordnung) handelt, sondern daß diese Erscheinung wohl am besten als korpuskulare Reflexion der Strahlatome zu deuten ist, die von der Kristalloberfläche reflektiert werden wie Bälle von einer festen Wand, wobei die Diffusität offenbar von der Rauhigkeit der Wand herrührt.

---

[1] J. B. TAYLOR, Phys. Rev. Bd. 35, S. 375. 1930.
[2] A. ELLETT u. H. OLSON, Phys. Rev. Bd. 31, S. 643. 1928; A. ELLETT, H. OLSON u. H. ZAHL, Phys. Rev. Bd. 34, S. 493. 1929; H. A. ZAHL u. A. ELLETT, Phys. Rev. Bd. 38, S. 977. 1931.
[3] Noch nicht veröffentlichte Versuche im Hamburger Institut von JOSEPHY über Reflexion von Hg-Strahlen an LiF haben die Existenz der diffusen Reflexion bestätigt, dagegen nicht die Abweichung vom Reflexionsgesetz, was vielleicht von Verschiedenheit des benutzten Kristallmaterials herrührt (erscheint in ZS. f. Phys.).

35. Reflexion an polierten Flächen. Schließlich ist noch über Versuche[1] zu berichten, bei denen spiegelnde Reflexion an polierten Flächen erhalten wurde. Da auch bei den bestpolierten Flächen die Höhen der Unebenheiten immer noch 10^{-5} bis 10^{-6} cm betragen dürften, war spiegelnde Reflexion bei Wellenlängen von ca. 10^{-8} cm nur bei sehr flachem Einfallswinkel (einige Bogenminuten $=$ ca. 10^{-3}) zu erwarten. Tatsächlich wurde an Spiegeln aus Glas, Stahl und Spiegelmetall mit Strahlen von H_2 und He in diesem Winkelbereich Spiegelung im Betrag von einigen Prozent gefunden, die mit abnehmendem Glanzwinkel stark zunahm (s. Tab. 4). Bei Kühlung des Strahles, also Vergrößerung der de Broglie-Wellenlänge, nahm das Reflexionsvermögen zu, wie zu erwarten.

Tabelle 4. Spiegelung von H_2 an Spiegelmetall.

Glanzwinkel	$1,10^{-3}$	$1^1/_2 \cdot 10^{-3}$	$2 \cdot 10^{-3}$	$2^1/_4 \cdot 10^{-3}$
Reflexionsvermögen	5%	3%	$1^1/_2$%	$^3/_4$%

[1] F. Knauer u. O. Stern, ZS. f. Phys. Bd. 53, S. 779. 1928.

Personenregister

A

Richard Abegg *Bd I* 3, 80, *Bd II* 3, *Bd III* 3, *Bd IV* 3, *Bd V* 3

Max Abraham *Bd I* 18, 29, *Bd II* 18, 29, *Bd III* 18, 29, *Bd IV* 18, 29, *Bd V* 18, 29

Svante August Ahrennius *Bd I* 46, 85, *Bd III* 77

Hannes Ölof Gösta Alfven *Bd I* 27, *Bd II* 27, *Bd III* 27, *Bd IV* 27, *Bd V* 27

Anders Jonas Angström *Bd I* 66, 105

Frederick Latham Arnot *Bd III* 240

A.N. Arsenieva *Bd III* 243

M.F. Ashley *Bd IV* 63, 64

Francis William Aston *Bd III* 46

Amedeo Avogadro *Bd I* 45, *Bd IV* 142, 145

B

Ernst Back *Bd IV* 231, 233, *Bd V* 169

E. Bauer *Bd V* 157

E. Baur *Bd I* 6

G.P. Baxter *Bd I* 170, 171, 173, *Bd IV* 137

R. Becker *Bd II* 184

E.O. Beckmann *Bd IV* 137

A. Beer *Bd II* 81, 84

U. Behn *Bd I* 105

Hans Albrecht Bethe *Bd III* 205, 219, 230

Klaus Bethge *Bd I* 28, *Bd II* 28, *Bd III* 28, *Bd IV* 28, *Bd V* 28

H. Beutler *Bd V* 93

R.T.M. Earl of Berkeley *Bd I* 46, 85

L. Bewilogua *Bd III* 241

H. Biltz *Bd I* 4, 41, *Bd II* 4, *Bd III* 4, *Bd IV* 185, *Bd V* 4

E. Birnbräuer *Bd IV* 178

N.J. Bjerrum *Bd I* 156

F.G. Brickwedde *Bd IV* 72, 82, 86

A. Bogros *Bd V* 85

N. Bohr *Bd I* 2, 3, 9, 10, 13, 15, 17, 18, 22, 27, *Bd II* 2, 3, 9, 10, 13, 15, 17, 18, 22, 27, 83, 84, 89, 90, 115, 162, 167, 177, 178, 180, 181, 182, 183, 184, 185, 208, 232, 234, 245, 246, 248, 229, *Bd III* 2, 3, 9, 10, 13, 15, 17, 18, 22, 27, 40, 44, 46, 82, 142, 194, 208, 214, 243, *Bd IV* 2, 3, 9, 10, 13, 15, 17, 18, 22, 27, 40, 74, 75, 98, 100, 113, 129, 131, 152, 173, 175, 178, 232, 243, *Bd V* 2, 3, 9, 10, 13, 15, 17, 18, 22, 27, 68

L. Boltzmann *Bd I* 5, 6, 46, 86, 124, 121, 131, 135, 136, 152, 153, 158, 159, 160, 161, 164, 171, *Bd II* 5, 6, 41, 105, 107, 108, 110, 117, 136, 144, 194, 199, 200, 201, 206, 236, *Bd III* 5, 6, 78, 209, 217, *Bd IV* 5, 6, 40, 144, 145, 192, *Bd V* 5, 6, 157

K.F. Bonhoeffer *Bd IV* 210, 212

M. Born *Bd I* 2, 10, 11, 14, 28, 29, *Bd II* 2, 10, 11, 14, 28, 29, 40, 47, 62, 66, 68, 69, 71, 114, 151, *Bd III* 2, 10, 11, 14, 28, 29, 222, *Bd IV* 2, 10, 11, 14, 28, 29, 224, *Bd V* 2, 10, 11, 14, 28, 29, 109

Verlag Gebr. Bornträger, Berlin *Bd III* 241

Satyendranath Bose *Bd I* 21

E. Bourdon *Bd IV* 106

William Lawrence Bragg *Bd III* 72, 225, 226, 230, 231, 232, 234, 235, 238

G. Bredig *Bd I* 46, 85

H. Brigg *Bd II* 106

L.F. Broadway *Bd V* 205

R. Brown *Bd I* 186, 187

M. Bodenstein *Bd I* 166, 167

H. Brown *Bd V* 139

E.C. Bullard *Bd III* 240

© Springer-Verlag Berlin Heidelberg 2016
H. Schmidt-Böcking, K. Reich, A. Templeton, W. Trageser, V. Vill (Hrsg.), *Otto Sterns Veröffentlichungen – Band 3*, DOI 10.1007/978-3-662-46960-6